全国高等医药院校规划教材

科学道德概论

主　编　高树中　杨继国　贾国燕

副主编　李传实　孔庆悦　衣华强

　　　　李军海　于岩瀑　周延龄

　　　　马玉侠

科学出版社

北　京

内 容 简 介

本教材详细诠释了科学道德及相关的基础概念,概述了中外科学道德思想的发展历程,归纳了科学道德的基本原则和科学道德的具体规范,阐释了科学研究的学术规范和伦理规范,分析了科学研究过程中产生的伦理问题,探讨了加强科学道德和学风建设的路径。

本教材可供高等院校教师、本专科生、研究生,以及科研院所的科学工作者学习使用。

图书在版编目(CIP)数据

科学道德概论 / 高树中,杨继国,贾国燕主编.—北京:科学出版社,2018.1
全国高等医药院校规划教材
ISBN 978-7-03-055372-0

Ⅰ.①科… Ⅱ.①高…②杨…③贾… Ⅲ.①科学研究事业-道德建设-概论-中国 Ⅳ.①G322

中国版本图书馆 CIP 数据核字(2017)第 281699 号

责任编辑:鲍 燕 / 责任校对:张凤琴
责任印制:张欣秀 / 封面设计:陈 敬

科 学 出 版 社 出版
北京东黄城根北街 16 号
邮政编码:100717
http://www.sciencep.com

北京建宏印刷有限公司 印刷
科学出版社发行 各地新华书店经销
*

2018 年 1 月第 一 版 开本:787×1092 1/16
2018 年 10 月第二次印刷 印张:14 1/2
字数:362 000
定价:**78.00 元**
(如有印刷质量问题,我社负责调换)

前　言

20 世纪以来，科学逐渐融入到人类社会的各个角落，并以加速度迅猛发展：科学理论不断突破，科学技术日新月异。人类社会在科学的带动下，发生着翻天覆地的变化。在这一进程中，科学的双重效应逐渐显现：一方面科学技术改变着人们的物质、精神、生存状态；另一方面，科学技术也带来了很多负面问题：核子威胁、生态恶化、人的异化等等。与此同时，随着科学研究职业化进程的推进，科学工作者的数量不断增长，科学技术不断走向产业化。在社会环境变化和利益博弈中，求真唯实的科学精神受到冲击，科学活动中的学风浮躁、学术不端行为滋长。科学道德失范违背了科学求真和创新的内在使命，不仅导致有限的学术资源大量浪费，而且破坏了科学工作者的形象，扼杀了学术的社会公信力，践踏了道德良知，动摇了人们对真善美的追求，不仅对科技事业健康发展产生着不容低估的消极影响，而且不利于社会的和谐进步。

加强科学道德建设，成为科技界甚至社会公众的普遍呼声。促进科学道德建设，需要道德规范建设、道德法治建设、道德教育建设、舆论宣传等同步推进。在社会主义和谐社会建设过程中，科学的伦理与道德价值日益凸显，科学工作者的科学伦理、道德素质日益受到关注。我国高等教育肩负着培养德、智、体、美全面发展的社会主义事业建设者和接班人的重大任务。高等学校是科学工作者的主要聚集地，高等学校的立身之本在于立德树人，科学道德教育理应是我国高等教育中的重要环节。为了帮助科学工作者树立正确的世界观、人生观、价值观，培育良好的科学精神，提升科学伦理和道德素养，促进社会的健康发展，也为了满足教学的需要，本项目组在 2016 年度全国科学道德和学风建设宣讲教育专项经费资助项目——科学道德教材读本建设的实施过程中，特编写了此教材。

本教材立足于高等教育和科技工作实践，组成了一支由高校管理人员和一线教学人员组成的编写队伍。从教材的规划到具体编写计划，均经过反复讨论，不断完善。本教材详细诠释了科学道德及相关的基础概念，概述了科学道德的发展历程，归纳了科学道德的基本原则和科学道德的具体规范，阐述了科学研究的学术规范和伦理规范，分析了科学研究中产生的伦理问题，探讨了科学道德和学风建设的路径。本教材还附录了国内外有关科学道德的重要文献，供学习者方便查阅。本教材在语言表述上力求准确、翔实；在章节安排上力求全面、系统；在体例编写上力求规范、合理。本教材在行文过程中插入学习目标、链接模块、案例与思考、课后复习题等，以便于学习者掌握基本知识，养成良好的学习和伦理思维方式。

参加教材编写人员有多年的高校管理、教学实践和科学研究工作经验，由高树中、杨继国、贾国燕任主编，李传实、孔庆悦、衣华强、李军海、于岩瀑、周延龄、马玉侠任副主编。具体分工情况如下：第一章由贾国燕、马玉侠编写；第二章由孔庆悦编写；第三章由杨继国、贾国燕编写；第四章由高树中、衣华强编写；第五章由高树中、于岩瀑编写；第六章由李军海编写；第七章第一、二、三节由李传实编写，第四节由周延龄编写。

本教材在编写过程中，参阅了大量研究科学道德和科学伦理领域的专家学者的各类成果，在此向这些成果的作者一并表示感谢。由于时间仓促，水平有限，本书难免有疏漏之处，希望读者能及时反馈意见，以便修订。

《科学道德概论》编委会

2017 年 9 月

目　　录

第一章　科学道德概述

通过本章学习，掌握科学、科学活动主体、科学精神、科学道德的含义及其功能与作用；熟悉科学精神的内容、道德与伦理的含义以及二者之间的关系；了解科学与技术之间的关系、科学技术与伦理道德之间的关系、科学精神与人文精神之间的关系、科学精神与科学道德之间的关系。

随着科学技术的突飞猛进，人类社会发生着巨大的变化，人类的生存方式和发展轨迹发生着深刻的变革。科学技术仿佛既是天使又是魔鬼，它在帮助人类更大程度上进入自由王国的同时，也给人类带来了种种难以解决的问题，威胁着人类的生存和发展。科学道德就是在科学的发展过程中，为了保障科学始终扮演天使的角色而日益彰显出其理论与现实价值。

第一节　科　　学

在文艺复兴、宗教改革、启蒙运动的浪潮中，近代意义上的科学冲破了基督教的神权统治，在天文学和医学革命的带动下，完成了从经院哲学传统到实证科学方法的转变，在公元16～17世纪的欧洲宣告诞生。从此，科学进入了一个绚丽多彩的时代，成为人类社会发展的重要动力。

一、科学的含义

（一）科学的词源

科学的英文是 science，可以追溯到希腊文 episteme（知识、学问），后被拉丁文 scientia 承继，指静态的"知识"、"学问"。后又衍生出德文的 wissenschaft、法文的 scientin。尽管这些词语的本意都是"学问"、"知识"，但其所指却不尽相同。一般而言，欧洲大陆的科学是广义的，英美的科学是狭义的。英文中的 science，是 natural science 的简称，专指自然科学；德文中的 wissenschaft 是个合成词，由表达"知道、明白"的动词 wissen 加上表示集合或抽象概念的名词后缀"-schaft"构成，包含 naturwissenschaft 和 geisteswissenschaft 两部分，也就是说，wissenschaft 不仅包括 natural science，而且包括哲学、政治学、语言学、历史等一切系统的学问；法文中的 scientin，泛指一切学习的形式；而在印欧语系的梵语中，科学则指"特殊的智慧，非凡的聪明"。

（二）"科学"的引进

就中国而言，"科学"是个舶来词。爱因斯坦曾经指出近现代科学的两个基础：形式逻辑体系和通过科学实验发现因果关系。而古代中国在这两个方面处于缺失状态，这也是近代科学没有诞生在中国的重要原因。虽然在中国古典文献中曾出现过"科学"的用例，但仅是指科举之学，而不是"science"意义上的"科学"。西方科学传入中国的起始时间，一般从1582年意大利耶稣会传教士利玛窦（Matteo Ricci）入华时起算。那时候，西方科学尚未从哲学中分离出来，属于自然哲学的范畴。17世纪初期，明朝官员徐光启向利玛窦学习天文、历算、火器等。徐光启认为西方科学是"格物穷理"之学，并根据中国儒家经典《礼记·大学》中"格知在格物，格物而后致知"的说法，把西方自然哲学笼统地翻译为"格物致知之学"，简称"格致"、"格物"，或"格致（物）学"、"格致（物）之学"，用来指研究事物而获得的知识。比如，当时介绍天文的书叫"空际格致"，介绍采矿冶金的叫"坤舆格致"等。这种"格致之学"的译法一直延续到晚清。洋务运动时期，办"格致书院"，编《格致汇编》，京师大学堂中设"格致馆"，称达尔文等人为"格致家"，牛顿的《自然哲学的数学原理》也被译作《数理格致》。由于"格致之学"都是从西方传来的，为了显示其与中国传统格致的区别，张之洞、严复等将"science"翻译为"西学格致"。

中国近代向西方学习并非直接向西方学习，而是"借道"日本。中国将"science"翻译为"科学"，也是从日本流传来的。日本在幕府和明治维新初期，也是吸收中国文化而使用"格致"、"格物"或"穷理"来指称科学技术的。最先将"science"翻译为"科学"的是日本人西周时懋。他发现中国的儒学是综合为一体的学问，为博通之学，而science，按照法国实证主义哲学创始人奥古斯特·孔德（Auguste Comte，1798～1857）的分类，则是一科一科的，为分科之学。1874年，西周时懋从荷兰留学回国，在《明六杂志》上发表文章介绍西方文化时，最先把"science"翻译为"科学"。1879年9月，日本内务卿伊藤博文呈给日本天皇的教育提案中提出了"高等学生必须接受科学教育"的主张，这表明"科学"一词开始被日本社会广泛采用。甲午海战之后，中国掀起了学习日本文化的高潮，包括"科学"在内大量的日本词汇被引入到中国。将"科学"引入中国的第一人至今尚无定论，有梁启超、康有为、严复、王国维之争。但可以确定的是，在19世纪末，"科学"已在中国与"格致学"、"理学"等并存。20世纪初，随着清政府废除科举、推行新的教育制度，"科学"逐渐取代"格致"一词。1915年，美国康乃尔大学的中国留学生任鸿隽（1886～1961）等人创办了《科学》杂志，也就是从这一年开始，"格致"退出历史舞台，"科学"成为"science"的定译。

（三）科学的含义

中国近代科学的奠基人之一，中国科学社和《科学》杂志的创始人任鸿隽在1919年出版的《科学方法讲义》中指出："科学的定义，既已人人言殊，科学的范围，也是各国不同。"英国科学学奠基人贝尔纳（J.D.Bernal，1901～1971）认为，科学在不同的时期不同的场合有不同的含义。[①]自科学诞生以来，不同国家的不同学者曾经试图给科学提供一个充分的本质主义定义但并不成功。前苏联科学家彼德·阿列克谢耶维奇·拉契科夫认为："科学是一种复杂的社会现象，这种社会现象至少具有三个显而易见的方面：'理论'方面即'逻辑认识论'方面、'建制'方面和'实践'方面。不专门区分科学存在的这些方面，就不可能深

① 傅静，2002.科技伦理学［M］.成都：西南财经大学出版社：6.

刻理解科学。①到目前为止，"科学"尚无一个公认的统一定义。归纳既有的观点，广义的科学是一个多面体，一般具有以下含义：

1. 科学是一种知识体系

知识体系，是指人类在实践中所获得的认识，互相联系而构成的系统整体。人类各个语言群体对自然界的认识分别在不同的方面达到了不同的深度，共同构成了人类广博精深的知识体系。科学是一种依靠科学的认知方法获得的知识体系。人类认知世界的基本方法有两种。早期人类用的是直觉体悟方法，就是在多次经验之后突然领悟到了一个道理，然后再到新的经验中去验证这个道理。这是中国传统文化经常用的方法。英国科学家齐曼在《对科学进行研究的导论》中指出，科学确实是研究的产物，是很有特点的方法；科学是有组织的知识实体，又是解决问题的一种手段。也就是说，科学是人类认识世界的一种基本方法，即采用实验和逻辑的方法，揭示对象世界（自然、社会等）自身的规律②。科学方法是以观察和实验为基础，运用经验方法和理性方法，形成科学观念和科学理论，然后多次反复验证其客观真理性的独特认识方法。③科学作为一种知识体系，不是静态地零散地堆积在一起，而是具有客观真理性、理论系统性和动态发展性的特征，是一代又一代的科学家不断积累起来的。

> **资料链接**
>
> 　　科学者，智识而有统系者之大名。就广义言之，凡智识之分别部居，以类相从，井然独绎一事物者，皆得谓之科学。自狭义言之，则智识之关于某一现象，其推理重实验，其察物有条贯，而又能分别关联抽举其大例者谓之科学。是故历史美术文学哲理神学之属非科学也，而天文物理生理心理之属为科学。今世普通之所谓科学，狭义之科学也。
>
> 　　　　　　　　　　　　　　　　　　——任鸿隽（说中国无科学之原因，1915）

科学在诞生之初是与哲学融合在一起的，是各种知识的集合。古希腊著名哲学家亚里士多德（Aristotle，公元前384～前322）的《物理学》与古希腊著名哲学家柏拉图（Plato，约公元前426～前347）的《蒂迈欧篇》等对话一同构成了自然哲学的源头。亚里士多德认为，科学是一种从观察上升为一般原理、然后再返回到观察的活动，它研究的对象是没有人参与的自然界，科学的重要功能在于解释，即从有关某种事实的知识过渡到关于某种事实的原因的知识。④12世纪初，宇宙论者威廉提出了"科学即是知识"的思想，认为科学是以物质为基础的知识的一部分，从而将科学与神学区分开来。18世纪，德国哲学家伊曼纽尔·康德（Immanuel Kant，1724～1804）提出"科学是整理好的知识体系"。19世纪，英国著名生物学家，进化论的奠基人查尔斯·罗伯特·达尔文（Charles Robert Darwin，1809～1882）提出："科学就是整理事实，从中发现规律，做出结论。"随着科学的发展，其含义由本来意义上的自然科学演变为反映客观世界即自然界、人类社会、人类思维本质联系的概括性的、系统化的知识体系。如我国1979版的《辞海》中就明确：科学是关于自然界、社会和思维

---

① 彼德·阿列克谢耶维奇·拉契科夫，1984.科学学：问题·结构·基本原理 [M].韩秉成，陈益升，倪星源，译.北京：科学出版社：41.
② 张华夏，2010.现代科学与伦理世界：道德哲学的探索与反思 [M].2版.北京：中国人民大学出版社：146.
③ 秦尚海，2010.高校科技道德教育论 [M].青岛：中国海洋大学出版社：7.
④ 亚里士多德，1982.物理学 [M].张竹明译.北京：商务印书馆：16.

的知识体系。2002 年，李连科在《光明日报》上发表《发动机与制衡器——科学精神与人文精神社会作用的不同互补》一文，指出：科学，是指在理性的指导下，用实验与逻辑等手段，不以主观愿望和价值选择为转移，实事求是地探索自然界的本来面貌，从中得出规律性的结论，并形成系统的知识。

2. 科学是一种人类实践活动

无论古代还是近、现代科学，无一不是人类物质和精神活动的产物。古代科学就是人们在从事采集、狩猎、畜牧、生产等活动时逐渐积累起来的；近代以来的科学则是人们用观察、实验等实证理性的方法获得的。比如，近代科学革命的开启者，波兰天文学家尼古拉斯·哥白尼（Nicolaus Copernicus，1473～1543）写成《天体运动论》，就是经过长期天象观测和研究，并对地球大小进行精确计算的结果。英国科学社会学家约翰·齐曼（John Ziman，1925～2005）指出："科学研究应被看成是社会中一定地位的特定人群的日常工作和有组织的劳动。"但科学活动不仅是一般的生产活动，而且是一种创造性的精神活动。爱因斯坦曾提出，科学并不是一些定律的汇集，也不是许多各不相关的事实的目录，它是人类头脑用其自由发明的观念和概念所作的创造。尼采认为，科学其实是一种社会的、历史的和文化的人类活动，它是在发明而不是在发现不变的自然规律。[①]美国著名科学史家托马斯·塞缪尔·库恩（Thomas Sammual Kuhn，1922～1996）认为，科学是人类不断探求知识，认识世界和改造世界的创造性活动，是在"范式"的指导下从事解决疑难的活动。[②]可见，科学是人类的一种创造性劳动，人们通过科学的认知方法，认识世界，生产知识，改造世界，从而更好地推动人类社会发展。

名言链接

科学是内在的整体，它被分解为单独的整体不是取决于事物的本身，而是取决于人类认识能力的局限性。实际上存在着从物理到化学，通过生物学和人类学到社会学的连续的链条，这是任何一处都不能被打断的链条。

——【德】物理学家·普朗克

3. 科学是一种社会建制

英国学者贝尔纳曾经将科学描绘成一组动态的形象，一种建制，一种方法，一种积累的知识传统，一种维持或发展生产的重要因素……[③]建制有"社会规范"、"习俗"或者"传统"之意，是"组织"的同义词，是指为了满足某些基本的社会需要而形成的相关社会活动的组织系统，通常被用作表示一种社会组织模式或安排。一般而言，社会建制主要是指社会组织制度，包括价值观念、行为规范、组织系统和物质支撑四大要素。贝尔纳还解释："科学建制是一件社会事实，是由人民团体通过一定社会组织关系联系起来，办理社会上某些业务"。概括而言，科学社会建制主要是指组织科学活动的社会组织形式以及科学活动主体共同遵守的规范。

① 约翰·齐曼，1985.知识的力量：科学的社会范畴 [M].许立达，李令遐，许立功，王璋，等.译.上海：上海科学技术出版社：1.
② 薛桂波，2014.科学共同体的伦理精神 [M].北京：中国社会科学出版社：33.
③ 陈万求，2008.中国传统科技伦理思想研究 [M].长沙：湖南大学出版社：21-22.

古代科学是以人们的业余兴趣和个体自由研究为特征的，没有形成科学的社会组织。随着科学的迅猛发展和科学研究规模的日益扩大，科学成为了一项复杂的社会事业，科学研究的方式也从个体自由探索、集体分工合作走向社会协作组织。科学社会组织的形成，成为推进科技进步的有效途径。真正意义上的科学技术社团组织是近代以后出现的。1560 年，意大利那不列颠自然秘密协会成立，被认为是世界范围内最早的科学社团。

科学的社会组织形式分为正式的组织形式和非正式的组织形式。正式的组织形式或机构是有形的。如今，被公认的科学工作者的社会组织有科学社团（协会）、科学的教育机构（大中专院校）、科学研究机构（研究所）、学术成果出版、发行机构（出版社、期刊杂志社）等。非正式的组织形式或机构是无形的，被称为无形学院，科学工作者或者爱好者不定时举行研讨会，并由此形成学派。有的无形学院得到政府的支持，成为官方机构。17 世纪以来，科学活动开始具有正式的组织形式，如 1603 年，伽利略等人参与组建了林赛科学院；1660年，英国皇家学会（Royal Society）创立，一直持续至今，是世界上历史最悠久也最久负盛名的科学社团。进入 19 世纪后，科学社会组织普遍形成，科学社会组织数量迅速增加，如1831 年，英国科学促进会成立；1848 年，美国科学促进会成立；1872 年，法国科学协会成立。从此，科学开始作为一种专门的职业，开始了学院化的进程。如今，科学技术的社团组织已不计其数，为科学家提供了互动平台。

综上所述，现代意义上的科学是个统一的多面体：既是系统化、理论化的知识体系，又是创造知识的社会活动，还是一种社会建制。三者相互依赖，相互依存，有机统一。科学知识是对科学活动中所获得经验知识的概括和总结，科学知识的形成、发展及应用离不开科学活动，科学活动在一定的科学系统知识的指导下进行，而作为社会建制的科学是科学活动发展的组织化的要求。在这个统一体中，创造知识的社会活动——科学活动具有核心的地位。[①]因此，我们可以给科学一个简明的定义：科学是人类通过科学的方法获得的关于自然、社会和思维的知识体系以及获得这一知识体系的活动的总和。

二、科学活动主体

科学活动有狭义和广义之分，狭义的科学活动是科学工作者所进行的研究活动，而广义的科学活动还包括围绕科学活动所进行的其他活动，如科学知识的储存，科学知识的应用，以及科学政策的制定等。[②]《马克思主义哲学全书》指出，科学活动是科学工作者通过科学实验、观测调查、演算论证以及学术探讨等多种形式进行科学研究、科学创造和科学传播及交流的活动。科学活动在科学中具有极其重要的地位，科学理论的形成离不开科学活动，科学的社会建制也是随着科学活动规模及其发展的广度和深度而变化。科学活动是一种主体性的活动，科学活动主体的类型主要包括科学活动个体与科学活动共同体。

（一）科学活动个体

所谓科学活动个体是指有生命的、有独立思考能力的、存在于一定社会中并从事科学活

---

① 陈爱华，2003. 科学与人文的契合：科学伦理精神历史生成［M］. 长春：吉林人民出版社：3.
② 王德胜，李建会，1993. 科学是什么：对科学的全方位的反思［M］. 沈阳：辽宁教育出版社：254.

动的具体的现实的人。[①]

科学活动个体在英文中对应的词是 scientist，中文翻译为科学家、科学工作者。据考证，该词最早是英国剑桥大学伦理学教授威廉·惠威尔（William Whewell，1794～1866）19 世纪 30 年代在一篇匿名书评中仿照 artist（艺术家）一词创造的。1840 年，惠威尔在他的《归纳科学的哲学》一书中正式采用了"scientist"这个词，他认为非常需要给"科学培植者"一个总的称呼。可见，scientist 最初用以指称以经验为根据寻找自然界规律的人，即从事实验科学工作的人，泛指与科学技术有关的各类研究人员或者从业人员。如在美国，人们把工程师、科学家和技术员统称为 scientist。在中文语境中，科学工作者泛指在社会中以相应的科学工作为职业，实际从事系统性科学和技术知识的产生、发展、传播和应用活动的人员。而科学家则是指达到了一定的造诣，取得了一定的成就，且获得了国家有关部门和行业内认可的科学工作者，如钱学森、邓稼先等。在我国，科学工作者常与科技工作者、科技人员、科技活动人员、科学家、科研人员、研发人员等称谓混用，且科技工作者使用频率较高，是我国各级党政机关的文件中的一个规范性的术语。

（二）科学活动共同体

所谓科学活动共同体是指由从事科学活动的不同的个体通过"趣缘"或者"业缘"等多种方式汇聚到一起而形成的集体。[②]也就是说，科学活动共同体是通过一定的纽带，如职业、地域、交流、专业、机构、研究、思想等而形成的科学工作者群体。

科学的知识体系往往以某种概念框架为核心，构成某种科学理论规范，如牛顿力学理论规范，成为科技工作者研究的纲领，从而形成科学活动共同体。科学活动共同体，是科学工作者作为群体的一般的抽象存在形式，一般称为科学共同体（scientific community）。其基本含义有两个，一是指整个科学界，即全体科学工作者；二是指部分科学工作者组成的各种专业集团，也就是遵守同一科学规范的科学工作者所组成的群体。1942 年，科学哲学家迈克尔·波兰尼（Michael Polanyi）在《科学的自治》一文中首次提出了科学共同体概念：今天的科学家不能孤立地实践他的使命。他必须在各种体制的结构中占据一个确定的位置……每一个人都属于专门化了的科学家的一个特定集团。科学家的这些不同的集团共同形成了科学共同体。科学共同体的成员有着共同的探索目标，专注于相似的研究对象，掌握大体相同的文献，使用相似的实验仪器和表述语言，接受大体相同的理论，遵循相同的科学规范，定期不定期地召开或参加相关学术会议，集中在一些刊物发表学术成果。如天文学家共同体、动物学家共同体、物理学家共同体等。这些共同体还可以划分出其子集团，如固态物理学家共同体、高能物理学家共同体等等。随着科学整体化趋势的发展，越来越多的科学家由一个科学共同体转移到另一个科学共同体，或者同时属于多个共同体，或者在多门交叉学科创立新的科学共同体。科学共同体的形成，也标志着科学逐步进入"大科学"时代。

科学共同体的功能表现在：能形成持续的科学研究能力，对科学成果进行同行评议，为科学工作者提供更多的学术交流的机会等。科学共同体的社会作用，是通过科学研究工作的实际社会效果和在科学共同体中作出过重大贡献的代表人物表现出来。

在科学与技术逐渐一体化的过程中，科学活动"已不再局限于个别科学家自发的认识过

---

① 刁传秀，2014.科学活动主体德性研究 [D].南京：东南大学：23.
② 刁传秀，2014.科学活动主体德性研究 [D].南京：东南大学：24.

程，而表现为科学家、科学工作者的共同活动。"①科学活动的主体也由过去的科学工作者个体转变为以科学共同体为科学研究与发展的主体。

三、科学与技术

（一）技术的含义

技术（technology）一词，从西方词源学的角度来看，是希腊文 techne（工艺、技能）与 logos（词、讲话）的组合，原指对造型艺术和相应技能进行论述。其词根是"tech"，指经验、技能或技艺。古代的技术，往往限于个人或家庭，指个人的手艺、技巧或家庭世代相传的制作方法、配方。在中国古代，"技术"有很多近义词，如"熟能生巧"中的"巧"就是技术。在工业社会中，技术被视为机器和工具。随着社会的发展，技术的含义更加丰富，指人类为了满足社会的需要，在利用、控制、改造自然的过程中，所创造的劳动方法、工艺方法和技能体系的总和。我国 1999 年版的《辞海》对技术的定义是：①泛指根据生产实践经验和自然科学原理而发展成的各种工艺操作方法与技能。如电工技术、焊接技术、木工技术、激光技术、作物栽培技术、育种技术等。②除操作技能外，广义的还包括相应的生产工具和其他物质设备，以及生产的工艺过程或作业程序、方法。实际上，世界知识产权组织把世界上所有能带来经济效益的科学知识都定义为技术。

（二）科学与技术的关系

我们一直用"科技"一词来涵盖科学与技术两个方面，但是，科学和技术既关系密切又各有特色。科学与技术内涵不同，但二者并不是彼此孤立的，有着明确的区别亦有紧密的联系。

1. 科学与技术的区别

（1）任务和形态不同。科学的任务在于认识世界，探索自然的奥秘，揭示自然界中尚未被认识的现象和规律，侧重于回答"是什么"、"为什么"等问题，以认识的形态存在；技术的任务是改造世界，创造实物形态，侧重于回答 "做什么"、"怎样做"等问题，它借助于一定的物质形态而存在。基于这一点，作为科学成果的知识是人类共享的，科学家的业绩就表现为对某些发现或问题回答的优先权，而技术是可以买卖的，发明者享有专利权。

（2）研究过程、范围和内容不同。科学工作属于基础和应用研究阶段，技术工作属于应用阶段，回答怎么做的问题；科学研究的是普遍理论，研究范围广泛，而技术是具体的方法、工艺、技能，其应用范围一般局限于科学的范围之内。

（3）社会功能和价值标准不同。科学以知识的形态存在，是间接的生产力，对社会的作用是隐性的或者说是不太确定的；而技术是内化于生产力要素中的，是直接的现实的生产力；评价科学进步的标准是看是否发现了新知，主要依据论文、论著及其无形的思想；技术进步的标准在于是否创新了生产方式，是否生产出了更符合人类需要的产品，主要依据产品及其有形的效果。

---

① 刘大椿，1986.科学活动论［M］.北京：人民出版社：5.

2.科学与技术的联系

科学与技术常常被人们连用,称为科学技术,简称科技。广义的科学技术是自然科学技术和社会科学技术的总和,即包括自然科学、工程技术、管理科学、人文和社会科学等科学技术的整体;狭义的科学技术,仅指自然科学和工程技术。[①] 科学与技术都是以自然界为对象的创造性的人类实践活动,具有自然和社会属性,反映了人类对自然的能动作用,都属于生产力的范畴。科学需要技术才能转化为生产力,技术是科学的应用与延伸。科学离不开技术的支撑,技术离不开科学的储备。科学的发展有利于新技术的产生与发展,而技术的进步又推动科学的发展。随着科学技术的发展,科学与技术必将进一步相互融合,相互渗透,呈现出科学中有技术,技术中有科学的局面。

四、科学技术的社会功能与作用

科学技术是推动社会进步的有力杠杆,改变着人类的生产、生活、思维方式,对社会的作用不仅有物质层面的,更有精神层面的。

(一)科学技术的生产力功能,推动人类物质文明的发展

生产力,即人类创造新财富的能力,是社会发展的内在动力基础。构成生产力的基本要素包括:以生产工具为主的劳动资料,引入生产过程的劳动对象,具有一定生产经验与劳动技能的劳动者。科学实践活动探究自然现象的本质,总结出一般性的知识,为人类的生产提供经验和指导。在科学研究的过程中,人类付出了劳动,科学研究的成果又可以反作用于劳动生产,帮助人类获得更多的财富。因此,科学是生产力的一部分。19 世纪中叶,马克思作出了"生产力中也包括科学"、"社会劳动生产力,首先是科学的力量"的精辟论断。科学是潜在的生产力,通过技术转化为直接的生产力,成为推动物质生产的主导力量和加速社会物质文明进步的决定性力量:它可以不断物化、创造、改善生产工具;它可以帮助人类合理开发利用自然资源,扩大劳动对象的范围;它与劳动者相结合,提高劳动者的技能水平。此外,科学技术还可以改善生产环境,优化管理机制,提高生产效率。20 世纪中期以来,科学技术已成为现代经济发展中最主要的驱动力。在新的历史条件下,1988 年 9 月,邓小平在全国科学大会上提出了"科学技术是第一生产力"的论断,进一步阐明了科学技术的生产力功能。

(二)科学技术的精神功能,推动人类精神文明的进步

科学为人类文化的支柱之一,其本体是"形而上"之学,具有精神价值和超体意义。美国著名科学史家乔治·萨顿(George Sarton,1884~1956)指出:"科学不仅是改变物质世界最强大的力量,而且是改变精神世界最强大的力量,事实上它是如此强大而有力,以致成为革命性的力量。随着对世界和我们自己认识的不断深化,我们的世界观也在改变,我们达

---

① 秦尚海,2010.高校科技道德教育论 [M].青岛:中国海洋大学出版社:16-17.

到的高度越高，我们的眼界也就越宽广。"①科学技术的精神功能与作用，体现在很多方面：科学揭示了客观真理，自诞生之日起，就是批判迷信和唯心主义的精神武器，对人类唯物史观的形成和发展起到了巨大的推动作用；科学探索自然界、社会和人本身的客观规律，推动着人类认识能力的提高，价值观念的现代化和民主化，同时也推动社会进一步走向民主、自由；科学用实证、理性的方法探寻真理，有利于人们思维方式的转变；科学技术的发展改变着文化教育的内容、模式和方法，影响着教育改革的方向，为提高人类智能状况创造了条件；科学技术带来科学精神，有利于人们精神面貌和道德水准的提升。此外，科学技术的发展为人类提供了丰富的审美材料，拓宽了人类的视野，为人类审美的提高提供了可能性。因此说，科技是人类精神文明发展的重要推动力量。

（三）科学技术的社会变革功能，推动社会不断发展完善

科学技术是社会文明及其变革的基础。马克思"把科学首先看成是历史的有力杠杆，看成是最高意义上的革命力量"，在历史上首次揭示了科学技术的社会变革功能。科学技术能促进生产力的发展，是其他社会变革的前提和基础；科学技术促进生产力发展的结果，或迟或早会引起生产关系和社会制度的变革。马克思指出，"手推磨产生的是封建主为首的社会，蒸气磨产生的是工业主为首的社会"。近代欧洲科学技术的采用，促使封建社会内部产生了新的资本主义生产关系，最终导致资本主义生产关系取代封建生产关系。科学技术引起社会经济基础的变革，不断丰富人类物质生活的内容，不断拓宽人类生活的空间，不断改善人类生活的质量，不断优化人类生活的机构，引起人类生活方式的变化，推动着人类思维方式和哲学观念的变化，最终引起上层建筑的变革，推动了社会制度的变更或完善。

五、科技的局限性及其负面影响

近代科学自诞生以来，一路凯歌，取得了令人炫目的成果，极大地改变了人类的生活。越来越多的人相信，科学可以为人类创造一个美好的未来。但我们也要看到，科学自身的局限性及其带来的负面影响。

（一）科学的局限性

科学是人类认识世界，实现某种目标的工具，其本身具有局限性。科学的目的是求真，达到对事物的属性和规律的正确认识。但科学认识的过程往往是一个不断试错、无穷无尽的过程。如 20 世纪的相对论和量子力学发现了在宏观和微观领域物理运动的新规律，揭示了牛顿经典力学的局限性，但相对论和量子论也并非完美。可见，人类要想通过科学探索完全掌握自然、社会和人类自身思维的规律，将是一个极其漫长的历程。在这个过程中，人类不可避免地要付出代价。此外，科学从抽象上来看似乎力量无限，但与人类生活中需要解决的庞大问题相比，近代科技所取得的成就依然渺小。如现代医学攻克了许多疾病，但仍对癌症、艾滋病等这些严重威胁人类生命的疾病无能为力。

---

① 乔治·萨顿，1984.科学和传统［J］.科学与哲学，4：14-24.

（二）科技发展带来的负面影响

科技的迅猛发展一方面成就了人类文明史上的辉煌，电脑、电话、汽车等现代人类生存的必需品的发明，无疑为人类生活质量的改善提供了巨大的帮助，但另一方面，科技的发展也使人类陷入了种种困境。

1. 核威胁

在人类的战争舞台上，冷兵器使用的时间很长。后来，火药的发明引发了战场上热兵器的较量。在 20 世纪核能量公式被揭示后，一种新的战争能量诞生了，这就是核能量。现有资料显示：1945 年 8 月 6 日和 9 日，美国空军在日本的广岛和长崎接连投掷了两枚原子弹，造成了大规模的人员伤亡，原子弹的空前杀伤和破坏威力，震惊了世界。原子弹能产生多重杀伤力：光辐射、冲击波、早期核辐射、电磁脉冲以及放射性污染等。随着国家间核武器竞赛的不断升级，核威胁犹如一把"达摩克利斯剑"始终悬在人类的头顶上，人类被迫生活在随时可能被毁灭的阴影之下。

2. 生态恶化

科学技术日新月异，开发并改造自然，拓展了人类活动的规模，为人类创造了巨大的财富，但也消耗了大量的能源，给人类带来了难以逆转的全球性的环境污染，破坏了地球的生态平衡，使人类面临着越来越严重的生存危机。酸雨、雾霾、温室效应、臭氧层空洞、物种灭绝、土壤侵蚀、海洋污染、白色污染等全世界公认的生态环境问题，都与人类过度消耗资源，肆意排放废气与烟尘、随意处置危险废物有着密不可分的关系。

3. 人的异化

现代科技带来的便利使我们失去了很多选择的机会和能力，我们依赖其飞速的发展的同时也使自身成为了现代科技的一部分，人类正在被工具化和模式化。医学整容技术正在剔除人的个性化；科技思维模式正在使人抽象化；工具理性对技术的使用、物欲占有的强调，导致人成为了赚钱的机器，迷失了人的本性；网络技术的发展，导致更多的人宅起来，游离于社会之外，引发网络孤独症，人际情感淡漠，甚至导致青少年社会化的失败。

4. 伦理问题

现代高科技的发展不仅改变着社会整体的面貌，而且强烈地冲击着传统的伦理道德观念。信息技术的发展带来了人格缺陷、信息安全、侵犯个人隐私等问题；生物技术发展带来了人类伦理关系混乱、人类多样性等问题；航天技术的发展带来空间资源的归属、保护太空生态环境等问题。

在人类历史的长河中，科学技术可以说扮演了天使和魔鬼的双重角色。如何有效减少或者避免科学技术带来的负面影响，将科技应用于对人类有益的事业，是现代社会面临的一大现实课题。

案例与思考

反应停的前世今生

　　1953 年，瑞士一家药厂首次合成一种叫做沙利度胺（Thalidomide）的化合物，但因其不具有抑菌活性，放弃研究。1954 年，联邦德国一家制药公司格兰泰（Chemie Grünenthal）开始了对沙利度胺的研究，在研究中发现该化合物不仅具有一定的止痛、镇静、催眠作用，而且能够显著地抑制孕吐。当时，医学界并不认为药物能够通过胎盘，故而孕妇用药和普通成人没有区别。1956 年，德国尝试将沙利度胺推入市场。1957 年，沙利度胺以商品名反应停（Contergan）正式投放欧洲市场，被宣称是一种可以治疗失眠、咳嗽、感冒、头痛、孕吐的神奇药物。在此后的不到一年内，反应停获准在全球 51 个国家销售，风靡欧洲、加拿大、日本、非洲、澳大利亚和拉丁美洲，作为一种"没有任何副作用的抗妊娠反应药物"，成为"孕妇的理想选择"（当时的广告语）。1959 年，医生发现服用反应停会导致末梢神经炎；1960 年，医生发现欧洲新生儿畸形比率异常升高，大量畸形婴儿四肢发育不全，没有手臂和腿，手和脚直接连在身体上，很像海豹的肢体，被称为"海豹儿"。有医生和学者通过流行病学调查和毒理学研究发现，沙利度胺对灵长类动物有很强的致畸性，不仅导致海豹短肢症，也可引起先天性心脏病、外周神经炎、内耳外耳发育异常、视觉异常等。1961 年底，反应停被禁用，格兰泰公司召回反应停。这一事件最终导致全世界诞生约 1.2 万畸形儿[①]，反应停被打入"冷宫"。

　　中国，基于当时的国情，没有引进反应停而幸免于难。值得一提的是，反应停事件亦没有给美国造成大的影响，这和美国食品药品监督管理局（FDA）的一名药物审查员，医学博士弗朗西丝·奥尔德姆·凯尔西（Frances Oldham Kelsey）密切相关。1960 年，美国理查森·梅里尔公司（Richardson Merrill）以商品名 Kevadon（酞胺哌啶酮）向 FDA 提交沙利度胺进入市场的申请书。但凯尔西认为，药物可以通过胎盘，沙利度胺的动物实验获得的药理活性和人体实验结果差异极大，由动物实验获得的毒理学数据不够可靠。后来，她在一项研究中看到沙利度胺有神经系统副作用，遂要求梅里尔公司提供更多的动物试验数据和所有临床试验数据，证明该药真正安全后才能批准。当时，梅里尔公司一方面提交欧洲方面的动物试验和临床试验数据，一方面在美国大规模试用，同时，游说集团、妇女界等都在给凯尔西施加压力，支持反应停在美国上市。但凯尔西没有妥协，认为不够安全的药物不能获得批准。不久，反应停被医学界确认导致胎儿畸形，梅里尔公司收回发出的药品，美国出现 17 位海豹婴儿。凯尔西被认为有效地避免了美国成千上万的畸形婴儿的诞生。1962 年，肯尼迪总统亲自授予凯尔西"杰出联邦公民总统奖"。从此，安全性成为了药物监督的基本原则。

　　就在"反应停"声名狼藉之际，1965 年，一名以色列医生偶然发现"反应停"对麻风结节性红斑有很好的疗效。经过 34 年的慎重研究之后，1998 年，美国 FDA 批准"反应停"作为治疗麻风结节性红斑的药物在美国上市，美国成为第一个将"反应停"重新上市的国家。[②]

　　随着研究的深入，人们发现沙利度胺有抗炎、抗血管生成、减少癌细胞等作用。人们对

---

　　① 章伟光，2013-09-25.关注手性药物 "从反应停事件"说起［OL］. http://finance.china.com.cn/industry/medicine/yygc/20130925/1836267.shtml.

　　② 方舟子，2005-04-06."反应停"悲喜剧［OL］.http://scitech.people.com.cn/GB/25893/3298480.html.

沙利度胺进行了重新评估，开发出了沙利度胺的衍生物。目前，沙利度胺及其衍生物已经用于治疗结节红斑、多发性骨髓瘤、黏膜溃疡、前列腺癌、肾细胞癌、卡波西肉瘤、骨髓增生异常综合征等多种疾病。

人类对于事物的科学认识，都在发展演变之中。沙利度胺，是科学的产物，是人类发明的化学药物，既给人类带来了极大的益处，也给人类造成了意料之外的伤害。沙利度胺之所以一度使人闻之色变，成为邪恶的象征，一方面在于科学本身的局限性，另一方面，反应停也是急功近利的结果，与有关机构未能全面检验其可能产生的副作用相关。今天，沙利度胺再度为人类使用，是科学进步和药物监管体制成熟的标志。在反应停事件中，凯尔西对药物安全的坚守，成为了一种科学精神的象征，是保障科学造福于人类的重要力量。

第二节　科　学　精　神

科学，作为一种知识体系，不仅表现为一定的理论、定律和事实，也内含着价值观、方法论规则等哲学和文化内涵；科学，作为一种人类的实践活动，同艺术等文化活动一样，不仅具有历史性，而且具有人文性。这种沉淀于科学知识体系中，贯穿于科学活动过程中的菁华，就是科学精神。

一、科学精神的含义

（一）精神

精神（spirit）一词具有丰富的内涵。概括来说，有两方面的含义：一是相对于形骸、肉体而言，指人的精气与元神，具有实质、灵魂、核心、要义、宗旨之意，如宋代王安石在《读史》中曰："糟粕所传非粹美，丹青难写是精神"；二是相对于行为而言，指人的意识、思维方式，或是为达到某种目的而产生的心理状态，具有意志之意，并据此指导行为。我们常说的"五四精神"、"井冈山精神"、"雷锋精神"等即为此意。

> **资料链接**
> 第一，科学缘附于物质，而物质非即科学。见烛焉，燃而得光，而曰烛即光焉，不可也。其为物质者，可以贩运得之，其非物质者，不可以贩运得之也。第二，科学受成于方法，而方法非即科学。见弋焉，射而得鸟，而曰射即鸟焉，不可也。其在方法者，可以问学得之，其非方法者，不可以问学得之也。与斯二者之外，科学别有发生之泉源。此泉源者，不可学而不可不学。不可学者，以其为学人性理中事，非摹拟仿效所能为功；而不可不学者，舍此而言科学，是拔本而求木之茂，塞源而冀泉之流，不可得之数也。其物唯何，则科学精神是。
> ——任鸿隽（科学精神论，1916）

（二）科学精神

科学精神，在英文中有两种表达，一种是 scientific spirit，另一种是 spirit of science，尽管在词义上有细微差别，但在中文中都指科学精神，一般不做明确区分。科学精神一词的内涵极为丰富，到目前为止，尚未有一个明确的定义。一般而言，科学精神是指由科学性质所决定并贯穿于科学活动之中的，体现于科学活动主体身上的精神状态和思维方式。

科学精神是体现在科学活动和科学成果中的思想或理念，是科学活动主体在长期的科学活动中所形成的价值观念、认知方式和行为规范的总称。科学精神生发于科学信念、科学方法、科学思想和科学知识，并在科学活动和科学建制中得到实践和发扬光大。科学精神既包含了科学自身发展的目的，也体现了社会对科学的要求。

二、科学精神的形成与发展

在西方，原始形态的科学精神最早孕育于古代的科学活动中。古希腊的自然哲学和工匠传统早就蕴涵着科学的元素，因此，古希腊也成为科学精神的发源地。著名哲学家亚里士多德在《形而上学》中指出，"求知是所有人的本性"，认为"在各门科学中，那为着自身，为知识而求取的科学比那为后果而求取的科学，更加是智慧。"①也就是说，求知本身是科学的目的，这种科学是纯粹的、不计利害的，也是"自由"的，这就是古希腊的科学精神。这一时期的科学精神表现为："面向客观、热爱自然、尊重理性、热爱智慧"。②

近代科学精神是在经历了中世纪漫长的沉淀后，在文艺复兴期间萌发并逐步成长，于16～17世纪的科学革命中形成。在中世纪，近代科学精神在黑暗中顽强生存。比如，英国的科学家罗吉尔·培根（Roger Bacon）终其一生，反对教会，追求真理，推崇理性，践行实验，断言："数学是其他一切学科的门径和钥匙"，并告诫人们：求得真理，必须克服教条主义和主观主义。此外，安瑟伦（Ansolmus）、托马斯·阿奎那（Thomas Aguinas）、约翰·邓斯·司各脱（Johannes Duns scotus）、威廉姆·奥卡姆（William of Occam）一直到列奥纳多·达·芬奇（Leonardo Da Vinci），都在不断推进科学的进步，同时也为科学精神的形成奠定了基础。文艺复兴时期的思想解放和人的觉醒，一批批科学先驱前赴后继，推动了近代科学的诞生，同时也塑造了科学精神。这一时期，科学精神中的无私利性、公有主义、有组织的怀疑等元素逐渐显现出来。

18世纪后，科学精神趋于成熟，并随着科学的发展不断丰富和深化。1892年，英国学者卡尔·皮尔逊（Karl Pearson，1857～1936）出版了《科学的规范》（The Grammar of Science）一书，将科学的一些特质和精神要素归纳为科学精神（scientific spirit）、科学的心智框架（the scientific frame of mind）和科学的心智习惯（the scientific habit of mind）。1942年，在西欧深厚的历史性文化积淀的基础上，美国社会学家罗伯特·金·默顿（Robert King Merton，1910～2003）在《法律和政治社会学杂志》上发表《论科学与民主》（后定名为《科学的规范结构》）一文。基于对科学及科学家命运的思考，莫顿认为科学家的行为应受特定规范的约束，并凝练式地提出了科学的精神特质的四大制度性规范，或者说科学精神特质的四大构成要素：普遍主义（universalism）、"公有性"（communism）、 无私利性（disinterestedness）和有条理的怀疑（organized skepticism），凸显了科学所独有的文化和精神气质。此后，默顿在《科

① 亚里士多德，1993.亚里士多德全集［M］.第7卷.苗力田，译，北京：中国人民大学出版社：30.
② 钟庆海，陈琦，1991.试论近代科学精神的萌芽与生长——从罗吉尔·培根到达·芬奇［J］.延边大学学报（社会科学版），75（01）：22.

学发现的优先权：科学社会学的一章》（1957）、《科学家的行为模式》（1968）等文章中将创新性和谦逊的价值观念也看作是科学精神的一部分。

资料链接

研究科学者，常先精神，次方法，次分类。科学精神乃科学真诠，理当为首。
于学术思想上求科学，而遗其精神，犹非能知科学之本者也。

——任鸿隽

在中国，科学精神一词是任鸿隽先生在 1916 年第 2 卷第 1 期的《科学》杂志上发表《科学精神论》一文时，首次创用的。任鸿隽指出："科学精神者何，求真理是已。" 1922 年，梁启超在为科学社年会做的演讲《科学精神与东西文化》中，将科学精神分了三个层次，即：求真知识、求有系统的真知识、可以教人的知识。此后，"科学精神"这个词在中国逐渐流传，其内涵也在不断地拓展和丰富。如著名物候学家竺可桢 1941 年所撰"科学之方法与精神"一文中提出了三种科学态度：一是不盲从，不附和，依理智为归，如遇横逆之境遇，则不屈不挠，不畏强御，只问是非，不计利害；二是虚怀若谷，不武断，不蛮横；三是专心一致，实事求是，不作无病之呻吟，严谨毫不苟且。1996 年，中国科协主席周光召在全国科普工作会议上对科学精神的内涵又作了进一步的扩展：平等和民主，反对专断和垄断；既要创新，又要在继承中求发展；团队精神；求实和怀疑精神。[①]至今，科学精神的内涵仍在不断丰富发展之中，它超越了科学自身的视域，进入科学与人、科学与社会、科学与自然的关系之中，不仅体现出对科学真理本身的追求，而且彰显出科学活动主体对科学行为和科学成果的应用的合理性的关注，以及对人类、社会、自然协调发展的关切。

三、科学精神的基本内容

科学精神属于科学的"上层建筑"，是人们在科学实践活动中逐渐形成的。其内容有些是和社会普遍价值相符合的，有些则具有明显的地域性；有些是明确的行为规范条文，有些则是隐含在一些惯例、或一些科学活动主体的优秀代表人物的言行中；科学精神的内容在一定历史时期是稳定的，但又随着社会和科学的发展而发生变化。纵览古今中外对科学精神的解读，科学精神的基本内容可以归纳为以下几点：

（一）求是精神是科学精神的核心

求是精神就是人们经常说的实事求是精神。实事求是，原指一种治学态度，最初出现于东汉史学家班固撰写的《汉书·河间献王传》，讲的是西汉景帝第三子河间献王刘德"修学好古，实事求是"。毛泽东在《改造我们的学习》中指出："实事"就是客观存在着的一切事物，"是"就是客观事物的内部联系，即规律性，"求"就是我们去研究。也即是说，实事求是就是指从实际对象出发，探求事物的内部联系及其发展的规律性，认识事物的本质。达尔文曾经说过："科学就是整理事实，从中发现规律，作出结论。"科学的目的是追求真理，发现真理，科学精神就是为了追求真理而需要的精神。求是精神与科学的目的契合，是科学

---

① 全国科学道德与学风建设宣传教育领导小组，2011.科学道德与学风建设宣讲参考大纲［M］.北京：中国科学技术出版社：14.

精神的核心。在科学研究中，求是精神要求科学必须在全面、可靠的事实材料基础上，依靠人的感官经验和科学仪器的验证，去伪存真，排除主观性，坚持客观性，以唯实的思维法则，采取实践——认识——再实践的方法进行科学探索，不断揭示事物的本质和规律。

（二）实证和理性精神是科学精神的两大支柱

在科学中，通向真理的唯一道路是实证的和理性的道路，即实验的检验和理性的审查。由追求真理的逻辑起点引导出科学精神的两大支柱——实证精神和理性精神。[①]

实证，是指实际的证明或确凿的验证。实证精神强调知识必须建立在观察和实验的经验事实上，以实践为研究起点，通过观察法、谈话法、测验法、个案法、实验法、比较法、历史法等实证研究方法来揭示一般结论，并且这种结论在同一条件下应具有可证性，即科学在结局和起源上都是可实证的。科学的实证精神使科学有别于其他知识体系或观念形态，是科学精神的一大支柱。

理性，是相对于感性而言的，是指能够识别、判断、评估实际理由以及使人的行为符合特定目的等方面的智能。文艺复兴时期，莎士比亚曾在《哈姆莱特》中指出，"行为多么像天使，理性多么像神明。"科学精神中的理性是指一种逻辑地认知世界、把握事物和深入进行独立探究并进行设疑、判断和选择的辩证思维能力。理性精神要求人们在处理问题时按照事物发展的规律和自然进化原则来考虑问题，对事物或问题进行观察、比较、分析、综合、抽象与概括，以符合逻辑的推理而非依靠表象来获得结论、意见和行动的理由。科学是而且必须是理性的或合乎理性的，是理性方法的典范，同时又是理性精神的用武之地。理性精神是科学精神的另一支柱。当然，作为人类在认识世界和改造世界的活动中所表现出来的思维特征和行为方式，人类理性归根到底都在实现人的两个方面的宗旨：求真与求善。以求真为宗旨的工具理性和以求善为宗旨的价值理性构成了总体性理性的两个维度。在社会运行过程中，二者不可偏废，必须保持相对的平衡。

（三）进取和怀疑精神是科学精神的重要组成部分

科学的发展永无止境，是一个不断拓展广度、挖掘深度、提高精度的过程，任何真理都是绝对与相对的统一体。科学的生命力就在于不断地在揭示自然奥秘中开拓创新，这就内在地要求科学活动主体具备积极向上，立志有所作为的进取精神。

西班牙学者米格尔·德·乌纳穆诺曾言："当你开始依照习惯行事，你的进取精神就会因此而丧失。"科学要获得进步，就需要破除先入之见，抱着怀疑的态度对以往的理论学说、观念进行研究。所以说，怀疑是科学研究的起点，也是推动科学发展的原动力。我国著名理学家朱熹曾言："大疑则大悟，小疑则小悟，不疑则不悟"。怀疑精神决定研究深度，没有怀疑精神，即使抓对了问题也可能只是浅尝辄止。当然，科学精神中的怀疑是获得真理的一个步骤，是一种辩证否定运动，并以一定条件为前提，要言之成"理"，持之有"据"，以求得对真理的认识，让缺乏证据和逻辑的事情无处遁形。求实，鼓励"去伪存真"，进取和怀疑精神都是求实精神在不同情况下针对不同对象的具体表现，是科学精神的重要组成部分。

---

① 李醒民，2010-05-04. 实证精神和理性精神是科学精神的两大支柱［N］.人民日报，http：//theory.people.com.cn/GB/11509268.html.

四、科学精神的功能与作用

科学精神来源于探索科学真理、追求技术创新的科学活动，是人类在长期科学实践活动中积淀而出的精神气质的集中表征，是一种情感、一种理念、一种立场，也是一种思维方式、一种价值取向和行为规范。科学精神有很强的历史继承性，同时又具有巨大的能动性，作为一种深层次的力量，推动着人类社会物质和精神文明的进步。

（一）科学精神是科学发展的根基

科学精神，是科学发展最具价值的成果，是人类认识世界的主观精神状态。它源于科学活动，但又超越科学本身，是科学的生命和灵魂。首先，科学精神是人类进行科学探索的不竭的精神动力，是科学成果的发动机。科学只有在科学精神的指引下，才能不断地获得突破，取得持续的进步。科学一旦丧失了严格的科学精神，便会失去发展的根基和力量源泉。其次，科学精神决定了科学的发展方向，保障其和人类进步的方向一致。科学之路是没有尽头的，它的出发点和目标不仅由客观世界的性质决定，而且也由理性的性质和力量决定，科学精神保证了科学方向的一致性。此外，坚持真理，运用真理，发展真理，都需要科学精神保驾护航。

（二）科学精神促进人类个体修养的提升

科学在不断揭示客观世界和人类自身规律、改变着人类的生产和生活方式，同时也发掘了人类的理性力量，创造了科学精神、科学道德与科学伦理等丰富的先进文化，不断提升着人类的个体修养。科学精神可以引导人们奋发图强、积极向上，促进人们牢固地形成正确的世界观、人生观和价值观。科学精神的主要载体是科学活动主体，科学精神是构成科学活动个体科学素养中的最基本的要素。科学精神约束着科学工作者的行为，也陶冶着科学工作者的品格，实事求是，不畏艰难等科学精神为科学家在科学领域内取得成功提供保证。

（三）科学精神促进人类文化的发展

随着科学的发展和社会的进步，科学精神在世界范围内扩散、渗透。科学精神成为现代文明的主导精神之一。恰如杜威所言:"科学精神的重要意义主要体现在它对我们文化前途的巨大影响。"科学精神具有导向和文化整合功能,冲破地区、国家、民族和语言的局限,强烈地冲击着人类的文化价值观,迫使人们的观念与传统文化在某种层面上发生断裂,从而获得新的文化价值,也推动了文化的相互融合。

(四)科学精神推动人类社会和谐进步

科学精神受哺于社会并反馈社会,是人类社会和谐发展不可或缺的思维指向。人类社会发展的历史证明,人类摆脱蒙昧走向文明,是与科学精神的导向密切相关的。科学精神不仅推动社会物质文明的进步,还在诸多方面与民主社会的精神气质相通共融,对社会的精神文明产生积极影响,成为民主社会的精神财富,扮演着自由社会和民主社会的守护神的角色。比如,决策者坚持科学精神,自觉地运用科学知识和科学方法认识问题、解决问题,是科学决策的基础保障,保障社会的科学、和谐发展。

五、科学精神与人文精神

在人类社会的发展过程中,优秀的文化逐渐沉淀而成人文精神。人文精神是人类文化最根本的精神,它是人类信念、理想和道德等精神品格的结晶,是整个人类文化生活的内在灵魂。科学精神是科学活动主体在长期的科学活动中逐渐形成的,与人文精神之间有着内在的深刻关联。

(一)人文精神的含义

人文,广义而言,就是人类社会的各种文化现象,狭义的人文专指人类文化中先进的、科学的、优秀的、健康的部分。

人文精神(humanities spirit),是指蕴涵于人文社会科学学科中的对人类生存的意义和价值的关怀,是在人文认识活动中形成的一系列价值观念和态度。[①]

在西方,人文精神和人文主义、人道主义、人本主义(humanism)词义相通,其含义非常复杂,但核心内容是关注"人",是对人的生命价值、人的生存意义和人类未来命运的理性关注。从历史的角度看,人文精神有广义和狭义之分。狭义的人文精神特指欧洲文艺复兴时期,反对封建专制、宗教蒙昧与禁欲主义,追求人的解放和张扬人的个性的思潮;广义的人文精神,则指所有的重视人的价值和人的发展的文化精神。从社会的角度看,人文精神主张人生而平等,人的价值高于一切,要保证人的肉体和精神的自由,维护人的尊严。从个人角度来看,人文精神主张人要完善心智,净化灵魂,懂得关爱,提升精神境界,提高生活品位。

一般认为,人文精神包含三个元素:人性,即对人的尊重;理性,即对真理的追求;超越性,即对生命意义的追求。总而言之,人文精神表现为人们对于"真、善、美"的价值取向和执着追求,是人类所特有的且为人而存在的不可分割的有机组成部分。人文精神是整个人类文化所体现的最根本的精神,是一种普遍的人类自我关怀的精神,表现为对人的生命、尊严、价值的关切与追求,它以追求"真、善、美"等崇高的价值理想为核心,以人本身的

① 韩文甫,赵红光,成月季,2002.现代化进程中科学精神与人文精神的融合[J].河南社会科学,03:73.

自由和全面发展为终极目的，对一种全面发展的理想人格的肯定和塑造。

（二）人文精神和科学精神

科学精神与人文精神是人类社会共存的两种精神，它们之间既连接贯通，又区别独立。一方面，科学精神同艺术精神、道德精神等其他文化精神一样，是人文精神的重要构成要素，是人文精神不可分割的重要组成部分，二者在实质内涵上相融相通。离开人文精神的科学精神不是真正意义上的科学精神，而离开科学精神的人文精神也是不完整的人文精神。另一方面，尽管科学精神同艺术精神、道德精神等其他文化精神在追求真善美的最高境界上是相通的，但我们也要看到，科学精神更注重于解决"是什么"的问题，人文精神更侧重于"应该如何"的问题。也就是说，相对于科学精神而言，人文精神更注重非理性的因素，在肯定理性作用的前提下，重视人的精神在社会实践活动过程中的作用，注重人的精神生活，尊重人的价值，追求人生的真谛，以人为尺度，追求善和美。

在现实生活中，人文精神指导着人类文明的走向。如果说在科学精神的指引下，科学技术取得了巨大的成就；而只有在人文精神的指导下，科学技术才能向着最利于人类美好发展的方向前进。在某种意义上，人文精神与科学精神可以说是承载和导引人类社会前进的两条轨道，缺失了其中的任何一条，社会就无法顺利前进。

📝 案例与思考

坚守科学精神，造福世界人民

2015 年 10 月 5 日，瑞典卡罗琳医学院在斯德哥尔摩宣布，将 2015 年诺贝尔生理学或医学奖授予中国女药学家屠呦呦，以及另外两名科学家威廉·坎贝尔和大村智，以表彰他们在寄生虫疾病治疗研究方面取得的成就。消息传到中国，举国欢庆。然而，在这荣耀的背后，则是艰辛的科学探索历程。

屠呦呦，1930 年出生于宁波。1955 年，屠呦呦北大医学院生药学专业毕业后，进入中医研究院（现为中国中医科学院）工作。屠呦呦入职时正值中医研究院初创期，条件艰苦，设备奇缺，实验室连基本通风设施都没有，经常和各种化学溶液打交道的屠呦呦身体很快受到损害，一度患上中毒性肝炎。除了在实验室内做实验，屠呦呦还常去野外采集样本，先后解决了部分中药品种混乱问题，并结合历代典籍和各地经验，和同事们一起编著完成《中药炮炙经验集成》一书。

化学家路易·帕斯特说过"机会垂青有准备的人"。1959～1962 年，屠呦呦参加西医学习中医班，系统学习了中医药知识。古语说：凡是过去，皆为序曲。西医学中医的序曲为屠呦呦从事青蒿素研究提供了良好的条件。

疟疾，是全球关注的三大传染病之一，俗称打摆子，寒热病，是经按蚊叮咬或输入带疟原虫者的血液而感染疟原虫所引起的虫媒传染病。该病主要表现为周期性规律发作，全身发冷、发热、多汗，严重时可发生抽搐和昏迷，严重危及人类的生命健康。20 世纪 30 时代，中国云南地区疟疾流行，死亡 3 万人。20 世纪 60 年代，由于恶性疟原虫对氯喹或奎宁为代表的老一代抗疟药产生抗药性，导致这些药物的疗效逐渐降低，疟疾的发病率再次升高，20

世纪 60 年代初,我国中原五省疟疾发病人数超过 2000 万,发明新药成为包括中国人民在内的全体世界人民的期待。1967 年 5 月 23 日,我国紧急启动"疟疾防治药物研究工作协作"项目,代号"523"项目。屠呦呦临危受命,被任命为"523"项目中医研究院科研组长。要在设施简陋和信息渠道不畅的条件下,短时间内对几千种中草药进行筛选,其难度无异于大海捞针。屠呦呦通过翻阅历代本草医籍,四处走访老中医,甚至连群众来信都没放过,终于在 2000 多种方药中整理出一张含有 640 多种草药,包括青蒿在内的《抗疟单验方集》。

从 1969 年开始,屠呦呦中医药研究所团队经过大量的反复筛选工作后,1971 年起工作重点集中在中药青蒿上。20 世纪 70 年代,中国的科研条件相当简陋,缺乏设备,研究团队曾用水缸作为容器,部分科研人员因为接触大量溶剂,健康受到了影响。为了尽快进行临床试验,屠呦呦和科研团队成员曾经亲自服用青蒿有效部位提取物,以确保安全。但 190 次实验都失败了。屠呦呦没有气馁,再一次重新在经典医籍中细细翻找,进一步思考东晋著名医药学家葛洪所著的《肘后备急方》有关"青蒿一握,以水二升渍,绞取汁,尽服之"的截疟记载。屠呦呦意识到古籍中提取过程是"绞取汁",是避免高温的,自己的问题可能出在常用的 "水煎"法上,因为高温会破坏青蒿中的有效成分。1971 年 9 月,屠呦呦另辟蹊径,采用低沸点溶剂的低温提取方法,用乙醚回流或者冷却,然后再用解溶液去除酸性部位的方法制备药品。1971 年 10 月~12 月,鼠疟和猴疟实验的药效评价显示抑制率达到 100%。青蒿乙醚中性提取物抗疟药效的突破,是发现青蒿素的关键。1972 年 8 至 10 月,屠呦呦团队开展了青蒿乙醚中性提取物的临床研究,30 例恶性疟和间日疟病人全部显效。1972 年 11 月,从该部位中成功分离得到抗疟有效单体化合物的结晶,后命名为"青蒿素"。随后,经过不断改进,青蒿素及其衍生物持续获得成功,并引发国际关注。

20 世纪 80 年代,数千例中国的疟疾患者得到青蒿素及其衍生物的有效治疗。已有成就并未让屠呦呦止步。屠呦呦说:"一个科技工作者,是不该满足于现状的,要对党、对人民不断有新的奉献。"1992 年,针对青蒿素成本高、对疟疾难以根治等缺点,屠呦呦又发明出双氢青蒿素,该药品的临床抗疟药效为前者的 10 倍,进一步体现了青蒿素类药物"高效、速效、低毒"的特点。2011 年 9 月,素有"诺贝尔奖风向标"之称的拉斯克奖将临床医学奖授予屠呦呦,以表彰其在青蒿素研究中的突出贡献。

科学成果来之不易。在取得超越前人的科研成果的背后是屠呦呦及其团队一直坚守的抽象而无形的科学精神。屠呦呦和她的团队,几十年如一日,目标明确、坚持信念、默默耕耘、任劳任怨、无私奉献、团结协作、勇攀科学高峰。科学精神境界体现在有形的科学贡献上。屠呦呦和她的团队取得了高水平科研成果,将一份份漂亮的成绩单回馈给世人,体现了中国科技的繁荣进步,体现了中医药对人类健康事业所作出的巨大贡献,也展现了我国综合国力和国际影响力的不断提升。屠呦呦以发明青蒿素铸就了传奇,也以坚守科学精神而成为科学工作者学习的榜样。

第三节　科 学 道 德

伦理道德与人类相伴而生。自从人类社会进入文明的历史,就有了伦理道德的历史和生活。随着社会的发展,科学发展带来的负面影响逐渐显现。此外,科学道德失范现象呈现蔓延的趋势，污染了科学活动环境，阻碍了科学的进步。人们越来越多地认识到：单方面地发展科学技术，并不能使人一定得到幸福和满足，科学的健康发展需要伦理道德的关怀。

一、道德与伦理

（一）道德

一般而言，道德是人们在社会生活实践中形成的，由经济基础决定的，用善恶作为评价标准，主要依靠社会舆论、内心信念和传统习俗维系，指导人格完善和调解人与人、人与社会、人与自然关系的心理意识、行为规范的总和。在学术界，关于道德是否调整人与自然的关系一直存在争议。但随着社会的发展，"可持续发展"理念逐渐深入人心，学术界倾向于用道德来调节人与自然的关系，将伦理对象从人类社会逐渐扩展到环境和自然界。

道德是道和德的合成词。道是方向、方法、技术的总称；德是素养、品性、品质的意思。在中国古代汉语中，道德二字最初是分开使用的。先秦思想家老子在所著的《老子》（战国版本书名是《老子》，西汉马王堆出土的为《道德经》）一书中说："道生之，德畜之，物形之，势成之。是以万物莫不尊道而贵德。道之尊，德之贵，夫莫之命而常自然。"在道家文化中，"道"是指万物运行的规律或者万物的本源，强调"道法自然"，用"天人合一"概括了天人关系。东汉许慎在《说文解字》中指出，"道者，路也。"从文字含义上看，"道"本义是指道路，后来引申为原则、规范、规律、道理或学说的意思。而《说文解字》中讲"德者，得也"。朱熹在《四书集注·学而篇注》里面，指出："德者，得也，行道而有得于心者也。"也就是说德是指人们的内心情感或信念，后来引申为人的本性、品德。道德连用为一个词，最早见于春秋时期的《荀子·劝学》一书："故学至乎礼而止矣，夫是谓道德之极"。意思是说如果人们的一切行为都合乎礼的规定，就可以说达到了道德的最高境界。在这里，"道德"就是"礼"，即是宗法等级行为规范和关系的总和。管子在他的《管子·君臣下》中说："道德定于上，则百姓化于下也。"意思是说人们按照天道的规律去行为处事，就是"道德"的人。可见，在儒家文化中，道德不仅是事物变化的规律，还指人们应遵守的行为准则，是衡量人们行为正当与否的观念标准。

> **名言链接**
>
> 有两种东西，我们愈深沉、持久地加以思考，它们在我心灵中唤起的惊奇和敬畏就会日新月异，不断增长，这就是我头上的星空和心中的道德法则。
>
> ——【德】伊曼纽尔·康德

在西方古代文化史里，道德的英文"morality"源于拉丁文的"moralitas"，意为礼节、风俗、风尚、习性、合适的言谈举止等。而风俗、风尚为道德之源。可见，道德一词在古代已包含规范、规律、性格和善恶评价之意。

文明的人类社会是靠道德的建立来作保障的。道德是良师，它教导人们认识自己对家庭、他人、社会和对国家应负的责任和应尽的义务；道德是调节器，以自己的善恶标准去指导和纠正人们的行为；道德是引路人，它培养人们良好的道德意识、道德品质和道德行为，使受教育者成为道德纯洁、理想高尚的人。在社会生活中，道德要求、约束且帮助人们有序、和谐地生活。人之所以异于禽兽者，以其有德性耳。当为而为之之谓德，为诸德之源；而使吾人以行德为乐者之谓德性。德性之基本，一言以蔽之曰：循良知。一举一动，循良知所指，而不挟一毫私意于其间，则庶乎无大过，而可以为有德之人矣。[①]假如失去道德，人类社会就会重返动物世界，人们也无理性无智慧可言，人类社会也很难是美好的。

（二）伦理

"伦"的本意为秩序，"理"为纹理、条理、原理、规则。伦理的本义是指人伦关系及其内蕴的条理、道德和规则。现代汉语中，伦理一般是指在特定领域处理人与人之间关系的原则、准则和规定。

在中国汉语中，公元前6世纪时，单独使用的伦、理在《周易》、《尚书》中已经出现。《说文解字》中对伦理的解释为："伦，从人，辈也，明道也；理，从玉，治玉也。"在我国语境中，"伦"同"仑"，意为代代相传的辈分关系，有"辈"、"类"之意。后泛指人与人之间的关系。"理"，本义指治玉过程中玉石显露出来的纹路。治玉就是把玉从石中加工出来。玉石坚硬而有一定的纹路，顺着纹路加工就容易把玉从石中雕琢出来。所以，"理"指的是物质本身的纹路、层次，客观事物本身的次序。后引申为"事物的规律、是非得失的标准、做人的道理、学理"等含义。伦理连用为一个词，始见于我国春秋战国时期的《礼记·乐记》："凡音者，生于人心者也；乐者，通伦理者也"。这里的伦理，是指当事人依据某种特定的乐器，进行相关的琴弦松紧调试和砝码配置，然后再按照律吕规范进行乐曲演奏的状况。伦理在这里指的是事物的条理，或者是"处理次序的道理"，强调的是次序、秩序、稳定性、应然性。[②]汉代贾谊说的《新书·时变》中讲"商君违礼义，弃伦理"。这里的伦理指的是人伦道德之理，也就是人与人相处的各种道德准则。

在西方，伦理（ethics）一词源于希腊语的ethos，最初是指共同居住地，指一个民族特有的生活习惯，即风尚、习俗，后来引申出性格、品质、德性等。到了公元前4世纪，希腊著名哲学家亚里士多德首先将该词的含义扩大，使它具有道德品质和道德规范的意思。

（三）道德与伦理的关系

伦理和道德，在西方传统上，二者词源涵义上基本相同，没有严格意义上的区分，都是指人们应当如何的行为规范：它外化为风俗习惯，内化为品性、品德，二者还常常连用或者混用。但在中国语境中，伦理和道德是两个密切联系又相互区别的概念。概括而言，伦理和道德都属于意识形态范畴，都是与人有关的秩序与规则。但伦理不足以概括道德，道德亦不可缺少伦理。二者的细微区别在于：

1. 二者的词源不同

道德和伦理分别对应英文morality和ethics，前者的词源是风俗、习惯之意，后者的词源也指风俗、习惯、礼貌，但在使用中，后者更广泛一些，指某一社会或者文化群体的特定精神气质或者精神特性，更侧重于人品、人格，而前者则演化为确定的规范准则系统。

① 蔡元培，2004.中国伦理学史［M］.北京：商务印书馆：134.
② 秦尚海，2010.高校科技道德教育论［M］.青岛：中国海洋大学出版社：26.

2. 二者有广义狭义之分

伦理是对社会关系的应然性的认识，表述的是社会规范的性质，更侧重于理论，是规范的学理，表示更广义的系统，更关注品格、德性、幸福以及如何生活。道德是个体在实际生活中应该遵循的外在规则，是规范的条文，表示狭义的系统，侧重义务、责任以及如何按照一般的原则去做。可以说，伦理构成了道德的基础和前提，道德是伦理的载体和形式。

3. 二者的维度不同

对于正义行为来说：道德是"你最好应该"；而伦理是"你必须应该"；法律则是"强迫应该，不应该你就违法"。道德对应该与否非常宽容，靠高度的自觉和醒悟来选择自己的行为；伦理是一种强硬的律令，有来自于道德但又不是道德的觉悟，有来自于法律但又不是法律的强迫性。①

总之，伦理是广义的系统，强调整体性、应然性和客体性，是抽象的，较为突出人之关系的"道理"；而道德是狭义的系统，强调个体性、实然性和主体性，是具体的，较突出人之得"道"。

二、科学技术与伦理道德

随着科学从"为科学而科学"的小科学走向"作为社会建制"的大科学，伦理从"只研究人与人之间关系"的单向度旧伦理走向"研究人与人、人与社会、人与自然之间关系"的多向度新伦理，科学技术与伦理道德之间逐渐形成了相互依存、相互促进又相互冲突的复杂关系。

（一）科学技术对伦理道德的影响

科学技术推动着人类伦理道德的发展。科学家萨顿指出："科学是人类精神的最佳清洁剂，它摒弃一切宗教，唯取最高的信仰。"科学的进步冲击了宗教道德，推动了道德主体科学文化素养的提升，提高其民主意识，推动了其个性全面发展，有利于道德主体陶冶情操，提升了人类的幸福指数。

> **资料链接**
>
> 从对原子的发现到原子能的应用成为实际可能性的那一刻开始，一个人就再也无法把他作为一个科学家的生活方式跟他在其他活动领域中的生活方式和思维方式分割开来。人们再也不能宣称，不管原子弹用于干什么，都是和研究人员的本身无关了。……当科学研究成果开始获得应用时，这也就标志着伦理思考和道德思考的闯入。
>
> ——【日】汤川秀树

科学技术引发对伦理道德的挑战。英国学者德里克·普莱斯（Derek Price）曾言："大科学又是如此的庞大，以至于我们很多人担心是否我们创造出一个直立的庞然大物。"在生

---

① 樊民胜，张金钟，2009.医学伦理学［M］.北京：中国中医药出版社：2.

物医学技术、网络信息技术等科学技术的发展过程中，一方面给人类的生活带来了巨大的变化，一方面也引发了对伦理道德的挑战：如人类辅助生殖及其衍生技术在帮助人类解决不孕不育的问题的同时，也挑战着自然生育模式和传统亲子观念等；网络技术在给人类带来便捷的同时，也为"人肉搜索"、"自杀游戏"等提供了平台，引发伦理道德问题，影响着人类的生活状态。

（二）伦理道德对科学技术的影响

我们常说，科学技术是一把双刃剑，在给人类带来福祉的同时，也面临着被滥用的风险。科学技术一旦不被正确地使用，必将对人类社会产生恶劣的影响。但我们也要看到，科学技术是否运用得当、合理，在很大程度上是一个伦理道德和价值观问题，而非技术问题，恰如爱因斯坦在写给他的朋友海因里希·灿格的一封信中所言："我们的时代因科学认识以及这些思想在技术上的应用所获得的出色成就而与过去不同。谁会不为此感到高兴呢？但我们不要忘记，仅有知识和技术不可能使人类过上一种快乐而有尊严的生活。人类绝对有理由将道德标准和价值观念的倡导，放在客观真理的发现之上。"因此，科学技术发展必须重视伦理道德规范，以弘扬科技的正面效应，扼制其负面影响，真正造福于人类。

三、科学道德

随着科学的发展，人们在科学实践过程中出现的利益关系需要调整，人们对科学技术的认知也更加理性。在科学发展和社会关系的相互作用下，科学道德应运而生。科学道德既是人类精神文明的优良传统，又是现实的迫切需要。

（一）科学道德的含义

迄今为止，科学道德尚未有一个统一的概念。一般而言，科学道德就是科学活动主体在从事科学实践活动中所应遵循的道德规范、行为准则和内化于人的道德品质。

科学道德是科学伦理的重要内容，是社会道德在科学实践活动中的表现，既表现为科学工作者在从事科学活动时的价值追求和理想人格，也具体反映在指导科学工作者正确处理个人与个人、个人与社会、个人与自然之间相互关系的行为准则或规范之中。

在宏观层面上，科学道德可以划分为三个相互联系的结构体系：科学道德理论、科学道德规范和科学道德实践。科学道德理论是科学道德规范形成的思想前提，对科学道德实践具有导向作用；科学道德规范是在特定历史条件下，指导和评价科学道德实践的行为准则；科学道德实践则是科学道德理论和规范形成的基础，同时又受科学道德理论和规范的指导和制约。

（二）科学道德与科技道德的关系

科学与技术密切相关，难以彻底分开。科学不仅是知识体系，还包括为了获得知识体系而进行的实践活动，而这种实践活动中也包括技术活动。纵观古今中外的思想家对科学技术的论述，科学往往作为一种统称，很多时候就是在指科学技术。在我国，受传统整体思维模式的影响，我们习惯于将科技道德作为一个整体进行研究。但是，科学活动与技术活动的道德关系、道德实践、道德规范体系还是有所不同。

（三）科学道德的功能

科学道德是处理个人与他人、个人与社会、个人与自然之间科学活动关系的特殊行为规范及实现自律完善的一种重要精神力量。科学道德起源于科学活动实践，是建立在一定经济基础之上的，作为社会意识的特殊形式对于社会发展所具有的功效与能力是显著的，也是科学活动所不可缺少的。

1．科学道德的认识功能

科学道德借助于科学道德观念、科学道德理想、科学道德准则等形式，帮助科学工作者正确认识科学活动的规律和原则，认识到自己对社会、他人的道德责任与义务，从而明确自己的行为选择。当然，科学道德是历史的，也是具体的。不同的社会阶段和不同的社会立场，科学道德的内容也是不同的。比如，我国唐朝著名思想家刘禹锡曾提出"人诚务胜乎天"的观点，但仅仅强调对自然的征服与索取也导致了环境的恶化，人们认识到人来源于自然界又依存于自然界，人永远是自然界的有机组成部分，没有自然界就没有人本身，人们要改变科学行为规则，科学把握人对自然的改造活动，尊重自然、顺应自然，保护自然。

资料链接

我已经考虑了很久，不打算再回到美国，我要尽最大力量来建设自己的国家，让中国人民过上幸福、有尊严的生活。

我想为仍然困苦贫穷的中国人民服务，我想帮助在战争中被破坏的祖国重建，我相信我能帮助我的祖国。

——钱学森

2．科学道德的规范功能

规范功能是科学道德的最基本的功能。科学发展的历史证明，任何科学实践活动都必须以相关的道德规范予以指导，否则，就可能给社会带来灾难。亚里士多德曾在《尼各马克伦理学》中指出，"德性不仅产生、养成与毁灭于同样的活动，而且实现于同样的活动"，而"造成幸福的是合德性的活动，相反的活动则造成相反的结果"。如世界科学发展史中出现的一些违反科学道德的人体实验，尽管研究人员在实验中获取了大量翔实的第一手科学数据，但却给大批受试者及其亲属造成了严重的伤害。科学道德以行为准则、职业习惯等形式逐渐固定，并形成科学活动主体需要普遍遵守的道德规范体系，告诉人们"应该怎么做"和"不应该怎么做"。这些规范体系帮助人们认识到自己在科学实践中所应承担的责任与义务，并自觉按照科学道德规范行动，达成科学价值目标。科学道德的规范功能主要体现为科学活动主体的自我规范，自觉选择道德的行为，自觉追求高层次的科学道德目标，自觉在道德行为冲突时，选择弃恶扬善，也有利于"自重"、"自强"品质的塑造。

3．科学道德的调节功能

调节功能是科学道德的最重要的社会功能。科学活动发生在一定的社会关系中，其过程中产生的人与人、人与社会、人与自然之间的各种关系需要一定的手段来调整。科学道德内含道德评价因素，通过道德评价指导人们的科学实践活动，纠正人们的行为。著名科学史学家萨顿曾指出："我们的知识本身必须是仁慈慷慨的，必须是美的，否则它就是不足取的。"不过，由于科学道德的调节形式是通过社会舆论、传统习俗和内心信念这些"软约束"，科学道德的调节效力也是有差异的：对于非对抗性利益冲突和科学道德素养较高的人群，其调节作用是显著的；反之，则效果较差。因此，当科学道德难以发挥作用时，强制性约束则是必要的，比如通过科学法律、法规和科学政策等进行调节。

（四）科学道德与科学精神

科学精神是指由科学性质所决定并贯穿于科学活动之中的基本的精神状态和思维方式，是体现在科学实践活动和科学知识体系中的思想或理念。科学道德是科学活动主体在从事科学实践活动中所应具备的道德品质和应遵循的道德规范和行为准则。科学精神是科学道德的思想内核，科学道德由科学精神派生而来，二者密切联系，共同引领和规范科学实践活动。

案例与思考

人民科学家钱学森

在他心里，国为重，家为轻，科学最重，名利最轻。5年归国路，10年两弹成。开创祖国航天，他是先行人，披荆斩棘，把智慧锻造成阶梯，留给后来的攀登者。他是知识的宝藏，是科学的旗帜，是中华民族知识分子的典范。2007年，央视《感动中国》组委会对我国航天事业奠基人钱学森做出如此评价。

钱学森（1911~2009），生于上海，自幼聪慧过人，在北京师大附中读书时，就关心民族、国家的存亡问题，为旧中国的腐败和落后而忧心忡忡。中学时代的钱学森，博览群书，知识丰富，德智体美均衡发展，且师从林砺儒校长学习伦理学，为此后的学习、工作奠定了坚实的基础。

钱学森是个实事求是，治学态度严谨的人。在上海交通大学读书时，有一次老师给他的卷子判了100分，钱老后来发现卷子上有一个小错误，要求老师重新判分，最终改成了96分。1934年，钱学森于上海交通大学机械工程系毕业。1935年8月，钱学森获得庚子赔款奖学金赴美国麻省理工学院学习，1936年10月转入加州理工学院，成为20世纪最伟大的航天工程学家、著名力学家西奥多·冯·卡门（Theodore von Carmen，1881~1963）的学生。在美国留学20年的岁月里，他孜孜不倦，由于其学业优秀，1939年，便在冯·卡门领导的火箭技术研究小组从事薄壳体稳定性的独立研究，并成为冯·卡门的助手，是美国火箭技术摇篮——加州理工学院古根海姆实验室最早的6名成员之一。1943年，他与火箭专家马林纳合作，完成《远程火箭的评论与初步分析》的研究报告，为美国40年代的导弹和探空火箭研究奠定了理论基础。此后，钱学森和冯·卡门通过理论研究和火箭飞机的试验，提出了"卡门——钱学森公式"，圆满地解决了"音障"和"热障"问题，成为空气动力计算上的权威公式，影响了科学，影响了后代。由于其开创性的贡献，钱学森被公认为力学界、应用数学界和火箭技术方面的权威学者。1944年10月，钱学森被授予美军上校军衔，并佩戴上可以参与美国最高机密的金色证章，出入五角大楼。1947年初，36岁的钱学森成为麻省理工学院最年轻终身教授。钱学森以他的卓越成就在美国获得了充分的名望和优裕的生活。

钱学森心系祖国。虽然他已经拥有了优越的研究条件、优厚的生活待遇，他还是想回国，这个决定让他遭遇了冷战的政治屏障，失去了很多的机会。1948 年，在祖国解放有望时他就准备回国效力。美国海军部次长曾言："他知道所有美国导弹工程的核心机密，一个钱学森抵得上 5 个海军陆战师，我宁可把这个家伙枪毙了，也不能放他回红色中国去！"美国千方百计阻挠钱学森回国，并将其软禁。美国的真正目的是看重他的学识，企图迫使他改变思想留在美国。即使不成，也要使他所掌握的高新知识陈旧过时。在受监控期间，除教学外他仍未放弃学术研究，不断发表论文、出版专著。1955 年回国前，钱学森向冯·卡门告别时，冯·卡门激动地说："你现在在学术上已超过了我！"此时的钱学森已经是享誉世界的空气动力学者。

1955 年，钱学森冲破层层阻力，在中国政府的协助下，携家人回到祖国。从此，在党和国家领导人的支持下，他积极参与我国火箭和空间事业的规划和组建工作，全情投入，在中国的大西北，头顶烈日、脚踩黄沙，无怨无悔，以他博深的知识，大幅提升了中国火箭导弹和航天技术，为我国培养了大批国防人才。在他的参与和组织下，我国"两弹一星"成功发射，这一成就震动了全世界，极大地提高了我国的国际地位。

1985 年，钱学森成为我国科技进步特等奖第一获奖人；1989 年，在美国召开的国际科学技术会议上，钱学森被授予"世界级科学与工程名人"称号；1991 年 10 月，钱学森获得"国家杰出贡献科学家"的荣誉称号；1999 年，钱学森被国际媒体选为"影响 20 世纪科技发展的 20 位世界级科技巨人"之一，这些人中包括爱因斯坦、玻耳、居里夫人、冯·卡门等。钱学森是 20 位巨人中唯一的亚洲人。

著名科学家爱因斯坦曾经说过"大多数人都以为是才智成就了科学家，他们错了，是品格。"钱学森是集中西方文化精华而得大成者，他在科学领域中的广泛追求和理想信念的坚定铸就了其高尚的科学道德境界，促使他在一生的科学实践中不断取得突破和辉煌。钱学森身上凝聚着爱国和科学两大主题，凝聚了我国科学工作者最优良的品质：他博学多识、治学严谨、追求真理、淡泊名利、勇于担当。他在祖国最需要的时候，毅然放弃美国的优越生活，冲破重重障碍回国；在中国科研条件简陋的情况下，不畏艰险，为中国的火箭和导弹技术、航空航天事业作出了跨越式的贡献，建立了不可磨灭的功勋，在人类的科技史上留下了不可估量的财富。钱学森的科学道德境界和他在科学领域中的卓越贡献是统一的，高尚的科学道德境界促使钱学森做出了杰出的科学贡献；卓越的科学建树又不断提升着钱学森的科学道德境界。我国春秋时期鲁国大夫叔孙豹称"立德"、"立功"、"立言"为"三不朽"。其中，"立德"，就是树立高尚的道德；"立功"，即为国为民建立功绩；"立言"，即提出具有真知灼见的言论。此三者虽久不废，流芳百世。钱学森的一生是三者的完美结合，是中国科学的偶像，是科学道德的典范，是当之无愧的人民科学家。

本章复习题

1. 科学是什么？
2. 何为科学精神，其基本内容是什么？
3. 科学道德是什么？科学道德与科学精神的关系是什么？

第二章　科学道德的思想渊源

通过本章学习，掌握中外古代科学道德思想特点和国外近现代科学道德思想特点；熟悉我国和外国不同时期科学道德思想和代表人物；了解我国和外国科学道德思想形成背景和发展历程。

　　科学技术是一把"双刃剑"，人的行为是其中的关键性影响因素，通过建立和健全科学道德来实现科学技术效果的最佳化是人类智慧的体现。正如科学技术的产生与发展，科学道德体系也不是一蹴而就的。那么在历史维度上科学道德的思想渊源为哪般？现代科学道德有何表现形式？厘清这两个问题将有助于现代科学道德体系的完善。

第一节　我国科学道德的思想渊源

　　我国是世界四大文明古国之一，有着悠久的历史。纵观五千多年的中华文明史，发明创造一直为中华民族所不懈追求，中华民族在天文历法、数学、农学、地学、医学甚至人文科学方面都有着卓越的成就。依据断代史，我们可以从古代、近代、现代三个时期来考察我国科学道德的思想渊源。

一、我国科学道德在古代的微弱脉络

（一）先秦时期

1. 原始社会

　　在人类社会早期，由于生产力的低下和知识的不足，人类同自然界斗争的能力很薄弱，对付恶劣的自然环境成为关于生死存亡的头等大事。人们幻想有一种超自然的力量帮助自己战胜困难、摆脱厄运，因而把自己没有而希望有的属性赋予"神"，从而产生了人格化的"神"。最早被人崇拜的"神"是那些对人类生活有用的生物，以及日、月、江、河、山川等自然物，如山神、河伯等。后来，人们又将各种技术发明者奉为"神"，甚至还想出更伟大的能够征服自然的英雄。于是科学的童年便不得不接受由初民们创造的各式各样的神话来陪伴度过。由于远古时期没有文字记载，人们的自然观和科学观往往是通过神话传说的形式留下来的。火是人类最早掌握的能源技术，在恶劣的自然环境中意义重大。因此，发明钻木取火，教人熟食的"燧人氏"成为原始人心中崇拜的对象。最早发明巢居技术，教人构木为巢，避免遭野兽侵害的"有巢氏"和最早发明结网技术，善于渔猎、畜牧的"伏羲氏"都受到普遍的赞扬。特别是有多项发明的"神农氏"因"尝百草水土甘苦"曾"一日而遇七十二毒"，成为不顾个人安危造福天下的道德榜样。盘古开天辟地、女娲造人、女娲补天、后羿射日、大禹治水、夸父逐日、愚公移山……这一个个流传广泛的古代神话传说，无一不展现着我国古代劳动人民对美好生活的向往和追求，以及对造福人类的"神"和英雄的歌颂。

> **案例链接**
>
> ### 大禹治水
>
> 大约在 4000 多年前，中国的黄河流域洪水为患，面对滔滔洪水，大禹从鲧治水的失败中汲取教训，改变了"堵"的办法，对洪水进行疏导。大禹为了治理洪水，长年在外与民众一起奋战，置个人利益于不顾，"三过家门而不入"。大禹治水 13 年，耗尽心血与体力，终于完成了治水的大业，洪水平息，东渐于海，老百姓安居乐业。
>
> 大禹治水的传说代表了我国古代先民们所崇尚的道德精神：公而忘私、民族至上、民为邦本、科学创新等。

在原始社会，无论是神话传说还是史料记载，都展现了人与自然相抗争的原始形态，体现了人类为了生存的需要而去探索的本能，这种探索精神恰恰是人类在近现代发展科学研究活动的能力本源。

2. 春秋战国

春秋战国时期，我国思想领域出现了"百家争鸣"的态势。在儒家、道家、墨家等各学派的观点中也有关于技术的争论，典型的例证是各派从不同的层面阐发了"以道驭术"的思想和观念，其中儒家的"以道驭术"观从汉代至清代一直占主导地位。

（1）儒家的"以道驭术"观。儒家的"以道驭术"观，主要是从技术应用的层面展开的，旨在限制和消除不适当的技术应用带来的消极影响。正因为如此，"这种观念影响深远，成为后世处理技术与道德关系的基本范式。不过，同道家'道''术'关系的理解相比，儒家的理解还有一定的局限性。"[①]

以孔子、孟子为代表的儒家非常讲究现实性，重视形而下问题的研究，提倡经世致用。尤其是"在对待科学技术发展和应用问题上，儒家格外重视和强调'六府'（水、火、金、木、土、谷）、'三事'（正德、利用、厚生）。在儒家看来，'六府'、'三事'是经世致用的'正经技术'，或者说正统的技术。在这些技术之外的东西，才是儒家抨击的所谓的'奇技淫巧'，即那些容易使帝王'玩物丧志'、或使黎民百姓耽于享乐而不做'正事'的技艺"。[②]

与孔子的"君子不为"的观点相比，孟子的"术不可不慎"的观点显得更高明。孟子强调"术"要以仁为本，"术"要为仁而择。孟子说："矢人岂不仁于函人哉？矢人惟恐不伤人，函人惟恐伤人。巫匠亦然，故术不可不慎也。孔子曰：'里仁为美，择不仁处，焉得智？'夫仁，天之尊爵也，人之安宅也。莫之御而不仁，是不智也。"又说："禹之治水，水之道也。是故禹以四海为壑，今吾子以邻国为壑。水逆行，谓之洚水。洚水者，洪水也，仁人之所恶。君子过矣。"

总之，儒家的"以道驭术"观有自己的特点，"儒家'以道驭术'观，一方面有利于一部分关系到国计民生的技术的发展壮大，造就了指南针、造纸术、火药、印刷术四大发明的

---

① 王前，刘则渊，洪晓楠，2006.中国科技伦理史纲 [M]，北京：人民出版社：8.
② 杨怀中，潘磊，2010.儒家科技伦理思想及其当代价值 [J]．武汉科技大学学报，1：23-26.

实用技术体系；另一方面，限制了技术主体的发明创造活动，不利于技术的整体进步。"①

（2）道家的"以道驭术"观。以老子和庄子为代表的道家，以"道"为最高范畴。他们认为道是自然无为的，人性亦然，遵循自然之性而进行的行为，就是道德上的善。与此相应，道家提出了最高行为规范是"无为"的思想。道家"以道驭术"观在理论上具有自然主义和技术批判主义的特点，强调从"道法自然"出发反思技术，主张"道进乎技"，提倡"以道驭技"。

在道家看来，"道"和"德"的内涵都不局限于人际关系和社会生活。"道"是老子哲学中的最高范畴。所谓"道"，或指构成世界的实体，或指创生宇宙的动力，或指万物运动变化的规律，又或指人行为的准则。"道"是先天地而生的世界本原，而"德"是有德于道，所以"孔德之容，惟道是从"。老子认为，技术的发展必须有相应的道德制约，一旦离开了道德制约，就有可能造成危害。

老子很少有对道技关系的专门论述，庄子则不同。他的"以道驭术"思想系统而深刻，集中表现在以下三个方面：

第一是道进乎技。在庄子的"以道驭术"思想中，"道"既是本体的，又是本源的。这里的"技"即技艺，是体悟"道"的艺术和方法，是达到"道"的铺垫或媒介。

第二是道在技中。技艺是主体所具有的，不可能离开主体而单独存在。而且，技艺的展示总是指向某一对象之物的，技艺的获得也离不开工具或必要的物质手段。

第三是道技合一。这也是庄子"以道驭术"思想的重要内涵。庄子的"道技合一"至少有两层涵义：一是"指与物化"，二是"得心应手"。有学者曾分析说："中国古代哲学家所谓'天人合一'，从技术伦理的观点看，就是人和工具的合一。而人和工具的合一从道家的观点看，就是'道技合一'。"②

（3）墨家的"以道驭术"观。墨家"以道驭术"观的最大特点，是注重以道德规范约束群体或个体工匠的科技活动，倡导吃苦耐劳、勤生薄死精神。墨翟出身低微，他本人曾经当过制造器具的工匠，以他为首的墨家成员多来自社会下层。因此，他们勤于实践，较为重视知识。《墨经》中有时间、空间、物质结构、光学、声学和几何学等多种自然科学知识，还讨论了杠杆平衡问题、浮力问题。墨子及其弟子直接参加生产劳动，注意在生产中观察和积累知识。他们做了小孔成像和平面镜、凹面镜、凸面镜成像的观察和实验。

墨子说："譬若筑墙然，能筑者筑，能实壤者实壤，能欣者欣，然后墙成也。为义犹是也，能谈辩者谈辩，能说书者说书，能从事者从事。然后义事成也。"墨家比较重视"役夫之道"，专学贱人之事，认为只有这样才能培养出"为父"之"兼士"。

作为一个精通器具制造的工师和思想家，墨子主张在评价技术成就时，也要本着"利于人谓之巧，不利于人谓之拙"的原则，注重以人为本。王前分析说："墨子目睹当时一些身怀绝技的科技人才，投靠强权势力，用技艺为侵略战争效力，便挺身而出，晓之以理，并以自己的技术实力作威慑，制止了战争，维护了黎民的生命财产。流传千古的名篇《墨子·公输》在宣扬墨子'非攻'思想的同时，也阐明了墨子关于技术当'兼利天下'的主张。'兼利天下'既是墨家的政治主张，也是对技术发展的道德要求。"③

① 陈万求，刘志军，2008.以道驭术儒家技术伦理思想探悉 [J].中南林业科技大学学报，1：11-16.
② 陈万求，邹志勇，2008.以道驭术的道家技术伦理思想述论 [J].江南大学学报，1：16-20.
③ 王前，2008.以道驭术—我国先秦时期的技术伦理及其现代意义 [J].自然辩证法通讯，1：6-14.

可见，墨家的思想特色在于比较注重技术的微观社会效果，反对技术应用中的奢靡风气，强调工匠个人的道德修养，主张技术发展和应用要"兼利天下"。但是鉴于当时的技术水平及社会基础，墨家的观念终难上升为占统治地位的意识形态，因而对我国技术发展和伦理生活都难以产生更大的影响。

如果将医学视为一项技术的话，那么我们通过考察春秋战国时期的医学发展可知，在儒家思想的影响下逐渐形成"重义轻利"的儒医职业道德思想延续至今。当时的名医扁鹊作为民间医生没有巫师的权势和地位，始终以治病救人为最高目的，开创了一代好医风，成为后世医者之楷模。扁鹊治病有"六不治"："骄恣不论于理，一不治也；轻身重财，二不治也；衣食不能适，三不治也；阴阳并，藏气不定，四不治也；形羸不能服药，五不治也；信巫不信医，六不治也。有此一者，则重难治也。"这"六不治"是医生为了保证疗效而形成的职业道德规范的高度概括。

（二）秦汉唐时期

秦朝采取的"书同文、车同轨、货同币、量同器"措施，在经济、政治、文化等方面形成了大一统的局面。秦汉唐时期的科学道德思想继承了春秋战国时期的"以道驭术"思想和儒家的"重义轻利"观点，对"奇技淫巧"持批评态度。汉朝实行"罢黜百家，独尊儒术"的政策；董仲舒提出了"天人合德"思想，主张天道、地道、人道三者统一。他提出统治者应当考虑民众的利益和需求，应当行"王道"，以人为本。自此儒家思想在我国古代取得了统治地位。

秦朝至唐朝一千多年的时间里，世界各国都是处于自然经济基础之上，不过我国人民在劳动中注重发明，很多技术在世界上处于领先地位。这一时期人们的思想并非仅受儒家思想影响，佛教和道教的影响力也不容忽视，这可以从世间存在的各种思想对发明的影响得到证实。汉朝时期，道教兴起，中国古代"四大发明"中的火药就源于道教的炼丹术，指南针源于道教的风水研究。此外，道教在医学和药学方面也有杰出贡献。"内修金丹，外修道德"，道教认为行医施药是一种济世利人的"上功"和"大德"，也是长生的先决条件。佛教的"功德"、"慈善"思想，促进了以医传教的推广。孙思邈的《大医精诚》中就包含佛教、道教、儒家的思想成分。

数学家刘徽是西汉时期世界上最杰出的数学家，他在公元 263 年撰写的著作《九章算术注》以及后来的《海岛算经》，是我国最宝贵的数学遗产，从而奠定了他在中国数学史上的不朽地位。他提出科学研究目的不是为了实用，而是为了追求理论兴趣。刘徽一生"为数学而数学"，把毕生精力奉献给数学研究。

东汉儒学家王充提出"人有知学，则有力矣"的思想，比近代英国启蒙思想家培根提出的"知识就是力量"的命题，早了一千多年。他认为知识一旦被人们所掌握，就能成为改造自然，改造社会的现实力量。

汉代著名科学家张衡，淡泊名利，热心学术。他提出教导后人的格言："不患位之不尊，而患德之不崇；不耻禄之不夥，而耻智之不博。""一物不知，实以为耻，闻一善言，不胜其喜"。这也是中国科技史上许多科学家高尚行为的真实写照。

北魏时期农学家贾思勰不计功名，博览群书，请教各地老农，以理论联系实际的方法写成有名的农书《齐民要术》。贾思勰重视农业实践，在编写《齐民要术》的过程中，不仅查阅大量历史文献资料，还广泛收集农业谚语，请教老农，并进行实地观察，加以比较验证，把书本知识和实际生产知识结合起来。他认为科学研究的目的是"益国利民"，为人类谋福利，农业生产要将天时、地利、人和三者综合考虑，并提出"欲善其事，先利其器；悦以使人，人忘其劳"。充分发挥人的主观能动性，采用先进生产工具，可以提高劳动生产率，从而提高劳动者劳动的兴趣。

隋唐时期，韩愈提出"文以载道"的思想，对后世影响很大。这个时期儒家思想得到了很大发展，认识到科技对于"治国平天下"的重要作用，儒家和道家逐渐合流，形成"以道驭术"的道技观。

（三）宋元时期

宋代以前，朝廷中具有学术研究性质的机构只限于翰林院、司天监、太医院等部门，人数很少。很多学者和技术发明者的主要身份是官员，学术研究只是副业。宋代以后已经有了较多与技术相关的职业化学者。

这一时期被认为是中国古代科技发展的高峰。宋代的程颐强调道德修养过程中知识的优先地位；朱熹非常强调知识的道德价值，但就尊德性与道问学的关系而言，他较多地强调从道问学入手。他说："《大学》格物、知至处，便是凡圣之关。物未格，知未至，如何煞也是凡人。须是物格、知至，方能循循不已，而入于圣贤之域。"他还说："须先致知而后涵养。"朱熹所说的"格物"，既包含人世伦常之事，又包含天地自然之物。朱熹认为，宇宙间统一的理分至各具体事物之中，所谓"理一分殊"，只有在物物上穷其致理以后，才能做到对宇宙间统一的理的豁然贯通，亦即达到"致知"的境界。因此，朱熹反复强调要在人世间与自然界的一切事物上穷理。

朱熹说："上而无极太极，下而至于一草一木一昆虫之微，亦各有理。一书不读，则阙了一书道理；一事不穷，则阙了一事道理；一物不格，则阙了一物道理。须着逐一件与他理会过。""问：理是人物同得于天者，如物之无情者亦有理否？曰：固有是理。如舟只可行之于水，车只可行之于陆。"他强调："格物，是物物上穷其致理。致知，是吾心无所不知"由此也可以看出，儒家重视学习，强调"格物致知"，其基本的立足点是：主张善于思考、勇于质疑、敢于创新，反对拘泥师说、照搬书本。

资料链接

中国科学史上的坐标

沈括，北宋科学家、改革家。晚年以平生见闻，撰写了笔记体巨著《梦溪笔谈》。他首创隙积术和会圆术；对凹面镜成像理论的探讨与实验；首次提出"石油"的概念，对"石油"地质、产油区地表特征作了精辟阐释；建议采用《十二气历》，以太阳视运动作为计算依据；改良天文仪器，测得真太阳日的长短变化；最早记载磁偏角的存在；总结推广胶泥活字印刷技术；首次将"飞鸟直达"测量法运用于制图，并制造出最早的立体地图模型；对各种中医药方的收集和整理。

随着《梦溪笔谈》相关研究的不断深入，学者们无不惊讶于沈括的博学多识，以及对科学永无止境的探索精神。著名的英国科技史学家李约瑟称《梦溪笔谈》为"中国科学史上的坐标"，并盛赞沈括是中国整部科学史中最卓越的人物。

儒家"天人合一"思想发展到宋代，更趋成熟，也为更多的人所接受。在这个时期，张载、程颢、程颐发展了孟子学说，使"天人合一"思想达到了新的理论水平。张载明确提出了"天人合一"命题，他说："儒者因明致诚，因诚致明，故天人合一，致学而可以成圣，得天而未始遗人。易所谓不遗不流不过者也。"程颢提出了"天人一本"学说，曰："天人本无二，不必言合。"程颐则认为："至诚者，天之道也。天之化育万物，生生不穷，各正性命，乃无妄也。"①朱熹作为理学的集大成者，堪称最杰出的弘扬儒学的大师。他在程颐学说的基础上，进一步指出："赞天地之化育，人在天中间，虽只是一理，然天人所为，各自有分。人做得底，却有天做不得的底，如天能生物，而耕种必用人；天能润物，而灌溉必用人；火能热物，而薪炊必用人。裁成辅相，须是人做，非赞助而何？"

宋代理学的出现对学术研究的原则和方法有相当大的影响。理学的发展推动了伦理道德在社会生活中影响的深化。"天人合一"的思想是用来指导人们的道德修养的，理学强调培养道德人格，加强个人道德修养。使"格物以致知"越来越指向人们的内心世界。中国古代的"天人合一"观念和现代生态伦理学有相似之处，在环境危机和生态平衡受到严重破坏的今天，强调"天人合一"或许可以避免人类在错误的道路上越走越远。

（四）明清时期

从明朝开始，理学在道德观念和行为方面提出了一些新的观点。明代著名理学家王阳明提出"致良知"的口号，强调良知是先验的道德意识、内在的道德判断能力，同时也是主体的自觉性。只有把技术活动应遵循的伦理道德规范内化为个体的良知，才能有自觉的道德行为。从明朝开始，西方的学术思想和先进技术开始逐渐传入中国，其中逻辑推理和实验方法开始对中国的学术研究产生影响。明末清初兴起经典考据之学，至乾嘉学派达到全盛。其中包括对理学"空谈心性"的批判。经典考据注重对字词的考证，发现其中逻辑上的矛盾，揭示前人解释中的谬误，在研究方法上有所创新。此时的科学研究更多是关注国计民生的实用之学，以经世致用为宗旨，提倡"实文、实行、实体、实用"。它突破了儒家理学以修养心性为本的价值观念，一定程度上松动了理学对技艺不屑一顾的价值倾向。这一时期，"疑古求是"作为一种学术研究的准则逐渐形成。不迷信、不盲从前人成就，从实际出发研究和考察问题，这对以后接受外来的新思想、新成果，研究中西文化交融和冲突的新问题有着重要的价值。

明清之际，商品经济趋于繁荣，因此科学道德思想与经营活动联系越来越密切。在社会管理和伦理道德约束尚不完善的情况下，很容易导致技术活动的不规范化现象，使得产品质量下降，伪劣产品泛滥，这种现象被称为"行滥"。"行滥"在官办产业表现不明显，官匠的道德准则是法律条例固定好的，产品质量由工师考查并依照结果进行奖罚。"行滥"主要表现在民用商品流通领域。历代封建朝廷均不许制造以次充好，以假冒真的"行滥"商品，然而图利显然是商人违法的最大动力，一些士大夫只好借助因果报应劝人行善，自我约束。

这一时期工匠开始维护自己的信誉，发挥自己的独特技术，生产名牌产品，很多工匠以技得名而发家。今天杭州的张小泉、北京的王麻子都是当时的家庭个体工匠。"以技致富"

---

① 程颢，程颐，1981. 二程集 ［M］. 北京：中华书局：822.

的科学伦理道德机制要求为技术保密，关键技艺一般只传本姓本家，不传外人，就是家中也是只传男不传女。明代江南一带手工业相当发达，手工技艺相当精致，从工匠的职业道德角度看，对技艺的精益求精体现了一种敬业精神。

明朝中后期至清朝许多工匠已经具有真正的平民资格，他们参加代表自己利益的行帮组织。行帮中的工匠集中劳动，互相照顾，维护自身利益。每种行业都有特殊要求和职业道德。如丝织行业行规规定了锦的花样、重量等标准，如果有人违反了就被认为违背行业道德，并受到严厉处罚。

在医学领域，明末医学家李中梓在《不失人情论》中剖析了七种品德不良的医生类型。明代医学家陈实功提出著名的"五戒十要"，较为全面地提出了调节医生与患者、与同行、与官府等方方面面关系的道德准则。"五戒十要"曾被美国1978年出版的《生命伦理学百科全书》中与希波拉底誓言等一起并列为世界古典医德文献。此外明代医学家龚廷贤还曾提出"医家十要"。清代医学家喻昌写了《医门法律》一书，明确提出医德规范和是非标准。

> **资料链接**
>
> 一存仁心，乃是良箴，博施济众，惠泽斯深。
> 二通儒道，儒医世宝，道理贵明，群书当考。
> 三通脉理，宜分表里，指下既明，沉疴可起。
> 四识病原，生死敢言，医家至此，始称专门。
> 五知运气，以明岁序，补泻温凉，按时处治。
> 六明经络，认病不错，脏腑洞然，今之扁鹊。
> 七识药性，立方应病，不辨温凉，恐伤性命。
> 八会炮制，火候详细，太过不及，安危所系。
> 九莫嫉妒，因人好恶，天理昭然，速当悔悟。
> 十勿重利，当存仁义，贫富虽殊，施药无二。
>
> ——【明】陈实功（医家十要）

（五）我国古代科学道德思想的特点

我国的古代史跨度大，人们认识世界和改造世界的能力持续增强，评析我国古代科学道德的思想渊源既要以历史为视角，也要以现实为比对。

1. 确立了理论核心

总体来说是以"天人合一"为哲学基础，"以道驭术"为理论核心，以人为本和经世致用为突出特点。我国古代科学道德的思想渊源是融合在各种社会思潮和哲学思想之中，其中以儒家思想为主要载体，所以我们仅能从微弱的脉络中去研判科学道德要素。

2. 树立了科学价值观

中国古代科学家在科学研究和实践中，逐渐认识到科学技术对人类社会生存发展的重要意义和价值。王充提出"人有知学，则有力矣"的思想，在后世科学家中时时有所表现。例如，贾思勰认为科学研究的目的是"益国利民"，为人类谋福利，并提出"欲善其事，先利其器;悦以使人,人忘其劳"。沈括在长期的科学实践过程中,深知科学研究与知识创新同社会发展及人类进步的紧密关系。因此他在《梦溪笔谈》一书中列举了大量包括天文、物理、化学、生物、医药、建筑、农田水利等诸多科学技术领域的史实和事例,用以说明科学知识的神奇与伟大。科学家认识到科学技术的社会作用,并且还把科学研究作为人生目的和人生价值所在。如张衡提出"一物不知,实以为耻,闻一善言,不胜其喜";刘徽一生"为数学而数学",把毕生精力奉献给数学研究;徐霞客更是把科学研究看作是实现人生价值的最高典范。

3. 树立了科学义利观

在义利关系上,崇尚道德,视名义如粪土,这是中国古代科学家的主要科学道德品质,汉代著名科学家张衡,淡泊名利,热心学术。他提出教导后人的格言:"不患位之不尊,而患德之不崇;不耻禄之不夥,而耻智之不博。"这也是中国科技史上许多科学家高尚行为的真实写照。曾任南阳太守的水排发明者杜诗、因为纸的发明而被封侯的蔡伦、发明多齿轮传动的水磨和浮桥的晋朝大将杜预等,这些人本来有着优裕的生活条件,没有什么压力使他们必须从事学术研究和技术发明,他们只是出于对研究发明事业的爱好,出于一种献身科技的伦理境界。机械学家马钧在众口非议的情况下,坚持发明创造。数学家和天文学家祖冲之很小的时候就"专攻数术,搜练古今",他不畏权势,坚持真理。农学家贾思勰不计功名,博览群书,请教各地老农,以理论联系实际的方法写成有名的农书《齐民要术》。药学家李时珍弃官辞职编著《本草纲目》。宋应星抛弃进取功名,立志著述,最终而成《天工开物》。地理学家徐霞客以毕生精力自费从事对大自然的考察和探索。这些都充分地体现了科学家追求真理、不畏一切、淡泊名利的崇高精神。

二、我国科学道德在近代的缓慢发展

(一)外敌入侵引发的科学技术争论

鸦片战争之后,中西文化相互冲突又相互交融,科学道德的发展也呈现出复杂的局面。清政府和社会上一些开明人士意识到西方近代技术在"船坚炮利"的军事优势中具有决定性的作用后,主张引进西方近代科学技术。

保守派预感到西方科技的引进可能在根本上动摇和瓦解封建统治基础而竭力抵制和阻挠。围绕近代科学技术的引进,引发了激烈的伦理道德争议。在思想观念上主张革新的一派,为了避免伦理道德上的问题,想出种种变通之法,试图为西学的引进和传播找到依据,于是出现了"西学中源"、"中体西用"等主张。"西学中源"由于缺乏事实依据逐渐被人们放弃,"中体西用"学说的流行并没有完全平息保守势力对西方近代科学文化的排斥和攻击。

保守派的观点秉承历史上儒家重道轻器,重农抑末的思想,视西方科学技术为"奇技淫巧"。在他们看来西方近代科学技术的引进,必然导致风俗败坏,弃农经商。尽管在鸦片战争之后国人已经越来越多的接触从各种渠道传入的西方文化观念,但相当多的人仍然对洋人、洋务有着强烈的抵触心理,称洋人为洋鬼子,经常与洋人打交道的洋务派官员被称为汉奸。洋务派的主张在保守派借"道德"之名兴师问罪的阻挠下屡屡受挫。鉴于这一时期的激烈争论，康有为和梁启超等人提出了变法的主张。

（二）西学对传统道德的影响

西方近代科学传入中国之初，被称为"格致之学"，这其实是传教士的一种宣传西学的策略，使得中国士大夫阶层比较容易认同和接受。"格致"在传统意义上本来是将道德和学问融为一体的知识体系。在明末至晚清的很长一段时间里，"格致"一词的含义，仍然恪守宋明理学的理解，既有穷究事物而获取新知的含义，又有格去欲望、诚意正心的含义。"格致"相关的书籍多为古今名物源流的考订和记述，与近代西方自然科学相去甚远。

19世纪90年代，康有为把"科学"一词引进中国用在《变法通议》中，严复也在《天演论》中使用了"科学"一词，此后，"科学"一词逐渐流行。"格致"向"科学"的转变是中国科技史上一次根本性的转变。经过许多学者不断呼吁，人们逐渐接纳西学，进而取代传统的科举之学。1905年9月2日，中国历史上延续了1300年的科举制度宣告结束。"废科举立新学"的措施，表明西学已经从体制层面为中国社会接受。在这次转变过程中，道德观念上的相应调整发挥了潜在作用，人们必须先承认西学在道义上的可接受性，然后才能学习和发展西学，而要做到这一点，必先论证西学与中国传统伦理道德不冲突，西学有利于中国的国计民生。中国传统的"以道驭术"的机制决定了传统科技向近代科技的转变必须进行一个耗时耗力的调整。

（三）科学技术的近代思潮

在中西文化交融的时代背景下，中国近代学者一方面继承和发展了传统的学术伦理，另一方面受到西方近代科学伦理的影响，从而呈现出双重的学术道德价值观念。在科学研究中，严复主张科学技术为世界所共享，造福全人类，而不是独揽科技成果为己所用，造成贫富分化。他认为西方国家利用科技发动战争制造灾难的主要原因是西方文化中缺乏对个人伦理道德教育的培育，要解决中国的危难和西洋各国学术道德缺乏的问题，还需要求助孔孟的哲理。此外，他还对西方学术民主和追求真理的科学精神有清醒的认识。清朝末年，学者们学习西方科学技术和文化逐渐成为一种风尚，社会逐渐出现从重德到重艺，从重义到重利的价值取向。当时人们学习西学仍重视实用的方面，从实用角度学习西方科学技术符合中国传统的经世致用要求，但对科学精神和科学价值观念的理解是狭隘的。

（四）中医存废之争

在医学方面，传统的中医在这个时期遇到刚传入不久的西方医学的挑战。与传统中医相比，西医在生理解剖上更精确，有些药物疗效更明显，外科手术见效更快，因而逐渐动摇了传统中医的主导地位。有的学者认为传统中医经典没有问题，只是近代中医学渐失真传，不少纰漏应该弥补，只需要把西医中有用的部分掺进中医即可。有留洋经历的学者则痛斥阴阳五行、十二经脉学说，主张彻底改革中医。

（五）我国近代科学道德思想的特点

从鸦片战争爆发后，随着西方科学技术的涌入，儒家思想遭到了严重的冲击，我国古代本就微弱的科学道德思想的发展有了新特点。

1. 鼓励科学研究、推崇科学技术

这一时期，科学技术作为西方术语在我国得到了采用和推广，在理念层面上融合了被动接受与主动吸纳双重要素，利用科学技术来提高生产力乃至国家实力得到了有志之士的强力推崇。

2. 科学道德思想得以孕育并产生

这一时期，科学技术的"双刃剑"特点逐渐显露，尤其是经历了两次世界大战后，人们对科学技术在战争中的应用进行了反思并提高了警惕。同时，作为贫穷落后且挨打的国家，人们也认识到了科学技术的重要性。规范科研活动和调整科学技术的应用在人们的观念中逐渐萌芽，科学道德得以孕育和产生。

3. 科学道德发展缓慢

从鸦片战争至新中国成立，我国均处于战乱时期，无论是抵抗外敌，还是解决内乱，国家的经济、政治、文化都受到了严重的阻碍。同样，科学技术的发展因欠缺有力的平台，而处于一种缓慢发展的状态，最终影响了科学道德的快速健全。

三、我国科学道德在现代的日益健全

（一）新中国成立初期的科学道德

中国遭受了沉重的灾难，很多中国科学家表现出了高尚的道德情操。中国现代科学界学术伦理道德的形成与蔡元培的大力倡导有直接关系。蔡元培曾把"诚、勤、勇、爱"四种道德品质与科学及科学研究的特点加以比照，指出这四种道德品质都可以从科学的学习和科学研究的过程中得到涵养。通过对受教育者的科学方法和科学精神的训练，能够养成良好的道德品质。蔡元培指出，科学技术教育若不注重科学道德的培养，就可能出现不良后果。如19世纪末20世纪初西方列强，尤其是德日所实行的一种极端的"实利主义"，只强调科学技术知识的学习，只强调满足人之生存和生理的欲望，而不重视人的道德品质的培养，结果造成人的片面发展，被利用而为恶。他还告诫人们在学习西方科学技术，借鉴西方科学研究经验的时候，要注意西方列强借科学研究之名，在我国做大规模调查所包含的侵略野心。

一直强烈主张学习西方近代科学的梁启超第一次世界大战结束后访问欧洲，亲眼看到满目疮痍的战后欧洲，他把战争造成的灾难归结为科学的破产。几年后有学者提出反对科学救国的主张，认为科学解决不了中国民众的人生观问题，由此引发"科玄论战"，论战的结果扩大了科学家的社会影响，引发了民众特别是青年学生对科学家严谨求实的科学作风的敬仰，使科学精神、科学态度成为科学工作者学术伦理道德的重要组成部分，这是中国科技伦理道德史上的巨大进步。

新中国成立前正是中国社会激烈动荡的年代，当时内忧外患不断，其间除了军阀混战还爆发了关系到中华民族生死存亡的抗日战争，科学家群体经历了血与火的考验，很多科学家在社会动荡中树立了高尚的道德形象。1937年9月，桥梁专家茅以升主持的我国自主设计

建造的第一座现代化大桥钱塘江大桥建成。同年 12 月，为了防止日本侵略军使用该桥，他又不得不把心爱的大桥炸毁。1928 年，天文学家张钰哲在美留学期间发现一颗国际编号"1125"的小行星，为了给当时被帝国主义侵略和欺凌的祖国争气，命名为 "中华"。 化学家侯德榜在中国建立了亚洲一流的化工厂，抗日战争后他发出誓言"宁肯给工厂开追悼会，也绝不为侵略者服务"，1938 年把工厂迁往四川。

　　新中国成立后到 1976 年的 27 年时间里，我国的科学事业都是建立在计划经济基础之上的，中间经历多次政治运动，科学工作受到不同程度的冲击。由于政治因素在社会生活中占据主导作用，科学道德的规范蕴含在"又红又专"的要求之中。新中国成立之初，华罗庚、钱学森等著名科学家放弃在国外优越的生活和工作条件，毅然回国参加新中国科学事业的建设工作，为我国科学事业的发展作出了十分重要的贡献，充分体现了他们的赤诚爱国情怀。这一时期，科学界普遍提倡追求真理、严格谨慎的科学态度，许多老科学家以身作则为年轻的科技工作者树立了榜样。但是，科学家坚持科学态度有时要顶住巨大的压力，甚至冒很大风险，特别是在不正常的狂热政治浪潮中常常遭到批判，受到不公正待遇。正是在这种情况下，科学家的道德良知才显得尤为可贵。"征服自然"曾是当时十分流行的口号，人们普遍认为征服自然的目的是为人类造福，环境保护的声音在那个时代微乎其微。有人估算，由于错误的批判马寅初的"新人口论"，使中国至少多出生了两亿人口。[①]

（二）改革开放后的科学道德

　　1976 年后，改革开放逐渐成为社会生活的主旋律，政治挂帅的模式已经不复存在。改革开放后，我国在引进西方先进技术、大力发展市场经济的时候，出现了假冒伪劣产品严重泛滥现象。在市场经济的冲击下，科学领域中某些学术不端行为也开始萌生，一些违背伦理道德要求的社会现象在许多领域涌现出来，并成为学术伦理道德研究关注的重点。20 世纪80 年代逐渐出现两种学术作伪现象，一是个别科学工作者本身在科研活动中伪造实验数据，抄袭剽窃他人成果等。二是非科学工作者伪造科学成果，打着科学的旗号宣扬非科学甚至是反科学的成果，如 "特异功能""水变油""气功大师"等。这一时期，伦理道德逐渐脱离政治领域成为相对独立的研究领域，各种具体的道德规范开始制定。1980 年 6 月我国召开第一次全国伦理学研讨会提交了多篇有关科技道德内容的论文。1981 年多位学者在《科学报》上讨论科研道德。1982 年《北京科技报》刊登了《首都科技工作者科学道德规范》倡议书。随后《上海市科技工作者道德规范》也问世；1984 年罗国杰主编的《伦理学名词解释》首次收录了"科技道德"词条，确立了科技伦理学作为伦理学分支学科的地位；1987 年徐少锦发文建议理工院校开设科技伦理学；1991 年 14 名中国科学院院士联名在《中国科学报》发表"再论科学道德问题"；1994 年中国科学技术学会、中国工程院、中国科学院共同制定了科技工作者职业道德的五条基本规范。这一时期出版的学术专著有宋惠昌所著的《现代科技与道德》(1987)、王育殊主编的《科学伦理学》(1988)、徐少锦主编的《科技伦理学》(1989)、包连宗所著的《科技伦理学基础》(1989)、吴学珍编著的《科研道德问答》(1989)、王前所著《理科教育中的德育》(1991)、姚炎祥所著的《科技人员修养 12 讲》(1993)、徐少锦所著的《西方科技伦理思想史》(1995)、这一批有关科技伦理的学术专著的问世，是科技伦理

① 高崇明，张爱琴，2004.生物伦理学十五讲 [M].北京：北京大学出版社：301.

研究作为相对独立的学科走向成熟的标志。①

（三）21世纪后的科学道德

进入21世纪以来，随着我国社会的发展，在现实生活中违背学术道德的现象不断出现，甚至出现了被一些学者称之为"学术腐败"的现象：抄袭剽窃、伪造包装、浮夸虚报、乱拉关系等，且有愈演愈烈的态势。与之相对应，我国在科学伦理道德理论方面的研究不断深入，2001年5月在武汉科技大学举办了全国第一次科技伦理学学术研讨会。在研讨会上有关科学研究的风险引发的伦理问题成为学者们讨论的焦点。2001年中国科学院学部科学道德建设委员会在广大院士的支持下，正式向社会公布了《中国科学院院士科学道德自律准则》，并于2002年印制了《国外科学道德观道德规约参考文献》。2002年7月在北京召开了中国科技伦理问题及其对社会的影响研讨会，会上讨论了一些重大而紧迫的科技伦理问题。2004年7月在沈阳东北大学召开了技术哲学与技术伦理学国际学术研讨会。2004年10月在南京召开了首届环境伦理学国际研讨会。一批科技伦理的书籍相继出版，包括余谋昌的《高科技挑战道德》（2001）、傅静的《科技伦理学》（2002）、李庆臻的《现代科技伦理学》（2003）、杨荣的《当代科技伦理的焦点问题》（2003）、陶明报的《科技伦理问题研究》（2005）等。北京大学、中国人民大学、湖南师范大学、大连理工大学、东南大学等纷纷成立了相关的科技伦理研究机构。中国社会科学院应用伦理研究中心自新世纪以来每年承办全国性的学术研讨会。②

中国科学道德思想资源丰富，恰如英国著名科学技术史专家李约瑟（Joseph Terence Montgomery Needham）所言，问题是人类将如何来对付科学与技术的潘多拉盒子，我再一次要说：按照东方的见解行事。中国的科学道德思想必将为当前科学道德体系的构建提供借鉴。

（四）我国现代科学道德思想渊源的特点

从新中国成立至今，我国的科学技术飞速发展，尤其是自主性的科学技术呈现持续上升态势，与此同时，具有现代意义的科学道德呈现出新的特点。

1. 我国现代科学道德的确立带有曲折性

新中国成立之初，国家百废待兴，如何解决人们的温饱是首要问题。与此同时，国家亟待恢复和发展工业、农业等各重点行业。直至改革开放，特别是进入21世纪，科学技术得到了飞速发展，"科学技术是第一生产力"的命题已经得到了实践的验证。改革开放后，随着科学技术的"双刃剑"属性的多元化暴露，人们开始重视科学道德的健全和完善。

2. 我国现代科学道德与相关的国际标准日益接轨

科学技术无国界，但同时也意味着科学技术对全人类既可能是造福，也可能是祸患。我国积极参加国际组织，并承认相关国际文件的国内效力。同时，我们也应当看到，科学道德中蕴含着价值判断，所以科学道德在世界各国难以形成划一性效果。更多领域的科学道德需

① 王前，刘则渊，洪晓楠，2006.中国科技伦理史纲［M］.北京：人民出版社：242.
② 王前，刘则渊，洪晓楠，2006.中国科技伦理史纲［M］.北京：人民出版社：296.

要各个在国际上通行的原则的基础上进行细化和规范。

3. 我国现代科学道德体系逐渐形成

科学道德仅仅是各个领域或各个行业中与科学技术相关的具体道德准则的上位概念。也就是说，科学道德的健全必然具有体系性。从科学的角度来看，自然科学和人文社会科学作为两大分支体系，既有一般性的道德规范来调整，也有分支性的规范体系。科学道德也是一个不断发展的过程，这既可以从科学技术的飞速发展中找到对应需求，也可以从科学道德体系中找到补位要求。

案例与思考

桥梁专家茅以升

茅以升 10 岁那年的端午节，秦淮河上赛龙舟，观看的人群压塌了文德桥，当时砸死、淹死不少人。茅以升暗下决心：长大了一定要造出最结实的桥。从此，茅以升只要看到桥，不管它是石桥还是木桥，他总是从桥面到桥柱看个够。

茅以升 20 岁时，到美国留学，成为康奈尔大学桥梁专业的研究生，很快以优异的成绩获得硕士学位。为了获得实践的机会，他晚上上课，攻读博士学位，白天到一家桥梁公司实习，亲手绘图、切削钢件、打铆钉、刷油漆，终于成了一个既懂理论又有技术的人才。美国人很佩服他，一份份聘书从各地寄来，请他担任工程师。但是茅以升没有接受聘请，而是决定回国。美国有些人劝他："科学是没有祖国的，是超越国界的。科学家的贡献是属于全人类的。中国条件差，你留在美国贡献会更大。"茅以升回答："科学虽然没有祖国，但是科学家是有祖国的。我是一个中国人，我的祖国更需要我。我要回去为祖国服务！"

在旧中国没有一座现代化的大桥是中国人自己建造的，当建设钱塘江大桥的时候，甚至有外国工程师妄言：能在钱塘江造大桥的中国工程师还没出世呢。茅以升带领 80 多名工程技术人员和 900 多名工人，攻克 80 多个难题，终于建成一座全长 1453 米，基础深达 47.8 米的双层公路铁路两用钱塘江大桥。这是中国人自己设计和施工的第一座现代钢铁大桥，是中国桥梁工程史上一座不朽的丰碑。该桥设计寿命 50 年，目前已经超期服役 20 多年，至今未曾大修过，经历三次战火依旧巍然屹立，被网民热捧为"桥坚强"。

建桥末期，淞沪抗战正紧，日军飞机经常来轰炸。钱塘江大桥建成后，为抗日战争做出了杰出贡献。建桥纪念碑的碑文记录了这段悲壮的史实："时值抗日战争爆发，在敌机轰炸下昼夜赶工，铁路公路相继通车。支援淞沪抗战、抢运撤退物资车辆无数，候渡过江，数以数十万计。当施工后期，知战局不利，因在最难修复之桥墩上预留空孔，连同五孔钢梁埋放炸药，直至杭州不守，敌骑将临，始断然引爆，时一九三七年十二月二十三日。"茅以升以一个桥梁工程学家严谨、精准的态度，将钱塘江大桥所有的致命点标示出来。整个通宵，100多根引线，从各个引爆点全部接到南岸的一所房子里。怀着亲手掐死亲生婴儿一样的痛楚，茅以升一直陪伴着历经艰险建造起来的大桥，直到亲眼看到最后一根引线接好。这是茅以升一生中最难忘、最难受、最难捱的一天，在事后来对家人的回忆诉说中，那种痛苦，那种无奈，真使他欲哭无泪。11 月 17 日公路桥开通那天茅以升后来回忆："所有这天过桥的 10 万人，人人都要在炸药上面走过。开桥的第一天，桥里就先有了炸药，这在古今中外的桥梁史上，要算是空前的了！""造桥是爱国，炸桥也是爱国"。茅以升收到炸桥命令后写下 8 个大字："抗战必胜，此桥必复"。为了阻止日军攻打杭州，茅以升受命炸断了亲手建造才通车 89 天的大桥，这是何等悲壮的义举。抗日战争胜利以后，茅以升实践誓言又组织修复大桥，1948 年大桥修复通车。

钱塘江大桥向全世界展示了中国科技工作者的聪明才智，展示了中华民族有自立于世界民族之林的能力。以茅以升先生为首的我国桥梁工程界的先驱在钱塘江大桥建设中所显示出的伟大的爱国主义精神，敢为人先的科技创新精神，排除一切艰难险阻、勇往直前的奋斗精神，永远是鼓舞我们为祖国的繁荣富强不懈奋斗的宝贵精神财富。

第二节 国外科学道德的思想渊源

国外科学道德思想源远流长。科学道德思想从古希腊和古罗马时期开始萌芽，经历了中世纪和文艺复兴时期对宗教势力压制的反抗，经过 16～18 世纪科学道德思想发展期，18～19 世纪科学道德思想成熟时期，至 20 世纪以来达到全面繁荣。

一、国外科学道德的萌芽期

欧洲最早进入文明时代的国家是古希腊和古罗马，也就是在这个时期，西方的科学道德思想初现端倪，是国外科学道德的萌芽期。

古希腊文化，是整个西方文化的直接源头。古希腊神话中诸神与英雄在同自然环境斗争中所表现出的智慧、力量和品德，在一定意义上曲折地反映了原始社会末期萌芽状态的科学道德思想，孕育着美善战胜邪恶、造福人类、追求真理、向往光明、勇于献身、艰苦奋斗、坚毅不拔、团结协作等思想品德的萌芽。希腊神话也显露出人的智慧和力量的增长，神的地位和作用的下降。普罗米修斯盗火歌颂了为了人类利益而勇敢牺牲自己的美德，提出了敢于触犯宙斯尊严，打破神人界限，提高人的地位的问题。原始社会末期萌生的这类重视"人"、重视知识、重视品德的观念，对后世的科学家、思想家产生了深远的影响。

> **案例链接**
>
> ### 普罗米修斯盗火
>
> 普罗米修斯是希腊神话中一个受人尊崇的神，传说他用泥土和水依照神的形象创造了人，并赋予人生命。为了帮助人类，普罗米修斯违抗宙斯的禁令，盗取了天火送给人类，并教会人类用火的办法。普罗米修斯因此被钉在高加索山上每天遭受神鹰啄肝脏之苦。
>
> 普罗米修斯是人类崇高品德的化身，他为了提高人的地位甘愿受到神的侮辱和惩罚，表现出了伟大的牺牲精神。

古希腊的奴隶社会由于生产力的发展，体力劳动与脑力劳动分工的扩大，已经出现了少数脱离直接生产劳动而专门从事科学研究的科学家或者自然哲学家，于是产生了天文、力学、数学、医学等相对独立的学科，农业技术、工程技术也有一定的发展，形成了科学、技术、伦理、道德等概念。毕达哥拉斯（Pythagoras）是西方第一位思考伦理问题的科学家，最早探讨了人生与伦理问题，他的数学伦理思想、团体道德准则与道德修养论在西方科技伦理思想史上具有开创者的地位。毕达哥拉斯在数学上的贡献、泰勒斯的天文学研究、欧几里得的几何学研究、阿基米德的力学研究等永载科学史册。从苏格拉底与智者开始，哲学家把研究的主要精力从自然转向社会。苏格拉底提出的"美德即知识"的口号，把对科技与道德的关系问题的研究引向深入。科学研究、科学实验进一步得到重视，该时期伦理思想最大成果是以希波拉克底为代表的医德规范体系的建立，其基本精神至今仍然适用。[①]集希腊古文化之大成的亚里士多德，不仅在哲学研究上成就斐然，而且在政治、经济、文学、历史、语言、生理学、医学、数学、物理学等方面也有卓越建树。那时哲学是包含内容比较广泛的学科，它最初的涵义是"爱知识"或者"求知的"。自然哲学是关于自然的学问，道德哲学是关于人事的学问，前者主要探究世界的本原问题，后者主要探究社会的善恶问题。在古希腊历史上，围绕这些问题看法的不同，形成了诸多学派，如米利都学派、毕达哥拉斯学派、爱利亚学派、智者学派等。同时也产生了许多著名的哲学家，如泰勒斯、毕达哥拉斯、赫拉克利、巴门尼德、芝诺、普罗泰戈拉、苏格拉底、柏拉图、亚里士多德、伊壁鸠鲁等。受社会生产力水平限制，尽管科学技术有所发展，但完整、系统的科学道德思想尚未诞生。我们只能从有关自然哲学、道德哲学乃至宗教教义中，去挖掘整理，探究先哲们有关科技伦理思想的火花。

（一）美德即知识

古希腊时代，自然科学家和自然哲学家往往是一身二任的，他们认为拥有知识是一种德行。在科学与道德的关系问题上，他们注意从科学知识中引出道德，强调美德即知识，知识即美德。

毕达哥拉斯是古希腊的数学家、哲学家，他最早悟出万事万物背后都有数的法则在起作用。毕达哥拉斯学派特别崇尚数学和医学，他们用数来解释公正、秩序、美德等伦理范畴，说社会秩序就像勾股定理一样，在不平等中存在着一种永恒的平等。在毕达哥拉斯学派看来，数学是"最聪明的事物"，医术是人"最有智慧"的表现，而知识则是"最有力量"的。

柏拉图对数学的道德功能作了限制，认为数学是达到善的理念的重要环节和必要条件。学习数学固然有助于记账做买卖，但主要是为了使人较为容易地把握善的理念，将灵魂从变化的世界转向真理与实在。

苏格拉底则把科学知识与道德的关系上升到一般的命题，明确提出"美德即知识"。苏格拉底指出："我们不是说美德是一种善吗……但如果知识包括了一切的善，那么我们认为美德即知识就是对的。"何以证明美德即知识这一命题呢？苏格拉底认为可以从三个方面理解：一是从因果关系上说，知识是美德之因，美德是知识之果，只有智者才会做出具有美的行为；二是从一切美好的制作都是知识所产生的前提出发，知识使人产生德行之举，善的知识才是善举的母邦；三是就美德与灵魂的关系而言，只有灵魂接受智慧的指导，才会产生美德；如果愚蠢控制了灵魂，就会产生恶行。

① 徐少锦，胡东原，许广明，等，1995.西方科技伦理思想史［M］.江苏：江苏教育出版社：2-14.

亚里士多德进一步研究了科学知识与美德形成的关系。有学者评价说:"在亚里士多德看来,他的前辈'知识即美德'的方程式,是片面而不完整的,它的两端,都缺少一个必要因素,即有'知识'的人须加上行善的道德意志,而'美德'本身则须包含理性智慧。"①亚里士多德认为,知识并不是善行活动本身。他主张美德由知识与道德意志结合,即把理性认识与自觉抉择的道德行为结合起来,美德只有在社会生活中通过训练和实践才能形成。

(二)一切科学技术都以善为目的

古希腊时期的科学道德思想还突出地表现在:肯定科学技术的价值,重视科学技术的功能,强调一切科学技术都以善为目的。柏拉图对苏格拉底"美德即知识"的观点作了唯心主义的解释和发展,认为善的理念是科学技术的来源,没有善的知识,其他一切知识就没有任何价值。而亚里士多德不同意柏拉图的这种观念,认为科学技术是以善为目的的。

在柏拉图看来,善是万物的本原,称为"善本身",由善本身的变化发展,派生出世界万物。他说:"辩证法摆在一切科学之上,作为一切科学的基石或顶峰。"有学者分析说:"在他看来,科学是对真理的理性认识,也是由善的理念派生出来的。科学和真理是从属于善的理念的,善的理念比科学和真理更有价值。"与苏格拉底相比,柏拉图的思想又有新的特征。有学者认为:"如果说柏拉图全部学说的主旨透露着以善为最高价值的伦理学指向;那么,柏拉图的神化学科技伦理思想,则是体现着知识与道德相统一、科技知识与神学伦理相统一的基本特征。这两大特征,不仅是柏拉图伦理学的精华所在,而且深刻地影响了学术巨子亚里士多德和整个中世纪的欧洲文明。"②

亚里士多德是古希腊哲学的集大成者,他全面地概括了整个希腊时期的科技伦理思想。亚里士多德指出:"每种技艺,每种科学以及各种经过思考的行为或志趣,都是以善为其目的的。"在他看来,人的行为产生了各种各样的技艺和科学,各种各样的技艺和科学又通过人改造自然的行为表现出各种各样的目的。这就是说,一切科学技术都是以善为目的的。对此,有学者评价说:"亚里士多德关于一切科技以善为目标的思想,揭示了人类历史上大多数科技工作者的普遍追求,内中也包含了他对科技工作者的希冀;同时,又反映出他的泛爱论思想,他使用'一切'这一全称概念,而排斥了某些科技工作者行为目标的非善与反善性。故此,一切科技以善为目标的命题,内含着矛盾性和片面性。"

(三)肯定科学技术的功能和价值

古希腊科学家、哲学家大都崇尚科学知识,淡泊名位钱财,不谋权位,不贪享受。在他们看来,科学研究的目的在于寻求事物的普遍规律性,而获得科学的普遍知识则是人生的最大幸福。

伊壁鸠鲁认为,自然科学是人获得幸福和快乐的根源,人应该去积极探索自然、认识自然规律。他指出:"如果一个人不知道什么是宇宙的性质,而是生活在对那些关于宇宙的寓言所说的事的恐惧之中,对于这个人来说,排除对所谓最主要的事物的畏惧,就是不可能的,所以一个人没有自然科学的知识就不能享受无疵的快乐。"③

① 赵海奇,1995.亚里士多德的科技伦理思想[J].中州学刊,1:54-58.
② 赵海奇,1994.柏拉图的科技伦理思想[J].学术界,6:68-71.
③ 周辅成,1987.西方伦理学名著选辑[M].上海:商务印书馆:97.

毕达哥拉斯非常崇尚科学知识，毕达哥拉斯学派有许多"秘传"，如"最聪明的事物是什么？数；再次是给事物命名的人。我们能力中最有智慧的是什么？医术。最优美的事物是什么？和谐。最有力量的事物是什么？知识。最美好的事物是什么？幸福。"①可以这样说，崇尚科学知识，特别是崇尚数学和医学，提出知识最有力量，是毕达哥拉斯及其学派在科学史、伦理思想史上的一大贡献。

亚里士多德认为，科学认识的对象具有内在规律，复杂多变的现象只是这种规律的外在表现。在亚里士多德看来，掌握科学的普遍知识，是人们获得美好品德的必要条件。他说："那些愿意去通晓技术善于思辨的人，应当进而走向普遍，尽可能通晓普遍。"通晓了普遍，具备了科学知识，才能"把一个人的习性变得美好"。与柏拉图智慧论不同，"亚里士多德主张'高尚活动之泉源的德性和理智不在权势之中'，而在于'一生勤勤恳恳、含辛茹苦以终'的科学活动中。他高度赞美了这种科学研究的高尚境界，以最高最美的道德对之褒奖评价，可以说既前无古人又久久震撼和启发着后世社会。"

卢克莱修是古罗马著名的唯物主义思想家，他把自然科学和伦理道德紧密地联系在一起，深刻地阐述了自己的幸福观。在他的著作《物性论》中有这样一段话："他们彼此较量天才，争取名位，夜以继日地用最大的卖命苦干，企图攫取高高的权位和对世事的支配。啊，可怜虫的精神！冥顽不灵的心！在惶惶不可终日中，在黑暗的生活中，人们度过了他们极其短促的岁月。竟然看不见自然为她自己并不要求任何别的东西，除了使痛苦勿近，叫它离开肉体。除了要精神享受愉快的感觉，无忧无虑。因此，我们看见我们有形的生命所需要的东西根本很少，只是那些能把痛苦去掉，又能撒下一些欢乐的东西。"②

卢克莱修是伊壁鸠鲁的崇拜者和理论的继承发展者，他的这种观点实际上来源于伊壁鸠鲁，他写《物性论》的目的，就是要论述各种存在物的本性，说明与人们幸福相联系的知识。对此，胡原东分析说："他认为宇宙物质是永恒的，无中不能生有，有也不能变无。因此，自然不要求任何别的东西，只要求人们精神的愉快，无忧无虑，而不是财富名位和权力。这就是卢克莱修从宇宙物质运动规律引发出的对幸福的理解。什么是幸福？幸福就是精神愉快。这种精神愉快是来自对宇宙运动规律的认识，来自对自然科学的认识。他认为，对宇宙物质运动规律的无知，对自然科学的无知会造成恐怖，造成痛苦。"③

（四）臻善与求真的一致性

科学的目的是求真，道德的目的是臻善，坚持"美德即知识"，必然会得出"求善与求真的一致性"的结论。臻善与求真的一致性，也是古代西方特别是古希腊科技伦理思想的重要内容。

苏格拉底从"美德即知识"原则出发，主张臻善与求真统一，以真为善的基础和前提，从而达到德行与知识一致。这种主张是对不学无术的空洞道德说教的驳斥，也是对浮华不实风气的扫荡，使朴素的美德善行放射出智慧的光彩，无论对道德研究或是道德教育都增添了重要而新鲜的内容。

德谟克利特主张知德统一，做"贤智"之士。这里所说的"贤智"，贤即道德、善，智

① 苗力田，1989.古希腊哲学 [M].北京：中国人民大学出版社：68.
② ［古罗马］卢克莱修，1981.物性论 [M].方书春，译.上海：商务印书馆：61-62.
③ 胡原东，1995.论卢克莱修的科技伦理思想 [J].学海，3：28-32.

即智慧、知识。贤者必定聪明睿智，而智慧则有道德的功能。他一再强调聪明和才智比荣誉和财富更重要，人要有教养，要有智慧，要注重知识和道德。因为，行善也好，为恶也罢，都有其知识上或道德上的原因。一个人只要有知识，有道德修养，不轻率从事，就可以避免悖德违法之事的发生。

德谟克利特从他的贤智论出发，将臻善与求真统一起来，主张以善的态度去寻求科学之真。他说："同一件事物可能对一切人部是好的和真的，但有人喜欢一件事物，别人又喜欢另一件事物。"之所以发生认识差异，"对善的无知，是犯错误的原因"，因此他力主首先要有一颗善良的心灵，然后才能够去认识事物之真。他把善的人生态度与真的事物本质联系在一起。同时，他把善（快乐观）与美联结一起，主张真、善、美三者的统一。他认为，善是认识科学之真的出发点，求真与臻善、达美不可分离，从而朦胧地提出：人类的科学文明，本是真善美相融汇的结晶体和最杰出的证明。[①]

怎样才能达到和保持贤智一致呢？德谟克利特主张加强道德教育和道德修养，以战胜愚昧和不道德因素。由于人的天赋中有好、善、智的根由，也存在着坏、恶、愚的因素，所以要加强教育，后者生来就有自发的演进的趋向，前者则有赖于教育。德谟克利特认为："用鼓动和说服的言语来造就一个人的道德，显然是比用法律和约束更能成功……由说服而被引上尽义务的道路的人，似乎不论在私下或公开都不会做什么坏事。"但是，自我磨砺比教育更重要，他进而指出："和自己的心进行斗争是很难堪的，但这种胜利则标志着这是深思熟虑的人。"也就是既贤又智的人。[②]

希波克拉底是古希腊著名的医学家，西方医学奠基人。早年跟随父亲学医，练就一身高超的医术。那时，医生被当作卑贱的职业，行医常常遭到歧视和奚落。医师逐渐沦为医匠，与鞋匠或陶工没有什么区别。然而，他为了解人民的苦难坚持巡回行医，沿街为病人治病。他在《誓言》《医律》等著作中，阐明了发人深省的医德思想。在《誓言》中，希波克拉底宣称："不论进任何人家，我皆维护病人的利益，戒绝随心所欲的行为和贿赂；我断然拒绝，从男方或女方、自由民和奴隶那里来的诱惑。不管与我的职业有无关系，凡是我所耳闻目睹的关于人们的私生活，我决不到处张扬，我决不泄露作为应该守密的一切细节。当我继续信守这一不可亵渎的誓言时，我将永远得到生活、技艺的欢乐和所有人们的敬仰。"在《医律》中，他着重指出，一个医生不应徒具头衔而不务实。希波克拉底的正确、纯朴而高尚的医德思想在2000多年前的时代就明确提出，实在是难能可贵。

二、国外科学道德的曲折发展期

公元3世纪后，罗马帝国逐渐衰落，以至最后崩溃，其科学文化也凋零了，到中世纪终于被基督教文化所取代，从中世纪直至文艺复兴时期，国外的科学道德思想经历了曲折发展。基督教的基本组织是教会，教会为了使其信徒与神职人员维护教义，便制定法规条例，对他们在信仰、言论、行为等方面加以约束。教会法对所有居民实际上都有强制性，它不仅规定了教会本身的组织制度和教徒的生活守则，而且对土地、婚姻、家庭、继承、犯罪和刑法都有规定，违背教义与教会法的都会受到异端裁判所的惩处。欧洲中世纪的人们只知道一种意

① 赵海琦，1996.德谟克利特的科技伦理思想［J］.安徽大学学报，6：49-50.
② 陈斌春，1994.德谟克利特的科技伦理思想［J］.道德与文明.5：33-36.

识形态，即宗教和神学。科学成了神学的婢女，神学被尊为"科学的皇后"。

基督教道德是教会法的重要内容，其基本著作是《圣经》。它立足于两大基石之上：一是上帝创世说，二是人类原罪说。总体来说，基督教道德与科学道德是根本对立的，它对科技发展起着阻碍作用，主要表现在以下四个方面：第一、崇尚信仰，贬斥知识；第二、以研究自然现象和学习知识为邪恶；第三、以《圣经》和权威的著作为评价是非善恶罪与非罪的标准，违背者要受到宗教裁判所的审判与惩罚；第四、用禁欲主义，来世主义代替现世幸福，否定用科学技术为人类谋福利。

为了促进科技进步，这一时期杰出的科学家与进步的思想家站在时代前面，在宗教神学及其伦理思想猖獗之时无所畏惧的面对严酷的现实，针锋相对地进行了不屈不挠的斗争，英勇无畏的探索真理，捍卫真理，并在这个过程中丰富与发展了科学道德思想，其主要思想包括：

（一）提倡怀疑精神，反对迷信权威

为了打破对神学教条和权威的敬畏心理，布鲁诺提出："谁要想从事哲学，那就得首先怀疑一切"；"一个人要做一个哲学家，必须具有自由的精神"。在他看来，一个权威不管他多么博学出众，名震遐迩总不能当做论据来使用。同时迷信权威也是道德低下的表现，用别人的头脑进行思考是卑鄙的；俯首听命是出卖灵魂卑躬屈膝，与人力自由是不相称的。英国科学家吉尔伯特则认为盲目信仰权威是白痴。只有怀疑旧学说才有可能确立新学说。

（二）抨击封建教会与宗教道德，为科学发展扫除思想障碍

达芬奇否定美德来自神的宗教道德观，认为作为基督教"三主德"之一的"伟大的爱是从对被爱的事物的伟大的知识中来的"；"知识越准确，爱好也就越强烈"。他指出教会"是一个贩卖欺骗的店铺"，"假仁假义是圣父"，主张用"火焰烧尽谎言，烧死诡辩家"，以"驱散黑暗，使真理呈现"，认为"真理只有一个，他不是在宗教之中，而是在科学之中"。布鲁诺则斥责"教皇……能欺骗又有力量，既阴险又残忍，既是狐狸，又是凶狮，他是残暴政权的总头目，他用迷信崇拜毒害人类，却又装出一副大智大慧和令上帝喜欢的单纯的样子"。这些激烈的言辞打破了沉闷的空气，使人耳目一新。

（三）追求现世幸福

幸福主义道德观反对宗教神学所提倡的虚幻的天堂幸福与来世幸福，是激励这一时期科学创造技术发明的道德动力。如英国早期空想社会主义的杰出代表莫尔认为"自然只是我们全部行为的目标"。所谓德行，就是遵循自然指示而生活。它讲的快乐既包括身体享受到的物质快乐，又包括更重要的精神快乐，为了达到这两种喜悦，就必须参加劳动和研究科学技术，反对寄生虫。物质的快乐要依赖科技进步获取财富来满足，精神的快乐则存在于探索真理的过程。正因为科学家的劳动能满足这两种幸福，所以科技劳动被视为光荣受人尊重的活动，科学家应该受到奖励。

（四）科学献身精神

鉴于教会对进步科学家思想家的残酷迫害，使真理问题与生死问题密不可分，在两者发

生冲突不能兼顾时，做何抉择便成了这一时期人生价值观的中心问题。为真理而死，是当时科学家最高的人生价值取向。西班牙生物学家塞尔维特因不放弃自己的科学观点而被宗教法庭判处死刑时说："我知道我将为自己的学说，为真理而死，但这并不会减少我的勇气。"布鲁诺在被处火刑时也说"为真理而斗争是人生最大乐趣"。在他看来，真理的价值高于个人生命的价值。"火不能征服我未来的世界，会了解我，会知道我的价值，一个人的事业使他变的伟大时，他就临死不惧。"

（五）关于科学道德准则问题

这个时期的科技道德准则，一是十分强调面向自然，追求真理，勇于创新，反对迷信教条、崇拜权威、墨守成规；二是重视观察实验与实际操作，反对脱离实际，只动口不动手；三是忠于事实，严谨治学，反对江湖骗子和说谎者，虚构事实和捏造理论，把谬论塞给求知者；四是谦虚谨慎，不贬低别人，不迷信权威不等于否定权威。哥白尼主张给古代科学家的成就以客观的公正的评价。他认为通过贬低古人来显示自己劳动的人是病态的梦想，古人无论谈的对还是不对，都应该给予感激，因为已得到证实的错误能够给想沿着正确道路前进的人带来好处；五是医学道德准则。基督教轻视医学与医德的作用，把疾病说成是上帝对人作恶的惩罚，因而应当忍耐。治病应采用忏悔、祷告、献祭和涂圣油等方法，以求得上帝的宽恕。但进步的医家却突破宗教的禁锢而努力探索医治疾病的途径，并在医疗实践中继承和发扬了希波拉克底的医德医风。这表现在意大利西海岸的萨勒诺医学院，制定了谦和亲切、认真诊断、不计报酬、摒弃空谈和迷信等医德准则，成为中世纪先进的医学和医德思想的摇篮。医院、药房也制定了一些准则，如著名的外科医生乔利阿克向同行提出了要有学问、要有专门知识、要有一定的能力和要有良好的习惯等四条准则，以提高治疗效果，预防保健道德和医学科研道德也有进展。当时的许多科学家与医学家如罗尔基·培根、蒙狄诺、达·芬奇、帕拉塞尔苏斯、维萨里、塞尔维特、哈维等都具有高尚的医学科研道德，他们以自己无私无畏的精神推动了人体解剖学、实验生理学和临床医学的发展；康帕内拉提出了关于晚婚优生和胎教方面的生育道德准则；莫尔关于安乐死的设想与具体措施接近当代生命伦理学中关于知情同意的原则。

（六）关于科学的功能与科学家的责任问题

科学家在继承古代先贤重视科学的道德功能的基础上，进一步关心科学的社会作用。罗吉尔·培根指出："凡是愚昧无知偏见谬误盛行的地方，必然是罪恶流行，道德匿迹，虚伪统治。世界的繁荣和德行的进步依赖于科学知识的进步，而道德哲学是一切科学的目的，一切科学之王，因为只有它教导人们精神善良"。哥白尼认为："一切优良的技艺的特点是引导人们的心灵摆脱邪恶，趋向善良，这些技艺使得我们的心灵上得到难以相信的更高更多的满足"。他特别强调天文学能给国家增添利益和荣誉，为人们提供不可估量的方便，因而更有道德意义。当然，道德对科学也有作用，它能使人心灵明晰，更易了解科学的真理和更好的应用科学真理。

科学成果在应用于不同目的时候会产生不同的效果。达·芬奇清楚地看到科学成果的应用会引起科学家道德责任和社会责任问题。所以当他发现自己准备研究的潜水艇有可能被人在海底做起暗杀的勾当时，便果断销毁了这个计划。而罗吉尔·培根则通过对化学的研究发现了火药的制造方法，但由于他害怕这一秘密被人利用去闯祸，故始终未用明白易懂的语言把它公诸于众。

（七）提倡新的科技理想人格

欧洲文艺复兴时代是"一次人类从来没有经历过的最伟大的、进步的变革，是一个需要巨人而且产生巨人——在思维能力、热情和性格方面，在多才多艺和学识渊博方面的巨人的时代，给现代资产阶级统治打下坚实基础的人物，绝不受资产阶级的局限。相反的超越时代特征的冒险精神，或多或少地推动了这些人物"。"他们的特征是他们几乎全部处在时代运动中，在实际斗争中生活着和活动着"，"因此就有了使他们完成完人的那种性格上的完整和坚强"。如达·芬奇就把科学研究和社会活动结合起来，既肯定古希腊关于美德高于权位与财富的思想，又突出了自然真实、重视知识、追求科学的时代特点，主张做能够创造发明的"实在的人"。布鲁诺提倡当科学英雄，即在认识自然真理方面达到极致，在个性完美程度上达到极致和在人和自然，自由与必然的和谐方面达到极致的最崇高的人。总之，这时期的科学道德理想人格不是宗教道德所推崇的能克制自己情欲的圣人，而是既不求名利，又更重视知识才能和创造发明的活生生的人。

中世纪与文艺复兴时期的科学道德思想具有过渡性的特点，既有新的观点，又有旧的痕迹，它明显留有神学的残余。如哥白尼称"天文学是上帝的科学，自己是在上帝允许人类所及的范围内追求一切事物的真理"，便是一例。但总的来说，这一时期的科学技术与科技道德思想比起古代来确实前进了一步，并且洋溢着战斗性、创新性的气息。

三、国外科学道德的再发展初期

16～17世纪，经过科学家的努力，牛顿经典力学体系得以创立，这是人类历史上第一次重大的科技革命。西方手工业、商业、航海业等都取得了进一步的发展，化学被确立为科学，生理学和数学都取得了革命性的进步，该时期科学道德思想主要体现在以下几个方面：

（一）知识就是力量

近代社会是从奴隶制社会经过漫长的封建社会后逐步发展起来的。这期间，科学技术也随着不同的社会制度起伏前进。与之相应，科技道德思想呈现出不同的特点。在昏暗的中世纪，基督教文化在社会生活特别是精神生活领域占据了统治地位，基督教道德支配着人们的思想和行为。但是，中世纪并不是历史的中断，它受到了各种异端思想的冲击。英国哲学家弗兰西斯·培根（Francis Bacan）提出的"知识就是力量"，把科学技术的价值从颂扬上帝转移到为人类造福上来。在他看来，知识可以使人明是非，可以改良人的心灵，可以使人去恶从善，知识就是道德，而且是善德。

（二）科学与道德关系的探讨

培根认为科学有道德的价值，科学进步会给人类带来利益，道德也有科学的价值，高尚有助于人们获得科学真理。法国思想家卢梭认为科学与艺术的完善使我们的灵魂腐化了，美德消失了。英国思想家休谟认为，科学和道德是中立的，作为事实领域的科学技术与作为价值领域的道德是分离的。

（三）科学道德精神得到了发展

1. 科学怀疑精神

科学怀疑精神成为普遍的科学道德精神。伽利略用怀疑的眼光审视了亚里士多德的物理学，发现其中错误理论并加以批判，又用实验证明自己观点的正确性，作出了重要贡献。英国皇家学会的会徽上甚至刻有"对任何人的话都不要信以为真"的名言。

2. 科学献身精神

不为个人名利而追求科学真理，成为科学家们的高贵品德。如伽利略不畏惧教会的迫害，坚持不懈科学研究；开普勒投身科学研究，甘于贫困和寂寞，死的时候留下的财产不足 1 马克；富兰克林不怕生命危险研究雷电。

> 资料链接
>
> 1.节制。食不过饱，饮不过量。
> 2.缄默。言必于己于人有益。避免无益的闲聊。
> 3.秩序。何处放何物，何时干何活，都要有条不紊。
> 4.决心。该做的一定要做，要做的一定做好。
> 5.节俭。于人于己有利之事方可花费，绝不浪费。
> 6.勤奋。珍惜一切时间用于有益之事，不搞无谓之举。
> 7.真诚。不虚伪骗人，心存良知，为人正直，讲话实在。
> 8.正义。不损人利己。
> 9.中庸。不走极端。容忍别人给予的伤害，将此视作应该承受之事。
> 10.清洁。力求身体、衣服和住所整洁。
> 11.宁静。不为区区琐事，或寻常事故，或不可避免的事故惊慌失措。
> 12.节欲。少行房事，除非出于健康和延嗣考虑；切忌过度伤体，以免损害自己或他人的安宁与荣誉。
> 13.谦逊。效法耶稣和苏格拉底。
>
> ——富兰克林的十三条道德戒律

3. 科学的求实创新精神

面向自然、重视观察、重视实验的精神得到继承和发扬。丹麦天文学家第谷在岛上坚持了长达 21 年的天文观察。波义耳提出"实验是最好的老师"。许多科学家为了获取科学真理，不惜冒着生命危险做电学或化学实验。

这一时期的宗教势力依旧强大，伽利略被审判，笛卡尔的著作被列为禁书，甚至牛顿晚年也致力于用自然科学材料论证上帝的存在，他花费大量精力研究神学，严重影响了他的科学工作，此外他为了在竞争中获胜，利用权势阻碍别人研究与自己相似的问题。因此，如何加强品德修养，正确对待别人的不同看法或竞争对手的创造，以利于科学家之间的团结，促进科学技术发展是迫切需要解决的问题。

四、国外科学道德的迅速发展期

在国外，18～19世纪是科学道德思想的迅速发展期。18世纪60年代从英国发起的技术革命，是技术发展史上的一次巨大革命。以蒸汽机作为动力被广泛使用为标志的第一次工业革命使工厂代替了手工工场，用机器代替了手工劳动。工业革命给自然科学的发展带来强大的推动力，自然科学得到全面发展并走向成熟，自然科学由经验科学逐渐上升为理论科学。从社会关系来说，工业革命使工业资产阶级和工业无产阶级形成和壮大起来，法国资产阶级大革命使欧洲的政治发生了翻天覆地的变化，资产阶级最终确立了对世界的统治地位。与此同时阶级矛盾也尖锐起来，工人阶级走向历史舞台，马克思主义应运而生。该时期科学家的科学道德思想得到很大发展，体现在以下几个方面：

（一）社会制度与科学道德关联

法国资产阶级大革命使欧洲的政治发生了翻天覆地的变化，这一时期很多空想社会主义者和空想共产主义者一方面肯定科学技术对道德的促进作用，另一方面指出了资本主义社会中科学技术和道德的尖锐对立，揭露了科学道德沦丧的种种表现。他们认为科学和道德的完美结合，只能在未来的理想社会中才能实现。在他们未来理想社会的设想中，人们都具有良好的科学道德风尚，如热爱科学、钻研技术，尊重科技工作者，保护生态环境，用科技的力量造福人类等。马克思、恩格斯用他们创立的辩证唯物主义和历史唯物主义世界观，分析了社会经济、科学技术和伦理道德的相互关系，指出科学属于生产力范围，它在历史上起着革命性的作用，科学发展不会招致道德堕落。资本主义社会中科学与道德的对立根源在于科学技术被用于资本主义剥削，马克思和恩格斯提出了科技道德的根本原则与许多道德规范，对科学伦理学的发展做出了重大贡献。

资料链接

诺贝尔奖的来源

阿尔弗雷德·贝恩哈德·诺贝尔，瑞典化学家、工程师、发明家、军工装备制造商和炸药的发明者。

诺贝尔不仅在炸药方面做出了贡献，而且在电化学、光学、生物学、生理学和文学等方面也有一定的建树。诺贝尔的一生中，仅在英国申请的发明专利就有355项。1895年，诺贝尔立嘱将其遗产的大部分（约920万美元）作为基金，将每年所得利息分为5份，设立诺贝尔奖，分为物理学奖、化学奖、生理学或医学奖、文学奖及和平奖5种奖金（1969年瑞典银行增设经济学奖），授予世界各国在这些领域对人类作出重大贡献的人。

诺贝尔对金钱和财物并不贪得无厌，对旁人慷慨施舍，对发展科学大力援助，自己却生活俭朴，一生在艰苦中度过。他为人类创造了大量物质文明财富，给人类留下了艰苦创业，不慕功利与虚名的精神。

（二）科学献身精神

瑞典化学家诺贝尔在 1864 年实验中发生爆炸，他的弟弟和四名助手被炸死，他本人也先后多次受伤，被誉为"炸不死的人"。他终生未娶，在充满危险的领域里勇敢地探索了一生，推动了人类物质文明和精神文明的进步。氟元素的发现过程是充满险情和牺牲的过程。科学家从 1813 年开始试验从氢氟酸中分离氟，没有成功；爱尔兰化学家诺克斯兄弟接着实验又遭失败一人中毒；卢悦和尼克斯继续实验，不幸殉难；法国化学家吕萨和泰纳尔实验时也遭到严重毒害。科学家们前仆后继地奋斗了 73 年，直到 1986 年，这个实验才成功。

（三）进化伦理学创立

达尔文在生物进化论的基础之上，发展了进化伦理学，用进化的观点观察和研究道德的起源发展。之后多位科学家发展了进化伦理学思想，他们以进化论为科学基础，强调道德是进化的，不是一成不变的，反对特创论和宗教道德，反对极端个人主义。

（四）功利主义

18 世纪末 19 世纪初期，英国哲学家兼经济学家边沁和密尔提出功利主义，并将之发展成为哲学系统。所谓功利主义，指的是一种把"功利"或效用作为人的行为原则的道德学说，它强调事物的现实价值，以现实价值作为衡量一切事物的价值尺度，并将现实利益的最大化作为一切行为的指导原则。功利主义是后果论的最大学派，如英国的休谟、边沁、穆勒等持这种观点。

近代功利主义从科学技术给人带来利益的假设出发，来看待科学技术的社会功能，看待人们的伦理价值对于科学技术的影响，强调对科学技术活动的评价主要看其是否具有实际功效或利益。这种认识和价值取向是对科学技术的最直接的支持，因而也是近代科学技术得以迅速发展的重要文化资源。当然，功利主义不是尽善尽美的，这种价值观在导引科学技术迅速发展的同时，又成为科学技术异化的重要根源。

（五）利己主义发展成为一种系统完整的道德学说

欧洲资产阶级革命时期，一种从个人利益出发，试图把个人利益和社会利益结合起来的利己主义伦理学说产生了。利己主义就是根据行为是否以自身利益为直接目的而确定道德规范的后果论。利己主义分为极端利己主义和合理利己主义。前者认为确立的道德规范必须直接有利于实现自身利益，不考虑甚至可以伤害他人利益。如德国的施蒂纳提出了极端利己主义理论；后者从抽象人性论出发，认为趋乐避苦、自爱自保是人的本性，利己不仅是合理的而且是合乎道德的。合理利己主义追求个人利益而不损害他人利益，反对把个人利益与公共利益对立起来，认为追求自己的利益本身就包含着社会的利益和他人的利益，而任何为他人利益的活动，实际上也是从利己出发的，正所谓"主观为自己，客观为大家。"如法国的爱尔维修、德国的费尔巴哈等都持这种观点。

（六）科学道德规范逐渐系统化

14 世纪之前有"天文学家"、"数学家"、"化学家"的记载，17 世纪出现"生物学家"的名称，18 世纪出现"心理学家"的名称，19 世纪产生了"科学家"一词。科学家从自然哲学家中独立出来，并成为有别于具体科学家的一个普遍概念，表明科学家已成为社会上一个特殊的阶层或者社会职业。该时期科学研究机构与科学社团增多，科学工作人员需要正确处理团体内部、研究同行之间的相互关系。麦克斯韦提出互相帮助、彼此合作交流、民主讨论、健康批评、尊师爱生等群体道德规范。职业科学家大量出现，他们的科学研究和经济利益、荣誉挂钩，科学家为了争夺专利权而演出一幕幕的悲剧。这就要求科学技术人员加强道德修养，严于自律，还应该具有较高的心理承受能力，正确处理个人名利问题。与此相适应，科学伦理学作为伦理学的一个分支学科来建立就十分必要了。英国哲学家斯提芬首次提出"科学伦理学"概念，强调伦理学必须有从实际出发的科学精神，达尔文等许多科学家从不同的方面提出了不少科学道德准则。德国哲学家费尔巴哈向科学家提出十大守则。

资料链接

1.科学家是为真理奋斗的英勇战士，但他本人要具有爱好和平的性格。

2.科学家要谦虚，对他来说最重要的是学习，而不是自以为是。

3.科学家要走自己的道路，埋头于自己的课题，而不是左顾右盼。

4.科学家的最大享受是工作和进行活动。

5.科学家要简单朴素，平易近人，不骄傲自满、自命不凡。

6.科学家没有时间去考虑那些愚蠢的、荒唐无稽的思想。

7.科学家不要追求世俗的荣誉、地位和财富。

8.诚实是科学家的基本美德。

9.科学家应该是一个客观的人。

10.科学家应该是一个超脱自身的人。

——费尔巴哈十大守则

（七）马克思、恩格斯对科学道德的论述

马克思和恩格斯用他们创立的辩证唯物主义与历史唯物主义世界观，分析了社会经济、科学技术和伦理道德的相互关系。科学属于生产力范围，在历史上起着革命的作用；科学发展不会招致道德堕落，资本主义社会中科学与道德对立的根源在于科学技术被用于资本主义剥削；科技实践活动培养和锻炼出道德新人。马克思、恩格斯提出科技道德的根本原则和许多规范，树立了一些科技道德理想人格，这些都为我们研究科学道德指出了方向。

五、国外科学道德的全面繁荣期

19 世纪 60 年代后期，第二次工业革命开始，人类进入了"电气时代"。世界科学技术发生了一系列革命，这个革命首先从物理学领域开始，而后转向化学、生物学等领域。第二次工业革命使得资本主义各国在经济、文化、政治、军事等各个方面发展不平衡，帝国主义

争夺市场和争夺世界霸权的斗争更加激烈，最终引发了两次世界大战。在第二次世界大战之后，物理学、化学、生物学革命又引发了一场新的技术革命。这就是以信息科学、生命科学和材料科学三大学科为前沿，发生在电子计算机、生物工程、光纤通讯、海洋开发、微光技术、空间技术、新材料技术、新能源技术等技术领域的新技术革命。科学技术与道德的关系已成为哲学研究的一个热点。科技伦理学的研究出现一个高潮，很多科学家、哲学家、伦理家都把自己的研究视野转向科技伦理学领域，产生了一批有影响的代表人物和重要著作，体现在以下几个方面：

（一）实用主义

19 世纪末美国出现的实用主义思潮和流派，对西方科学道德思想和近现代科学技术的发展都有重大的影响，其创始人为美国的皮尔士，代表人物有美国的詹姆斯、杜威、胡克，英国的席勒，意大利的帕比尼等。从思想渊源上看，实用主义伦理学是功利主义的进一步发展。

皮尔士实用主义的主要内容是强调以人为本和认识离不开个人的经验和行动，并且强调以"效用"证实"真理"的必要性，所以有实效哲学之称。实用主义曾流传到我国，并对20 世纪 50 年代以前的我国思想文化界产生过很大的影响。

实用主义的最大特点就在于：把实证主义功利化，把"经验"和"实在"归结为"行动的效果"，把知识归结为"行动的工具"，把"真理"归结为"行动的成功"。在实用主义者看来，一切知识不过是人们制造出来用以应付环境的工具。思维是工具性的，真理也是一种人造的工具。科学技术的价值和作用，就在于为人的利益、需要服务。

（二）科学技术与道德相互影响，相互促进

科学技术与道德的关系长期以来一直争论不休，近代在西方影响很大的卢梭的"科技与道德排斥"论，后被休谟的"科技与道德无关论"所代替。在现代科技革命冲击下，人们开始接受科学技术与道德相互影响，相互促进的观点，科学家中以爱因斯坦、居里夫人、贝尔纳等人为代表，哲学家中以杜威等人为代表都持有这种观点，并形成一种潮流，受到理论界的认可。杜威作为 20 世纪美国最著名的哲学家、教育家、心理学家，在这个问题上所阐述的观点具有代表性。他指出哲学的中心问题是自然科学与道德之间的关系问题，这说明了科学道德在现代哲学中的重要地位。西方出版了许多这方面有重要影响的著作。如杜威的《确定性的寻求》（1929）、贝尔纳的《科学的社会功能》（1939）和《历史上的科学》（1954）等。

> **名言链接**
>
> 人生无益于人类，便是无价值的。
>
> ——【法】路易·巴斯德
>
> 人只有献身于社会，才能找出那实际上是短暂而有风险的生命的意义。
>
> ——【美】爱因斯坦

（三）科研活动受到道德的制约

现代涌现出了以爱因斯坦、居里夫人为代表的一大批道德型科学家，他们不为金钱、名

誉和地位诱惑，始终把造福人类作为自己终生追求的目标。对于违反科学道德目的的科研活动往往在良心上自我谴责，并在行动上予以制止。爱因斯坦说过"在我们这个时代，科学家和工程师，担负着特别沉重的道义责任。"特别是当科研成果应用于侵略性军事战争，制造伤害人们的工具时，科学家们纷纷表示反对。原子裂变发现者之一的居里夫人公开说过原子能永远不应该用于战争，因此被免除了原子能委员会首席委员之职。

（四）科学道德研究走向深入

现代核战争阴影挥之不去，生态环境污染、克隆人、器官移植等问题一直困扰着科学界，越来越多的科学家开始研究伦理道德领域，越来越多的道德委员会成立，科学道德发展走向繁荣。1946 年 7 月，包括美国和中国代表在内的 14 个国家科学协会的代表和观察家，在伦敦举行了首次会议，成立了世界科学工作者协会。1948 年，世界科学工作者联合会通过了《科学家宪章》，对科学家个人或者集团应该承担的责任作了规定。1949 年 9 月国际科学协会联合理事会第五次大会通过了《科学家宪章》，对科学家的义务和责任做了规定。1957 年 4 月 13 日 18 名德国物理学家发表公开签名信《德国核物理学家宣言》，表示签名者绝不以任何形式参加原子武器的制造、实验和使用。但是也强调原子能的和平利用是最重要的，全力支持。1980 年日本学术会议通过了《科学家宪章》，被称为日本科学家的道德纲领。

案例与思考

淡泊名利、执着科学的居里夫人

玛丽·居里（Marie Curie，1867～1934）原名玛丽亚·斯克洛多夫斯卡，生于当时沙俄统治下的华沙。1903 年她和丈夫皮埃尔·居里及亨利·贝克勒共同获得了诺贝尔物理学奖，1911 年又因放射化学方面的成就获得诺贝尔化学奖。她的长女伊雷娜·约里奥-居里和长女婿弗雷德里克·约里奥-居里于 1935 年共同获得诺贝尔化学奖。

玛丽·居里的成就包括开创了放射性理论，掌握了分离放射性同位素的技术，以及发现两种新元素钋（Po）和镭（Ra）。在她的指导下，人们第一次将放射性同位素用于治疗癌症。

钋和镭的发现，给科学界带来极大的不安。一些物理学家保持谨慎的态度，要等研究得到进一步成果，才愿表示意见。一些化学家则明确地表示，测不出原子量，就无法表示镭的存在。把镭指给我们看，我们才相信它的存在。要从铀矿中提炼出纯镭或钋，并把它们的原子量测出来，当时既无完好和足够的实验设备，又无购买矿石资金和足够的实验费用的居里夫妇为了克服这一困难，他们四处奔波，争取有关部门的帮助和支援。在他们的努力下，奥地利惠赠 1 吨铀矿残渣。他们又在理化学校借到一个破漏棚屋，开始了更为艰辛的工作。这个棚屋，夏天燥热得像一间烤炉，冬天却冻得可以结冰，不通风的环境还迫使他们把许多炼制操作放在院子里露天下进行。没有一个工人愿意在这种条件下工作，居里夫妇却在这一环境中奋斗了 4 年。对事业的执着追求使艰辛的工作变成了生活的真正乐趣，百折不挠的毅力使他们终于在 1902 年，即发现镭后的第 45 个月，从 7 吨沥青铀矿的炼渣中提炼出 0.12 克的纯净的氯化镭，并测得镭的原子量为 225。镭元素是存在的，那些持怀疑态度的科学家不得不在事实面前低下头。这么一点点镭盐，这一简单的数字，凝聚了居里夫妇多少辛勤劳动的心血！

镭的发现从根本上改变了物理学的基本原理，对于促进科学理论的发展和在实际中的应用，都有十分重要的意义。在获得诺贝尔物理奖后，居里夫人并未和丈夫独吞，而是与法国物理学家贝克勒尔分享了这一奖项，在发现了镭后，她也没有申请专利，她与丈夫是这样说的："我们都认为获取经济利益违反了我们的纯粹研究观念。"

1906 年 4 月 19 日，皮埃尔在参加了一次科学家聚会后，步行回家横穿马路时，被一辆奔驰的载货马车撞倒，当场失去了宝贵的生命。对于居里夫人来说，这一打击太沉重了。但是对科学事业的热爱，皮埃尔生前的嘱咐："无论发生什么事，即使一个人成了没有灵魂的身体，他都应该照常工作。"激励着她。她勇敢地接替了皮埃尔生前的教职，成为法国巴黎大学的第一个女教授。当她作为物理学教授作第一次演讲时，听课的人们挤满了那个教室，塞满了走廊，甚至因挤不进理学院而站到索尔本的广场上。这些听众除学生外，还有许多与她素不相识的社会活动家、记者、艺术家及家庭妇女。他们赶来听课，更重要的是为了向这位伟大的女性表示敬意。

德国哲学家费希特说过，科学家对人类文明起着极为重要的作用，因而应该是道德的榜样，"是时代道德最优秀的人"，"道德发展可能达到的最高典型"，居里夫人不仅为人类留下了杰出的科学成就，而且留下了高尚的科学道德思想和品德。居里夫人认为祖国的利益高于一切，她把自己发现的第一个放射性元素命名为"钋"，因为"钋"（Polonium）与波兰（Poland）的第一个字母相同，用以纪念自己的祖国，寄托爱国之情。1932 年她在家乡华沙建立了由她的姐姐、医生布洛尼斯拉娃主持的镭研究所（即现在的玛丽亚·斯克洛多夫斯卡-居里肿瘤学研究所，华沙居里研究所）。居里夫人热爱科学，追求真理。居里夫人认为学者的第一美德就是对科学诚挚的爱，对真理热切的追求。这是科技活动的内驱力，是科学成功的基石，有了这个美德就有了从事科学研究的自觉性、主动性和创造性。居里夫人具有坚忍不拔的意志，她的科学研究成就是在常人无法想象的极端困难条件下取得的。她是研究人员也是工人，她之所以能够在恶劣的工作环境下进行繁重的劳动，靠的是铁石一样的意志。在经历丈夫车祸离世的打击后，她以惊人的毅力继续科学研究直到生命最后一刻。居里夫人献身科学，造福人类，她把自己比作春蚕，以春蚕的无私奉献的精神鼓励自己为科学贡献一切，即使因为研究镭破坏了自己健康的身体也在所不惜，相反却因镭能够为人类治疗疾病而兴奋不已。她把自己的科学研究成果无偿献给人类，她说"我发现了镭，不是创造了它，因此它不属于我个人，它是全人类的财产。"一战期间，她还私人捐赠，装备了一辆 X 光救护车，自己当司机，冒着生命危险开往前线急救伤员。居里夫人不慕个人虚荣，她一生共获得 10 项奖金，16 种奖章，107 个荣誉头衔，却全不在意。有一天，她的一位朋友来她家做客，忽然看见她的小女儿正在玩英国皇家学会刚刚颁发给她的金质奖章，于是惊讶地说："居里夫人，得到一枚英国皇家学会的奖章，是极高的荣誉，你怎么能给孩子玩呢?"居里夫人笑了笑说："我是想让孩子从小就知道，荣誉就像玩具，只能玩玩而已，绝不能看得太重，否则就将一事无成。"

居里夫人的科学道德思想和高尚品质对后世影响很大。这方面的影响甚至胜过了她科学成就的影响。居里夫人被后人敬慕为勇攀科技高峰的一代楷模，许多科学家都以她为榜样为科学事业做出了重要贡献。

本章复习题

1. 我国古代科学道德思想的内容有哪些?
2. 如何看待科技伦理文化中"欧洲中心论"?
3. 国外近现代科学道德思想的内容有哪些?

第三章 科学道德的基本原则

学习目标 通过本章学习，掌握科学道德基本原则的含义、意义；熟悉造福人类原则、追求真理原则、公平正义原则和人道主义原则的含义及其基本要求；了解科学道德基本原则的历史钩沉以及各原则的意义。

随着科学的飞速发展，科学的研究范围在不断拓展，人们越来越意识到科学活动不能只是单纯的探索、发现新的知识，而脱离道德的调控。中国的孔子和古希腊的亚里士多德都将道德看成是获得幸福的途径和方法。科学只有建立在良好的道德结构和严格的道德标准之上才能健康发展。随着科学技术日益成为社会化的事业，科学道德的基本原则，成为指导或评估人类科学行为的基本道德标准。

第一节 科学道德基本原则概述

科学道德的基本原则，是全世界科学和社会发展的产物。在科学出现之初，科学道德只是以萌芽形式存在于个人主观意识和习俗之中。随着一些被行业、宗教和社会认可的具体的科学道德观念和行为准则逐渐明确并分化出来，在一代代科学工作者的倡导和努力下，科学道德的基本原则被抽象、概括出来，并经历着时间的考验。

一、科学道德基本原则的含义

原则是指事物的原生规则，是从自然界和人类历史的发展过程中，经过长期检验被人们整理出来的，反映事物客观规律的规则，是人们的言行所依据的法则或者标准。

科学道德的基本原则是指在科学实践活动中，科学工作者应遵守的最一般的道德原则，是构建、检验科学道德规范的最根本、最一般的道德根据。科学道德的基本原则贯穿于科学道德体系的始终，是具体科学道德规范和要求的基本出发点和指导性准则。

二、科学道德基本原则的意义

科学道德的基本原则是科学道德规范体系中的核心部分，具有主导作用和普遍的适应性，体现了人类的长远和整体利益，是规范科学活动，调整科学工作者之间、科学共同体之间、科学工作者与其他社会成员之间以及科学工作者和自然界之间关系的最基本的行为准则。

科学道德的基本原则，是科学道德关系和科学道德本质的集中概括，是调整科学工作者行为的指导性原则。科学道德的基本原则提供了一个道德框架来评价某一行为是否应该实施。它有助于科学工作者理解、思考和解决科学领域中的伦理道德问题，也是衡量科学工作者职业道德水平的客观尺度。

三、科学道德基本原则的历史钩沉

在古代，科学作为一种潜在的文化形态与自然哲学和工艺技术融合为一体，没有成为一种独立的职业，因此也没有独立的科学道德，但科学道德的种子已经发芽，萌芽状态的科学道德依附于宗教道德、行会道德等其他道德之中。比如，古希腊神话中的很多故事，就彰显了理性概念，体现了求真、求善、求实用的理性原则。医学是世界范围内起源最早的科技活动之一，医学道德也伴随着医学的诞生而诞生。如中外医学的鼻祖都曾论述医学的道德规范——病人利益首位，后来有利（行善）原则成为医学道德基本原则的首要原则。在中国，古代学者一贯强调治学与做人的统一，认为二者是相辅相成的关系：为学的目的不仅仅在于"齐家、治国、平天下"，成就一番事业，还在于"正心、诚意、修身"，提高个人修养。古罗马博物学家盖乌斯·普林尼·塞孔都斯（Gaius Plinius Secundus，23～79），别名老普林尼，一生著作很多，仅《自然史》一书就有 37 册之多。公元 79 年，维苏威火山大爆发。为了了解火山爆发的情况，并且救援这一地区的灾民，老普林尼不顾别人的劝阻，乘船赶往火山活动地区考察，因火山喷出的含硫气体中毒死亡。老普林尼是第一位为科学献身的人。古代的道德思想为科学道德基本原则的概括提供了思想源泉。

14～17 世纪的文艺复兴时期，有些科学家认识到科学与道德的统一性。比如，哥白尼认为科学具有净化灵魂的道德功能，可以引导人们去恶从善；弗兰西斯·培根认为科学具有道德价值，提出了"知识就是力量"的口号，科学进步就能使人类获得更多的利益。这一时期，在封建独裁、教会统治的背景下，有许多科学家被判为异端，出现了一批为科学献身的典范人物。如意大利天文学家、哲学家乔尔丹诺·布鲁诺（Giordano Bruno，1548～1600），因为宣传哥白尼的学说和自己的科学见解，在罗马教会的地牢里受了多年的折磨。布鲁诺认为"胜利是可以得到的"，而且勇敢地为它奋斗。为了维护真理，布鲁诺最终在罗马鲜花广场被活活烧死。临刑时，他高呼："为真理而斗争是人生最大的乐趣；未来的世纪会了解我，知道我的价值。"布鲁诺、伽利略、开普勒等人献身科学、追求和捍卫真理的崇高精神成为后世的榜样，也成为科学道德基本原则的重要思想资源。

> **资料链接**
>
> 决定授予你科学博士的学位，这是一种荣誉。这荣誉带来了永远忠诚于真理的义务，无论是在经济的还是在政治的胁迫下，都决不屈从于压制或歪曲真理的诱惑……要你保证，维护学院现在授予你的荣誉，并且不受其他考虑的影响，只是寻求并忠诚于真理。
>
> ——伊曼纽尔·康德在柯尼斯堡学院用的誓词

17 世纪后，宗教的传统地位逐渐被科学所取代，英法资产阶级启蒙思想家举起人道主义的旗帜，宣传"天赋人权"和"自由、平等、博爱"等口号，关注人的本质、使命、地位、价值和个性发展，倡导尊重人权的人道主义思想得到广泛传播。人道主义作为"理性"的原则，不仅是人和人之间的一种价值尺度，而且扩展到政治、经济、法律、国家等一切领域，成为判断一切事物的标准。这一期间，医学界开始倡导人道主义，并使之成为了医学道德的永恒原则。

18 世纪，世界科学中心由英国移出，真正的职业科学家出现。美国著名科学家，美国开国元勋重要人物之一本杰明·富兰克林（Benjamin Franklin，1706～1790）提出了十三条道德戒律（13-point plan for honest living），指出诚恳和公正是科学家应具备的修养；德国古典主义哲学家、天文学家康德（Immanuel Kant，1724～1804）强调为真理而献身，并身体力行。他说："既然我已经踏上这条道路，那么，任何东西都不应妨碍我沿着这条路走下去。"康德为真理而献身的精神对科学界影响深远，为后来者提供了范本。这一时期，科学制度化的科学精神形成了，科学道德思想得到了长足的发展，逐渐形成了科学共同体的一些共同价值追求。

20 世纪以来，科学技术以加速度进步，任何一项计量指标都在按指数规律发展，科学在社会中的功能日益强大。与此同时，一些科学成果被滥用，给人类带来了难以弥补的伤痛。这一时期，许多科学家意识到对自然的研究，总会牵涉到人与人之间、人与观察对象之间的相互关系，科学需要道德的照护。比如，被誉为"现代物理学之父"的阿尔伯特·爱因斯坦（Albert Einstein，1879～1955）不仅以其辉煌的科学理论开创了物理学史上的黄金时代，而且以其伦理修养和道德风貌达到了纯洁高尚的境界，成为 20 世纪世界著名科学家行列中公正、善良、真理的化身。他指出："科学是一种强有力的工具。怎么使用它，究竟是给人带来幸福还是带来灾难，全取决于人类，而不取决于工具。刀子在人类生活中是有用的，但它也可以用来杀人。"①1934 年，我国久大盐业公司的领导人，爱国实业家范旭东和化学家侯德榜提出了科技道德的"四大信条"，即"我们在原则上绝对的科学；我们在事业上积极的发展实业；我们在行动上宁愿牺牲个人，顾全团体；我们在精神上以能服务于社会为莫大光荣。简单说，就是相信科学、振兴实业、顾全团体、服务社会。""四大信条"的提出有其特定的时代背景，但已蕴含了重要的道德原则。

20 世纪 40 年代，美国科学社会学家默顿对作为社会一个子系统的科学内部的社会现象进行了研究，讨论了科学精神气质与科学共同体以及它们之间的关系，提出构成科学共同体社会结构的规范标准：普遍性、共有性、无私利性和有条理的怀疑，作为科学家在科学实践活动中应遵循的"四大准则"。莫顿认为，一个科学理论是否被接受只取决于这一理论与观察结果和此前已经证实的知识是否一致，与其他因素，比如该学说提出者的种族、国籍、宗教等都没有任何关系，科学应该是向一切有才能的人开放的；科学上的重大发现一般都是科学家群体协作的产物，所以，这些科学成果理应归属于整个科学共同体，每个科学家都应该公开其科学成果，并分配给全体社会成员；促使科学家进行科学研究的应该是求知的热情和对人类利益的无私关怀而不应该是追求私利；科学共同体应坚持用经验和逻辑的标准审查和裁决一切科学假设，并随时向一切理论提出疑问。莫顿提出的四条现代科学的精神特质，成为现代科学道德基本原则的主要思想资源。

20 世纪 70～80 年代，面对当代生命科技引发的生命伦理问题，美国《贝尔蒙报告》确立了三个与人类医学受试者相关的伦理准则：即尊重人、善行和公正。随后，著名生命伦理学家汤姆·比彻姆（Tom Beauchamp）和詹姆士·邱卓思（James Childress）合著《生命医

---

① 爱因斯坦，1979. 爱因斯坦文集：第三卷［M］. 北京：商务印书馆：56.

学伦理原则》一书，在上述原则的基础上，提出了对后世影响极大的"四大原则"：尊重自主原则（principle of respect autonomy）、不伤害原则（principle of nonmaleficence）、有利原则（principle of beneficence）和公正原则（principle of justice）。这四大原则已成为普遍公认的生命伦理原则，成为指导医疗伦理决策和科研伦理决策的基本原则，成为科学道德基本原则的重要思想资源。此后，美国生命伦理学家恩格尔哈特（H.Tristram Engelhardt，Jr）开创性地提出了程序性的俗世生命伦理学，提出了生命道德的四原则：允许原则、行善原则、拥有原则和政治权威原则。尽管学术界对这些原则存在争议和质疑，但它们无疑是科学道德基本原则的重要思想资源。

案例与思考

战略科学家黄大年

"黄大年同志秉持科技报国理想，把为祖国富强、民族振兴、人民幸福贡献力量作为毕生追求，为我国教育科研事业做出了突出贡献，他的先进事迹感人肺腑。"习近平总书记如是说。

黄大年（1958～2017），著名地球物理学家，国家"千人计划"特聘专家，吉林大学地球探测科学与技术学院教授。1958年8月，黄大年出生于广西南宁一个知识分子家庭，从小热爱读书。1977年，黄大年考入长春地质学院（现吉林大学朝阳校区），在此完成了本科与硕士研究生的学业，先后获应用地球物理学学士和硕士学位。1982年本科毕业时，黄大年在毕业留言册上写下了"振兴中华，乃我辈之责"的留言，表明了他爱国报国的心志。

1992年，黄大年带着科技强国的心愿被公派出国。1996年，在英国LEEDS大学获地球物理学博士学位。回国后不久，又被派往英国继续从事针对水下隐伏目标和深水油气的高精度探测技术研究工作，成为当时地球物理领域研究高科技敏感技术的少数华人之一。黄大年在英期间，在剑桥大学任教授、博导，并担任剑桥ARKEX航空地球物理公司高级研究员，长期从事海洋和航空快速移动平台高精度地球重力和磁力场探测技术工作，由他主持研发的许多成果都处于世界领先地位，成为了国际著名的航空地球物理学家。跻身于英国精英阶层的黄大年，拥有优越的科研条件、高效率的研究团队和优裕的家庭生活，但从未放弃对祖国科技事业的关注。他说："对我而言，我从未和祖国分开过，只要祖国需要，我必全力以赴！"

2009年，心怀报国之志的黄大年响应祖国的号召，毅然辞去了在英国公司的重要职务，婉拒了科研团队的挽留，说服学医的妻子卖掉了经营多年的诊所，留下尚在求学的女儿，回到母校吉林大学签下了全职教授合同，成为第一批回到东北发展的国家"千人计划"专家，开始为我国的航空地球物理事业耕耘、播种。

回国后，黄大年从一名尖端科技研发科学家变身为一名战略科学家，不仅担任国家"深部探测关键仪器装备研制与实验项目"的负责人，还协助国土资源部完善战略部署。为了实现祖国在科学技术方面快速赶超的目标，黄大年带领一支由400多名优秀科技人员组成的团队协同攻关，夜以继日地工作。由于工作原因，黄大年经常需要出差，为了不耽误白天工作，他出差始终赶当天最晚的午夜航班；为了完成工作进度，他经常晚上两三点钟给同事发信息部署任务。黄大年和他的团队刻苦钻研、勇于创新，在短短5年的时间里，取得了一系列重大科技成果，完成了西方发达国家20多年才完成的艰难探索，填补了多项国内技术空白：

固定翼无人机航磁探测系统工程样机研制成功、万米大陆科学钻探工程样机"地壳一号"研制成功……其研究成果获评"中国十大科技进展新闻"之一。

2010年，吉林大学开启"名师班主任计划"，黄大年任首届"李四光班"本科生班主任。黄大年为了提升学生的学习效率，自费给全班24名学生每人购买了一台笔记本电脑、自费给科研平台的每个房间配备了电风扇和电暖气……为国家培养栋梁之才的黄大年，对自己的荣誉却不怎么看重。他本人是院士评审专家，以他的能力和贡献早就可以申报院士了。但面对学校和好友的催促，他却说要先把事情做好，这个暂不考虑。

2016年12月8日，积劳成疾的黄大年因胆管癌住进医院，但仍一边输液一边工作。2017年1月8日，年仅58岁的黄大年带着他对祖国的无限眷恋、对事业的无限留恋和对学生的无限惦念离开人世。他离去后，妹妹黄玲拿着他仅有的几张储蓄卡去银行销户。她不曾想到，经手数亿项目经费的黄大年，自己账户里的所有存款仅有几十万……

2017年4月，教育部追授黄大年教授"全国优秀教师"荣誉称号。2017年5月，习近平总书记对黄大年同志先进事迹作出重要指示，强调要以黄大年同志为榜样，学习他的爱国情怀、敬业精神和高尚情操。

黄大年是一名享誉海内外的卓越科学家，他有着心有大我、至诚报国的爱国情怀；教书育人、敢为人先的敬业精神；淡泊名利、甘于奉献的高尚情操。他放弃国外一切，抱着一颗"中国心"，投身到自己祖国的科研事业当中。清华大学副校长、中科院院士施一公赞誉黄大年是"最单纯的赤胆忠心的海归科学家"。施一公说："黄大年为推动祖国尖端领域发展全心全意、殚精竭虑，为了祖国不计个人得失，是中国知识分子的楷模……他的精神感染、激励和鼓舞的绝不仅是一个团队、几届学生、一所学校，而将是一个领域、一批学子、一代人。"[①]

第二节 科学道德基本原则的内容

当前，学界对科学道德的基本原则的内容研究尚不充分，众说纷纭，还未形成统一的文本。根据古今中外的科学伦理与道德实践，本书对科学界普遍认同的科学道德的基本原则进行了归纳总结，主要包括造福人类、追求真理、公平正义、人道主义等原则。

资料链接

论科学家的社会责任

其一，科学家要对科研工作负责。负责任的科学家不仅要从个人好奇心出发去发现问题，更要时刻用关爱人类的责任心去衡量所要解决的问题，本着科学精神，运用科学方法挖掘出深藏于自然事物背后的规律和本质，不断为人类的知识宝库增添新的财富。

其二，要对科技界同行负责。负责任的科学家要如实公布自己的科学发现，确保实验数据的准确性，为后继者提供坚实的基础和正确的导向。在科技评价中严守保密义务和明示原则，避免个人利益、团体利益及人际关系因素的影响，以客观公正、高度负责的态度做出实事求是的评价。同时要及时发现和纠正科技发展中的错误倾向，揭露和批判科研活动中存在的不负责

---

① 鲍盛华，姚晓丹，张茜，2017-05-20. 黄大年事迹引热烈反响，勇攀科技高峰，报效祖国[N]. 光明日报:06.

任的行为。

　　其三，要对科学研究的社会影响负责。负责任的科学家要对科学技术应用所带来的风险和危害保持高度警觉，主动对研究课题进行伦理道德和社会价值评估，拒绝从事有悖于人类文明发展的科学研究，尽力防止和排除科研成果的不当运用，自觉采取措施控制和防范潜在的技术危害，避免科研成果对正常社会秩序产生不利影响。

—— 韩启德（光明日报，2007）

一、造福人类原则

（一）造福人类原则的含义

　　造福人类，是指科学活动的最终目的应该是为人类谋福利，为人类带来幸福。造福人类原则就是要求科学工作者的科学道德行为应符合为人类谋福利的科学道德目的。

　　随着科学的进步和社会的推进，人类以好奇心为起点的科学实践活动最终变成了有目的的探索。恰如法国哲学家兼科学家让·拉特利尔（Jean Ladriere）所言，现在的科学研究越来越多地不是旨在解决严格意义上的科学问题，而是利用科学知识、方法和技艺来创造新的工业，为经济建设提供新的资源，为国防建设制造新式军事武器，或服务于区域或国家的发展规划。一般而言，科学的目的是求真，以科学的手段揭示自然奥秘，发现自然规律。但是，从价值论的角度来看，人类探索、发现自然规律，并不是科学的最终目的。科学技术是人类创造的，理应为人类服务，所以，用科学技术造福人类才是科学的最终目的。1946 年 7 月，世界科学工作者协会（World Federation of Scientific Worker，WFSW）成立时，其章程规定该协会首要宗旨就是充分利用科学，促进和平与人类幸福，尤其要保证科学应用要有利于解决当前的迫切问题。2009 年 9 月，中国科学技术学会通过的《学会科学道德规范》中明确提出："倡导和执行科学研究造福人类和服务社会的原则，避免和防止科学技术的不当使用，抵制一切违反科学道德与伦理的科研行为，反对和避免利用科研活动及成果谋取不正当利益，营造健康科学的科研环境。

（二）造福人类原则的基本要求

1. 把人类利益作为科学行为选择的最高标准

　　科学通过求真达到求美、求善，科学把追求真善美的统一作为自己的最高价值准则。从根本上说，科学技术的发展是符合人类的根本利益的。但科学技术具有双重效应，科学技术的应用是否能造福人类又受到各种因素的影响，且关键在于用它的人。1949 年，世界科学工作者协会理事会通过的《科学家宪章》中，对科学家的义务和责任作了明确规定：最大限度地发挥作为科学家的影响力，用最有益于人类的方法促进科学的发展，防止对科学的错误利用。

　　造福人类原则就是要求科学工作者把人类利益作为从事科学活动的出发点和归宿，把能否为人类带来福利作为评价自己科学实践善恶与否、进行科学行为选择的最高道德标准。当然，科学技术活动仅从人类利益出发还是不够的，还要遵循人类社会的基本道德法则，追求最大多数人的最大利益，促进人类利益的最大化。科学工作者应具有国际主义情怀，在尽己所能，为本国和本民族做贡献，在满足本国人民需要的基础上，广泛开展和积极参与国际问题的交流与合作，以自己的科学研究成果服务于全人类，解决人类共同面临的问题，服务于世界的和平、稳定和进步。

资料链接

在战争时期，应用科学给了人们相互毒害和相互残杀的手段。在和平时期，科学使我们生活匆忙和不安定。它没有使我们从必须完成的单调的劳动中得到大多程度的解放，反而使人成为机器的奴隶；人们绝大部分是一天到晚厌倦地工作着，他们在劳动中毫无乐趣，而且经常提心吊胆，惟恐失去他们一点点可怜的收入。

你们会以为在你们面前的这个老头子是在唱不吉利的反调。可是我这样做，目的无非像你们想使你们一生的工作有益于人类，那么，你们只懂得应用科学本身是不够的。关心人的本身，应当始终成为一切技术上奋斗的主要目标；关心怎样组织人的劳动和产品分配这样一些尚未解决的重大问题，用以保证我们科学思想的成果会造福于人类，而不致成为祸害。在你们埋头于图表和方程时，千万不要忘记这一点！

——【美】阿尔伯特·爱因斯坦（科学和幸福，1931）

2. 保护生态，承担社会责任，维护人类的可持续发展

一般认为，自然科学本身在道德上是中立的，但科学的实践却和社会、自然的关系密切。人来源于自然界又依存于自然界，没有自然界就没有人类自身。人类既要做自然界的主人，支配自然界，又要保护自然界，保持人与自然的和谐。只有坚持可持续发展，实现技术进步与环境保护的双赢，才符合人类的最大利益。能否实现这一点，是判定任何科学技术伦理价值的最终标准。保护生态原则，就是确立了科学技术发展和应用的限度，科技进步必须着眼于生态系统的平衡和人与社会、自然的协调发展，要有利于而不是有害于生态系统的平衡与和谐。2007 年，中国科学院发布的《关于科学理念的宣言》明确指出："科学共同体把追求真理、造福人类作为共同的价值追求，致力于促进人的自由发展和人与自然的和谐，体现了科学的人文关怀和社会关怀。"因此，科学界应该自觉履行社会责任，在科学技术的推广和应用过程中，要遵循自然规律，要对该行为的后果进行全面的科学评估，权衡利弊，不能盲目冲动，急于求成，急功近利。在评估过程中，一旦发现存在弊端或者是可能带来危险，应改变甚至中断自己的工作，如果不能独自作出抉择，应该暂缓或中止相关研究，并及时警示，最大限度规避或减少科学技术对人类带来的负面效应。

（三）造福人类原则的意义

造福人类原则是科学道德的根本原则和最高原则，是现代科学道德的核心原则。它调整的是整个科学界的科学行为引起的一切伦理关系，具有管辖全面、贯彻始终、纲举目张的统率性，其他原则是它的延伸和派生，都是这一原则的具体化和深化。可以说，造福人类原则是开展科学实践活动、制定和执行科技政策的最高道德宗旨。

二、追求真理原则

（一）追求真理原则的含义

真理是人们对于客观事物及其规律的正确反映。追求，用一定的行动来争取达到某种目的。追求真理，就是尽力寻找、探索客观事物，以获取其规律性。

名言链接

我能成为一个科学家，最主要的原因是：对科学的爱好；思索问题的无限耐心；在观察和搜集事实上的勤勉；一种创造力和丰富的常识。

——【英】查尔斯·罗伯特·达尔文

科学的任务就是解释客观规律，拓展人们关于客观世界的知识。科学之所以为科学，科学家之所以为科学家，就在于追求真理，发现新事实，提出新的科学见解，促进科学的进步与发展，这是科学家的良心、义务和节操所在。科学工作者应该如实地、准确地按照客观事物的本来面目去揭示其本质和规律。2008 年，中国科学技术协会致全国科技工作者倡议书中明确提出："追求真理，是科学精神的灵魂。求真求实，既是科技工作者进入科学大门的敲门砖，也是在科学道路上不断前行的通行证。"

（二）追求真理原则的基本要求

1. 科学探究要坚持实事求是

科学探究是科学研究的重要方法。在科学探究的过程中要坚持实事求是的科学态度。著名科学家爱因斯坦曾言："探求真理的权利也含有责任：你不能隐瞒你所发现的真理中的任何一部分。"我国著名科学家华罗庚也说："科学是实事求是的学问，来不得半点虚假。"科

名言链接

使人们宁愿相信谬误，而不愿热爱真理的原因，不仅由于探索真理是艰苦的，而且是由于谬误更能迎合人类某些恶劣的天性。

——【英】弗兰西斯·培根

学探究要以一定的科学知识为基础，在探究的过程中，有时所得出的实验结果与预期的不一样，或者与原有的课本知识不一致，这时要对实验的设置和实验过程进行检查，在确保无误的情况下，多做几次实验。若实验结果仍然与预期的或者与课本知识不一致，此时要坚持实事求是的态度，对相关知识提出质疑。

科学探索的复杂性、多变性及其本质，决定了人对事物的正确认识需要经过若干次的从实践到认识，再从认识到实践的反复才能完成，并且追求真理是一个永无止境的过程。泰戈尔曾说："检验真理的工作也没有被过去某一个时代的一批学者一劳永逸地完成，真理必须通过它在各个时代受到的反对和打击，被人重新发展。"所以，在实践中认识和发现真理，在实践中检验和发展真理，是科学工作者不懈的追求和永恒的使命。在这个向真理无限趋近的过程中，科学工作者要坚持实事求是，反对知识禁区，有意识地警惕武断、反对谬误，把不屈从于权势、不受各种私利的诱惑作为一种当然义务，以无私无畏的精神卫护科学命题的真实性。比如，樊洪业在《科学道德刍议》中转述了一个故事：在法国大革命时期，罗伯斯庇尔为了除掉自己的政敌，要求当时的著名化学家拜特洛做一份酒中有毒的化验报告。但拜

特洛在化验后，发现酒中无毒，冒着被杀头的危险，如实撰写了报告，并亲自喝下这些酒，以证实自己的化验结果。

2. 要有献身科学的勇气

追求真理的道路是漫长而曲折的。恰如伽利略所言："科学的真理不应该在古代圣人的蒙着灰尘的书上去找，而应该在实验中和以实验为基础的理论中去找。真正的哲学是写在那本经常在我们眼前打开着的最伟大的书里面的，这本书就是宇宙，就是自然界本身，人们必须去读它。"读懂宇宙，追求真理，往往需要战胜各种艰难险阻。在科学技术发展史上，许多重大成就都是科学工作者用汗水、心血甚至生命换来的。真理是对客观现实事物本来面目的正确反映，按照常理来说，是应该受到人们的欢迎和拥护的。但是，恰如车尔尼雪夫斯所言："真理之所以为真理，只是因为它是和谬误以及虚伪对立的。"在特定历史时期的现实社会中，不同社会集团展开利益博弈。对于一些既得利益者而言，真理的彰显可能会危及到自己的利益，因而这些既得利益者会动用各种手段阻挠真理的发现与公布，坚守谬误。在这种情况下，如果要坚持正确观点、反对谬误，不但要有哲学认识论的智慧，而且还要有自觉推进社会改革的勇气，甚至还要有一定的自我牺牲精神。在世界科学发展史上，有很多像哥白尼、布鲁诺、伽利略之类的科学勇士，他们为了追求真理而付出了自己的健康甚至生命。在伽利略离开人世的前夕，还在重复着一句话："追求科学需要特殊的勇气。"即使人类文明发展已经进步到了今天，在革命性变革中，那些敢于挑战过时理论而提出新思想的人，有时就会成为科学的殉道者。

（三）追求真理原则的意义

追求真理是科学活动的基本目的，求真守真是对科学工作者的基本道德要求。追求真理原则贯穿于科学工作者创造活动的每一个环节中，是科学工作者进行自我约束、自我评价的首要原则，是科学工作者在科学实践活动中具有指导意义的行为理念。追求真理原则明确了科学工作者应当具备的道德理想和素质，也是科学工作者取得科学界和社会信任的首要标准。

三、公平正义原则

（一）公平正义原则的含义

公平正义，即公正，包含着公平、正义、正直、合理、没有偏私的含义。按《说文解字》的解释：公，平分也。从八从私，"八"即"背"，分也，"厶"象征财物。"正义"之"义"当为"宜"，即合宜，正义也就是不偏不倚地裁制事物，使之"合宜"，即使之符合公认的道德规范要求。荀子说，公生明，偏生暗；亚里士多德说，公正是赏罚分明者的美德；孟德斯鸠说，对他人的公正就是对自己的施舍；林肯说，力量来自公正。公正是一种社会公理，也是一种道德修养，强调的是社会的基本价值取向，规定着社会成员之间的基本利益行为和基本的权利义务，历来为世人所重视和追求。

> **名言链接**
>
> 　　智慧有三果：一是思虑周到，二是语言得当，三是行为公正。
>
> 　　　　　　　　　　　　　　　　　　　　　　　　　——【古希腊】德谟克利特
>
> 　　待人公正：不以不端的行为或者办事不诚实去伤害他人。
>
> 　　　　　　　　　　　　　　　　　　　　　　　　——【美】本杰明·富兰克林

　　公正有两个原则，一个是形式上的公正原则，一个是内容上的公正原则。形式公正是指分配负担和收益时，在形式上要求对在有关方面相同的人应该同样对待，对在有关方面不同的人应该不同对待。内容公正则是指根据哪些方面来分配负担和收益，规定哪些方面是有关的。如人们提出公正分配资源时，可根据个人需要、个人能力、对社会的贡献或已取得的成就等进行分配。

　　科学领域中的公正原则，是指科学工作者应该是正直的人，不仅要保障科学知识的客观真实性，还要保障科学知识的正确传播和公正使用，使科学研究的风险和利益得到公平合理的分配；在研究结果形成之后，要审慎地发布传播和推广运用，尽可能避免不公正的后果。2014年，中国科学院公布的《院士行为规范》的第十五条明确规定："在参与各种推荐、评审、鉴定、答辩和评奖等活动中，坚持保密、公平、公正的原则，实事求是、不徇私情，自觉抵制一切不正之风。"

（二）公正原则的基本要求

1. 公开科学研究成果及相关信息

　　公开科学研究信息，是指在保守国家秘密和保护知识产权的前提下，科学工作者公开科学研究的相关信息，在合作研究中信息共享，追求科研活动社会效益最大化，造福全人类。科学研究是个知识共享的过程，是基于对物质世界的某些方面的一种共同理解。自然现象对任何人都是公平的，任何人都可以依据科学事实总结出相同的规律。所有科学工作者都有利用前人所创造的科学成果的权利，所有科学工作者也都有基于自己的科学研究成果而得到社会的认可和承认的权利。在科学界，只有公开了的知识和发现在科学社会才被承认，才具有效力。权利与义务相对应。因此，所有科学工作者也就有公开自己的科学研究成果，为科学社会发展做出贡献的义务。不仅科学知识应该公开，科学方法也应该公开。"可公开性"是任何科学知识和科学方法通过普遍性而走向必然性和接近客观性的必要途径。1984年，瑞典科学家联名制定的《乌普斯拉规范》中指出：科学工作者对认真地评估其研究所可能产生的后果并加以公开负有特殊的责任。科学知识和科学方法的"可公开"，可以让更多的人参与监督、批评、争论，有利于克服主观随意性、神秘性、不确定性；同时，科研成果的公开，使得科学工作者虽然不享有对科学研究成果的占有权，但可以拥有科研成果的优先权，从而获得社会对其的尊重。

2. 科学工作者要公正对待团队成员和工作对象

　　科学是相互竞争并相互合作的事业，科学研究一般都需要一个团队进行工作，团队中的每一个人都做出了自己的贡献，同时也希望获得认可。因此，在科学实践活动中，要公正对待团队中的每一个人，公正分配基于科学研究所获得的利益。比如，署名权是分配给科学工作者的承认和尊重，但同时也是一种责任。因此，署名作者必须在项目设计、数据解释或者论文撰写中做出直接、实质性的贡献。当然，在分配利益时也要权衡一些因素。比如科研工作者 A 启动了一个项目，该项目的指导思想、操作设计、实验路线都是由 A 规定，后来科研工作者 B 加入到该项目中，那么即使 B 在项目的研究过程中有了重大发现，但 A 并不在现场，那么，A 在这个科研成果中的贡献依然是第一位的。但如果指导思想、操作设计、实验路线等都是 B 独立确定的，则该科研成果的主要荣誉应由 B 获得。公正对待工作对象，主要是对涉及人体的研究而言。如涉及人的生物医学研究应当公平、合理地选择受试者，以确保在研究中不会有规划地选中或者排除某些人，除非在科学或者伦理学上有理由这么做。对受试者参加研究不得收取任何费用，对于受试者在受试过程中支出的合理费用还应当给予适当补偿；要做好风险控制，将受试者人身安全、健康权益放在优先地位，其次才是科学和社会利益，研究风险与受益比例应当合理，力求使受试者尽可能避免伤害。①

3. 要公正合理地评价、使用研究成果

"科技兴则民族兴，科技强则国家强。"科学实践活动涉及到利益分配，合理地评价科学研究成果的价值，是提升科学研究质量的重要保障。评价的公正性不仅会影响成果水平的认定，更会直接影响到科学工作者的工作热情和创新能力。科研成果评价要根据不同类型的科学研究成果的特点，建立导向明确、激励约束并重的分类评价标准，营造潜心治学、追求真理的创新文化氛围。要注重科技创新质量和实际贡献，重点突出围绕科学前沿和生产实际需求催生重大成果产出的导向。②建立健全公正合理的科学研究成果评价体系，恰当运用评价指标和评价方法，遵循科学、合理、公正的原则，坚持评价体系的综合性、评价标准的多元性、评价指标的科学性、评价过程的严谨性和评价结果的可靠性，从而实现客观、公正、合理地评估科学研究成果。此外，公正原则，还涉及到公正合理地使用他人的已有研究成果。这就要求科学工作者尊重他人的劳动，承认发现者对科研成果的优先权，通过对他人科研成果的引证给予其研究以承认与褒奖。只有当这些成果变成常识，才可以自由使用。2014 年，中国科学院发布《追求卓越科学》一文，强调："科学家必须尊重他人的工作和发现的优先权，客观公正地评价他人的科研成果，同时尊重他人理性怀疑的权利。必须准确无误地记录和报告研究的过程，诚实地向科学界开放自己的科学数据和研究结果，尤其要自觉杜绝并坚决抵制学术不端行为，维护科学的声誉。"

（三）公平正义原则的意义

公平正义是人类社会永恒追求的理想和目标。科学作为一项为公众福利而创造、传播和运用确证知识的社会性事业，科学技术的最高宗旨就是要造福人类。科学活动内在地规定着科学技术发展和进步的内容、形式、速度和规模，科学工作者在这些方面都必须考虑公平正义，这是进行研究和传播科学成果的基本准则，也是科学工作者做人的根本准则。

---

① 国家卫生和计划生育委员会，2016-10-21. 涉及人的生物医学研究伦理审查办法［OL］. http://www.moh.gov.cn/fzs/s3576/201610/84b33b81d8e747eaaf048f68b174f829.shtml.
② 李志民，2016-06-08. 科研评价不是一部分人的自娱自乐［N］. 中国青年报：02.

案例链接

达尔文的忽略

1859年，达尔文的巨著《物种起源》问世。但后来，他却受到了一些学者的指责。人类学家洛伦·艾斯利和作家塞缪尔·巴特勒曾先后指出，达尔文在自己发表的论文中使用了英国一位动物学家爱德华·布莱恩的研究成果，布莱恩在他发表的文章中已经论述过自然选择和进化；达尔文的一些观点还借鉴了比他早的另一位生物学家布丰·拉巴的研究结论，但达尔文在自己的书中或者文章中，却忽略了吸收前人成果的情况。正因如此，达尔文受到后世研究者的批评。

四、人道主义原则

（一）人道主义原则的含义

一般意义上的人道主义是泛指一切认为人具有最高价值，从而应当维护人的尊严、尊重人的权利、重视人的价值、善待每一个人的思想。科学领域中的人道主义，就是指科学工作者要尊重、维护人的生命、健康与尊严，至少不对人的生命和健康造成不应有的损害，要用自己的专业知识和技能帮助人，增进人的幸福。

（二）人道主义原则的基本要求

1. 关爱生命

对于人类个体而言，拥有生命是最基本、最原始的权利，享有维持生命存在的权利是人类享有其他权利的前提。健康权是在公民享有生命权的前提下确保自身肉体健全和精神健全，不受任何伤害的权利。人的生命和健康是实现其他一切社会价值的基础，是一切价值的最终目的。在现实中，涉及人的科学实践活动很多，在此类科研活动中，科学工作者要本着对服务对象或者受试者的生命和健康高度负责的精神，对科学行为进行"风险受益比"的权衡，尽最大努力使之免受本可避免的身体或精神上的伤害，把不可避免但可控制的伤害降到最低。此外，以人道主义原则对待科学活动中的人，还要在感情上设身处地对待服务对象的痛苦，并与之达到共鸣，采取有效的措施，使之得到切实有效的帮助。

名言链接

最能施惠于朋友的，往往不是金钱或一切物质上的接济，而是那些亲切的态度，欢悦的谈话，同情的流露和纯真的赞美。
　　——【美】本杰明·富兰克林

2. 尊重人格

人格是个复杂的概念，在不同领域的定义不同。既可以指人的性格、气质、能力等特征的总和，也可以指个人的道德品质和人能作为权利、义务主体的资格。人格尊严是一个自然人作为人类存在的基本的自尊心以及应当受到社会和他人最起码的尊重权利。在医学界，《赫尔辛基宣言》指出："研究者有责任保护受试者的生命、健康、尊严、完整性、自我决定权、隐私等"，"涉及人类受试者的每一项研究的设计和实施必须在研究方案中予以清晰地说明"。

尊重人格，就要尊重服务对象或者受试者的人格尊严、自主权利和隐私权利等，这是科学道德的基石之一。对于背离人性，有损人类尊严的一切科学实践活动都应该予以禁止，防止科学成为异化人类的工具。

3. 自由探索

人道主义反对任何形式的对人的思想进行的独裁专制。科学作为一种对未知事物的探索，需要异想天开，需要从传统思维的"范式"中跳出来，需要思维方式的改变和自由探索的无限空间。对于科学工作者而言，他们有根据合理的理由对他的同事、同行、上级或者社会所公认的知识或者意识提出异议而不受干预或者报复的自由。[①]著名科学史家萨顿称一部科学史描述了漫长而无止境的为思想自由，为思想免于暴力、专横错误和迷信而斗争的历史。世界科学发展史表明，很多重大科学突破，比如牛顿力学的建立、电学基本定律的建立、周期律的建立、孟德尔遗传定律的建立等，都是自由探索的结果。对于科学工作者由于好奇心产生的兴趣和激情，社会一定要给予充分的理解、爱护和尊重。当然，恰如爱因斯坦所言："一个人有探求真理以及发表和讲授他认为正确的东西的权利。这种权利也包含一种义务：一个人不应当隐瞒他已经认识到的正确东西的任何部分。"除了向环境要求学术自由以外，科学工作者自己还要创造条件，形成追求深邃东西的自由。

科学倡导自由探索，以保证科学的纯洁性和持续动力，但并非倡导为所欲为。科学工作者在自由探索的同时，必须遵守一定的程序和伦理。比如，当代科学技术一体化的特征使得科学工作者的研究成果直接作用于人类，来自科学界内部的同行评议并不能穷尽所有潜在的威胁，因而，需要科学工作者秉持谦虚审慎的科学态度，承担起评估科技风险的责任。如果科学工作者不能做到这一点，就会伤及科学的发展，也无法保障科学发展的正确方向。

（三）人道主义原则的意义

人道主义原则是指导科学实践的重要伦理原则，人生活的高贵和尊严是人道主义的核心价值。关爱生命、尊重人格、以人为本是人类道德体系中最基础的道德要求，在经济理性冲动泛化的现状下，无论怎样去构建现代科学道德的理论框架，人道主义都应是一个重要的基本点。

案例与思考

违背科学道德原则的人体实验

人体实验使医学建立在科学的基础上，对医学的发展具有重要意义。但在医学科学发展的历史中，有一些人体实验违背了科学道德，成为"医疗史上可耻的一页"，警示着后人。

一、塔斯基吉梅毒实验

20世纪30年代，在美国官方和学术界，充斥着种族主义思想的假设——梅毒在黑人和白人体内的传播方式不同：梅毒会侵入白人"更为复杂的大脑"，但却只侵入黑人的心血管系统，他们甚至认为或许梅毒能解决黑人的犯罪问题。为了研究梅毒的传播及致死情况，也

---

① 张华夏，2010. 现代科学与伦理世界 [M]. 北京：中国人民大学出版社：162.

为了验证上述假设，1932 年，美国公共卫生部（PHS）授权塔斯基吉研究所启动一项"针对未经治疗的男性黑人梅毒患者的实验"，即"塔斯基吉梅毒实验"。研究人员将实验区域选定在非洲裔穷苦黑人聚集地亚拉巴马州梅肯县。当时，这里医疗条件极为恶劣，当地人将梅毒症状、贫血症状以及身体疲劳等症状一律称为"坏血病"。研究人员以免费体检、免费治疗"坏血病"、免费提供丧葬保险等条件，吸引当地的黑人男子们加入这项"治疗计划"。研究人员最初召集了 399 名患梅毒的黑人，另外召集了 201 名健康黑人作为控制组。事实上，患者们免费接受的所谓"治疗"，实际上不过是几片维生素或阿司匹林药片。

实验除了研究黑人男性中潜伏着的梅毒的作用，还包括一项患者尸体解剖计划，旨在加强梅毒对患者脑部及其他器官伤害的研究。这项原本声称延续 6~9 个月的研究一直持续到 1972 年，直到实验报告被泄漏给了新闻界，这一研究才被迫终止。

"塔斯基吉梅毒实验"的主要目标就是保证"试验品"没有接受任何治疗，以保证医学研究的"连贯性"。即使是在 1947 年青霉素已经成了治疗梅毒的标准用药后，研究人员也没有对参与实验的黑人患者提供任何有效的治疗。由于这种刻意的延误治疗，截至 1972 年，参与实验的 399 名"受试者"中已有 29 人直接死于梅毒，100 人死于梅毒并发症，40 名受试者的配偶感染了梅毒，19 名被研究者的子女患有先天性梅毒。

二、危地马拉秘密人体实验

20 世纪 40~50 年代，为了应对威胁美国人，尤其是美国士兵的一大疾病——性病，美国研究人员对危地马拉在押人员和精神病患者实施性病人体实验。为了测试青霉素能否用于性病防治，研究人员令当事人在不知情的状况下被故意感染上性传播疾病，其中包括儿童、囚犯、妓女和精神病患者。比如，研究人员把已经感染性病的妓女带入危地马拉监狱，令在押人员接触病毒或者故意损伤一些在押人员不同部位的肌肤，再让受伤肌肤接触性病病毒。

1946~1948 年间，接近 5500 名危地马拉人接受诊断测试，超过 1300 人经性行为或人为"接种"方式接触淋病、梅毒等性病病毒，面临性病感染风险。实验对象染病后，研究人员对他们施以青霉素并观察效果。事实上，只有不足 700 人接受了某种程度治疗，且只有 25%完成了治疗，实验的结果造成至少 83 人死于梅毒，一些幸存者认为他们将疾病传给了子女，很多孩子生下来失明、严重残疾，甚至没有大脑。

"塔斯基吉梅毒实验"和"危地马拉秘密人体实验"，都是秘密研究梅毒等对人体的危害，为人们更好地了解性病提供了独一无二的"良机"，获取了在正常情况下不能得到的梅毒患者生前和死后全身受累器官微观描述的科学资料，加深了人类对梅毒的了解，有助于控制梅毒。但在试验过程中，研究人员为了达到实验的目的，完全没有将实验目的、方法和可能的不良结果告诉受试者，故意不对感染者提供任何治疗或故意为受试者接种病毒，导致大批受试者及其亲属付出了健康乃至生命的代价。这些实验曝光后，先后有两任美国总统代表美国政府对实验的受害者及其家属道歉，表示"美国政府当年的行为是可耻的"。此外，这些人体实验均发生在有色人种或贫困人口身上，彰显着难以隐匿的种族歧视。在这些研究中，研究者违背了人道主义、公平公正等科学道德的基本原则，在伦理上是不可接受的。美国公共卫生部性病部门主管约翰·海勒曾为研究人员辩护："总体来说，医生们和公务员们只是单纯履行了他们的职责。其中的一些只是服从命令，另一些则是为了科学而工作。"但我们也要认识到，为科学而工作，并不意味着为了科学而践踏道德，只有在科学活动中恪守科学道德的基本原则，才能真正实现科学的最终目的——造福人类。

本章复习题

1. 何为科学道德的基本原则，其意义是什么？
2. 莫顿提出的科学的精神特质是什么？
3. 科学道德基本原则的内容是什么，其基本要求有哪些？

第四章　科研工作者道德规范

通过本章学习，了解科研工作者道德规范的意义，熟悉并掌握科研人员道德规范的主要内容，并应用到实际工作学习之中：求真唯实，严谨治学；诚实守信，尊重他人；勇于进取，开拓创新；团结协作，积极竞争；廉洁科研，不谋私利；献身科学，服务社会；杜绝不端，遵守规范。

　　科研活动，是利用科学研究设备手段，以认识客观事物的内在本质和运动规律为目的，进行调查研究、实验等的活动。科研活动为创造发明新产品和新技术提供理论依据。科学研究人员在科学研究活动中的利益和人际关系需要一定的科学道德规范来调整，这些道德规范是判断科学研究活动正邪善恶的标准，是衡量科研人员道德修养的标准，是保障科学学术道德建设的中心环节。

第一节　求真唯实　严谨治学

　　科学源于人类认识自然、追求真理的理性精神。德国哲学家狄慈根说："科学就是通过现象以寻求真实的东西，寻求事物的本质"。我国清朝思想家唐甄在《潜书·权实》中指出："天下事，以实则治，以文则不治。"进行科学研究的过程就是实事求是、发现真理的过程，科研人员要遵循探索真理、尊重事实、严谨治学的科学道德规范。

一、求真唯实

（一）求真唯实的含义

　　求真意指追求事物发展的真理所在和寻找事物发展的客观规律。唯实有两方面的含义：一是与"唯上、唯书"相对应，是指以客观事实为依据，一切从实际出发，实事求是地处理问题；二是指务实，与务虚相对，作风不浮夸，做事踏踏实实，做人诚实本分。求真唯实就是在科学理论与方法的指导下，以诚实的态度，以客观事实为依据不断地认识事物的本质，把握事物的规律，体现了理论和实践、知和行的具体的历史的统一。

　　从认识论讲，实践先于认识，认识只能在实践的基础上进行，离开实践就不可能进行认识。真理是人的意识通过实践对客观实际的正确反映，即人们对客观实际的正确认识，亦即主观见之于客观的统一。任何社会实践要以客观事实为依据，要"身入"更要"心入"。

　　古今中外，能够坚持真理，实事求是的例子不胜枚举。我们人类的历史也正是在这样的条件下一步一步走向成熟与完善。中国早期的教育家孔子曾说过"知之为知之，不知为不知，是知也。"被后世用来提醒人们用老实的态度对待知识问题，来不得半点虚假。恩格斯曾指出，我们的行动"不是从原则出发，而是从事实出发"。

毛泽东同志早在延安时期就要求全党同志，要当老实人，说老实话，做老实事。其在《改造我们的学习》中指出："实事"就是客观存在着的一切事物；"是"就是客观事物的内部联系，即规律性；"求"就是我们去研究。"实事求是"就是认真追求、研究事物的发展规律，找出周围事物的内部联系。邓小平同志曾告诫全党：世界上的事情是干出来的，不干，半点马克思主义都没有。胡锦涛同志把求真务实提升到推进党和国家各项工作基础性、根本性的战略高度来认识，是理论创新的又一重大成果。习近平总书记秉承党的历代领导集体高度重视作风建设的优良传统，针对党所面临的新形势、新任务和出现的新问题，提出了"三严三实"，即"严以修身、严以用权、严以律己，谋事要实、创业要实、做人要实"。

（二）求真唯实在科研中的意义

科学研究就是发现、探索和解释自然现象，深化人们对自然的理解，寻求其规律的过程。求真唯实是"在认识一切客观存在的过程中，对人、对己、对事物都能善于辨误识伪，勇于去伪存真的那种执着的求真、求实、求真知的精神"。[①]

> **名言链接**
>
> 你怎么样对待你的工作，是不是运用科学的方法，勇于探索你工作中的客观规律，是不是追求人生和客观世界的真理，从而实现高质量、高品质的人生。就像科学精神能够推动人类社会的前进一样，这种孜孜以求、求真唯实的科学精神可以促进个人在思想上的提高，事业上的进步。
>
> ——陈佳洱

求真唯实是科研工作本身的客观要求，是科研文化的内涵，是每项科研工作必须尊重的原则。科研工作内在地要求从实际对象出发，探求事物的内部联系及其发展的规律性，认识事物的本质。对事物客观规律的认识，只能在实践中完成。勇于实践、善于实践，在实践中积累经验、进行理论升华，再用以指导实践、推动实践，在实践中使认识得到检验、修正、丰富和发展，这是认识客观规律的根本途径，也是把握客观规律的必由之路。我们作决策、办事情、谋发展，都要认识规律、遵循规律。从这个意义上说，能否坚持实事求是，能否按客观规律办事，是决定我们的工作特别是科研工作真实性和得失成败的关键所在。

求真唯实可以促进科研人员个体在思想上的提高，事业上的进步。不唯书，不唯上，只唯实，这是科研道德的核心。求真唯实要求科研人员在科研工作中，尊重事实，杜绝虚假，认真切实履行严肃、严格、严密的"三严"作风，提倡做老实人，办老实事。中国诺贝尔医学奖获得者屠呦呦就是尊重事实，一切以客观事实为主的典范。1969 年，中国中医研究院接受抗疟药研究任务，屠呦呦领导课题组从系统收集整理历代医籍、本草、民间方药入手，在收集 2000 余方药基础上，开展了系列长期而卓著的实验研究，历经 190 次失败，终于发现了中药青蒿乙醚提取物的中性部分对疟原虫有 100% 抑制率。如果屠呦呦和她的团队从开始就没有坚持真理、一丝不苟的科学精神，那么很难有以后的轰动世界的获奖了。

---

① 王大衍，于光远，2001. 论科学的精神 [M]. 北京：中央编译出版社：115.

二、严谨治学

（一）严谨治学的含义

严谨治学是指对于科学问题具有实事求是的态度和精神。严谨治学对科研人员来说有两个内容：一是刻苦学习，勇于探求新理论、新知识，做到锲而不舍、学而不厌，掌握渊博的科学文化知识；二是在具体工作中，坚持真理求真务实，不弄虚作假。这是科研人员必须遵守的道德规范和必备的道德品质。

"业精于勤而荒于嬉，行成于思而毁于随"这句话我们并不陌生。古往今来，多少成就事业的人的成果来自于业精于勤，历史上的故事比比皆是。达·芬奇曾说"勤劳一日，可得一夜安眠；勤劳一生，可得幸福长眠。"

（二）严谨治学在科研中的意义

严谨治学就是在尊重科学、尊重事实的前提下，以严肃的态度、严谨的作风、严格的要求、严密的方法，探索事物发展变化的客观规律，反映客观事物的本质。严谨治学，最重要的是实事求是精神；求是，就是根据已有的事实、材料，寻找正确的结论，是严谨治学的根本。科学是老实人的事业，搞自然科学的，懂得"差之毫厘，谬以千里"的道理；搞社会科学的，其实验室就是整个社会。无论是搞自然科学，还是社会科学，必须要有严谨的治学方法。

三、求真唯实，严谨治学在科研工作中的要求

科学是实践的科学，科学的结论只能根据科学的事实做出，如果掺杂进任何与科学本身不相干的因素，就可能会影响到结果。所以，要做到求真唯实、严谨治学不是一件容易的事，总的来说要从以下几点把握：

坚持实事求是，严谨认真。求真唯实、严谨治学，在总体上要求科研人员应坚持科学真理、尊重科学规律、崇尚严谨求实的学风，坚持实事求是，严谨认真，讲诚信的科学态度，勇于探索创新，恪守职业道德，维护科学诚信，反对投机取巧、沽名钓誉、弄虚作假的不良作风。同时，牢记以发展科学技术事业，繁荣学术思想，推动经济社会进步，促进优秀科技人才成长，普及科学技术知识为使命。以国家富强，民族振兴，服务人民，构建和谐社会为己任。

坚持具体工作的"落地"精神。求真唯实、严谨治学落实到具体科学研究中，要以"唯实"为重点，即我们所讲到的"落地"，而不是流于空谈。要求科研人员在研究的所有阶段，尊重事实，认真地进行科研活动：按照实验设计的要求，完成全部步骤及项目，达到实验质量及数量要求，不能以任何原因任意取消其中任何步骤及项目；认真观察实验，如实记录各项指标及数据，客观评判阴阳性反应，真实收集和积累调研数据，保证每个实验数据的精准性，不得隐瞒或随意编造，更不能因数据与预期效果背离而篡改数据；当试验失败或不符合要求时须再做，不能把不合规格的试验结果作为分析结果的依据；在总结或撰写论文时，要尊重客观事实，通过归纳、演绎、分析、综合等形式进行科学处理，得出

真实合理的科学结论。

总之，求真唯实、严谨治学就要求科研人员必须具备严谨的科学思维、严肃的科学态度、严格的科学作风、严密的科学方法，尊重科学、实事求是，以保障科研的生命力，保障科研成果经得起实践的检验。

案例与思考

尊重事实与坚持真理

·+·

李四光（1889~1971）中国地质学家，地质力学的创始人，在国际上享有崇高声誉。他于本世纪 20 年代创立了地质力学，为地质理论作出了巨大贡献。李四光运用力学观点来研究地壳运动现象，将各种构造形迹看作地应力活动的结果，提出了"构造体系"这一地质力学的基本概念，为探索地质自然现象提供了新方法，为研究地壳运动规律开辟了新途径，开创了地质科学的新局面。

李四光不畏权威，尊重事实，运用地质力学分析我国东部地区地质构造特点，认为新华夏构造体系的三个沉降带具有广阔的找油远景，从理论上否定了"中国贫油"论。大庆、胜利、大港等油田的相继发现证实了他的科学预见，他的理论为我国石油勘探作出了巨大贡献。

此外，李四光早在 20 年代初，实地考察了我国太行山麓、大同盆地、庐山和黄山等地，先后发现第四纪冰川遗迹，推翻了国际上许多冰川学权威断言"中国无第四纪冰川"的错误结论。李四光深刻指出了野外实地考察对地质研究工作的重要性。

科学历来都不允许有半点的夸大或者是欺骗的成分。任何事件要得出科学的结论就需要调查研究。调查研究是对客观实际情况的调查了解和分析研究，目的是把事情的真相和全貌调查清楚，把问题的本质和规律把握准确，把解决问题的思路和对策研究透彻，这就必须深入实际、深入基层、深入群众，多层次、多方位、多渠道地调查了解情况。从李四光的故事我们可以看出，求真唯实、严谨治学有多么重要。同样，如果在科研过程中我们坚持求真唯实、严谨治学，就能克服诸多不足，对于提高科研质量和科学数据的真实性具有重大意义。

第二节 诚实守信 尊重他人

科研人员应坚持科学真理、尊重科学规律、崇尚严谨求实的学风，勇于探索创新，恪守职业道德，维护科学诚信，同时要尊重他人的科技成果，任何时候不能据为己有。在科学技术研究中，坚持实事求是、严谨认真、诚实守信，反对投机取巧、沽名钓誉、弄虚作假。

一、诚实守信

（一）诚实守信的含义

诚实是真实表达主体所拥有信息的行为，也就是行为忠于良善的品质，它具有"善"的特质，它不等同于准确传达客观事实这样的意思；守信就是指保持诚信，遵守信约。讲信用，讲信誉，信守承诺，忠实于自己承担的义务，答应了别人的事一定要去做。

诚实守信是中华民族的传统美德。随着时代的不断发展和变化，"诚实守信"也不断赋予体现时代精神的新内涵。孔子曾说过"人而无信，不知其可也"，也曾有言"言无常信，行无常贞，惟利所在，无所不倾，若是则可谓小人矣"，均指出了诚实守信的重要性。在社会生活中，"信"是一个人立身之本，如果没有诚信，也就失去了做人的基本条件。宋明时代，对"诚"赋予了更重要的地位。周敦颐把"诚"提到"五常之本，百行之源"的高度，朱熹则认为"诚者，至实而无妄之谓。"

刘少奇同志多次强调"大力提倡说老实话，办老实事，当老实人，坚决反对弄虚作假"。邓小平同志在不同场合也着重指出要"实事求是、老老实实"，反对"说空话、说假话、说大话"。胡锦涛同志所提出的"八荣八耻"中就指出："以诚实守信为荣，以见利忘义为耻"。诚实守信是社会主义新时期的需要，人人都应以诚实守信为荣。

诚实守信表现在科研中便是科研诚信，也可称为科学诚信或学术诚信，即科研人员要实事求是、不欺骗、不弄虚作假，恪守科学价值准则、科学精神以及科学活动的行为规范。科研诚信是科研活动的基本行为规范和核心价值，表现为以诚实守信为基础的心理承诺和如期履行契约的能力，也是行为哲学在科研活动中的一种表现。

（二）诚实守信的意义

科研诚信作为国家创新体系的重要制度要素，不仅是科学共同体良性发展的基石，也是创新效率和活力的决定性因素。加强科研诚信建设，营造自主创新的良好氛围，认清诚信对科学研究的重要意义就显得尤为重要。在科学研究中，坚持诚信态度是一项基本操守。科研人员对科学研究是否诚信，不仅影响着科研人员个人的成长和成果的取得，而且影响到科研人员之间的关系，从而在总体上影响着一个单位、一个地区、一个国家乃至整个时代的科学成就和发展。

诚信的缺乏对于科研危害极大。因为没有诚信的科研违反了科研的传统价值观，其危害不仅造成资源浪费，影响了科研过程本身，而且销蚀人们对坚持科研诚信的信心，可能产生破坏性的后果。当有限的科研资源落在了非诚信的科研人员手中，就意味着其他科研人员失去了获得真正有意义科研成果的可能。科研人员在从事研究的过程中缺乏诚信，丧失道德准则，这将危及和动摇整个学界的学术公信，有损学术的健康和可持续发展。学术公信力是指从事科技活动人员或机构的职业信用，是对个人或机构在从事科技活动时遵守正式承诺、履行约定义务、遵守科技界公认行为准则的能力和表现的一种肯定和赞赏。学术公信力是学术的生命线，造假是对学术公信力最大的破坏。科研不诚信在思想和精神层面腐蚀了人们对科学、对社会的信任，它具有极强的渗透性、扩散性和放大效应，会向社会生活的其他领域传播和蔓延。现在有少部分人，未经他人同意而引用他人的成果，如观点、数据、图表、技术、结论等，甚至发生捏造、篡改、剽窃等不端行为，都不能很好地体现维护他人知识产权、尊重他人尚未获得知识产权成果的初衷，带来极坏的影响。

科研道德修养应当成为我们每一位科研人员的必修课。只有保持科研诚信，弘扬追求真理、追求科学精神和崇尚理性、注重实证的科学传统，恪守严谨缜密的科学方法，才有可能真正有所创新，有所突破。为此，国家和科研机构也制定了很多规章、规范来约束科研行为，促使科研人员诚实守信。

二、尊重他人

（一）尊重的含义

尊重指敬重、重视，原意是指将对方视为比自己地位高而必须重视的心态及其言行，现在已逐渐引申为平等相待的心态及其言行——即无条件承认并接受对方所拥有的一切，不因自己的好恶而挑剔、指责和论断。

（二）尊重他人在科研中的意义

在生活中，尊重是一个人思想修养的表现，是一种文明的社交方式，是顺利开展工作、建立良好的社交关系的基石。在科研工作中，尊重他人的含义更广更多，除了尊重他人外，我们同时还要尊重他人的科研成果——科研成果是科研人员通过实验观察、调查研究、综合分析等一系列脑力、体力劳动所取得的、并经过评审或鉴定，确认具有学术意义和实用价值的创造性结果。尊重他人的研究成果，实事求是地对待合作者的贡献，正确处理与合作者的关系，体现着一个科研人员的优良品德。没有前人的成就，就不可能有后人的成功。尊重他人的科研成果，核心是尊重他人的优先权和知识产权。充分尊重他人劳动成果和知识产权，引证他人研究成果须实事求是。尊重和承认他人成就的同时，也要有勇气和胸怀尊重他人对自己研究成果的批评与质疑。

（三）诚实守信，尊重他人在科研工作中的要求

诚实守信和尊重他人是做人的基本准则，也是科研人员职业道德的精髓。遵守科技界公认的行为标准和道德规范是个人或机构在从事科技活动的正式承诺，是履行约定义务、遵守科技界公认行为准则的能力和表现的一种肯定和赞赏。诚实守信是尊重他人劳动成果的基本前提。只有诚实守信，才是尊重他人。科研道德修养应当成为我们每一位科研人员的必修课。我们应该努力做好以下几点：

> **名言链接**
> 尊重生命、尊重他人、也尊重自己的生命，是生命进程中的伴随物，也是心理健康的一个条件。
> ——【德】弗洛姆

一是加强个人诚信修养。诚实是言行和内心思想一致，不弄虚作假，不欺上瞒下，做老实人，说老实话，办老实事。守信是遵守自己所作出的承诺，讲信用，重信用，信守诺言，保守秘密。个人修养的重要环节是确立"信"，这是道德修养的核心。一个人只有通过自觉地遵循社会道德体系的要求，更好地履行个人的社会义务，并不断地提升个人的人生境界，才能修养成良好的内在素质。

二是遵守国家法律、社会公德和各种道德规范。法律是对公民行为的必要约束及规范，是对道德的补充。自觉遵守法律法规，是社会公德最基本的要求。社会公德是作为人类社会生活中最起码、最简单的行为准则，是和广大人民群众的切身利益密切相关的，是适应社会和人的需要而产生的。每个社会成员既要遵守国家颁布的有关法律法规，也要遵守特定公共

场所的有关规定。人们只有依照法律法规行事，才不妨碍他人的正常活动，才能保障自己所要从事的某项活动的顺利进行，从而保持社会生活的相对稳定和谐。科研工作也必须要有规矩可循，就必须遵循一定的行为规范。比如科研人员一定要遵守知识产权法，要强化知识产权知识的普及，让科研人员意识到应该保护知识产权，意识到对知识产权的践踏是违法行为。

总之，在我国科研人员应遵守国家法律、社会公德和科研道德规范；坚持科学真理、尊重科研规律、恪守职业道德，维护科研诚信。

案例与思考

《丁丁历险记》盗版案

2001年5月，中国少年儿童出版社从比利时独家引进出版了彩色绘图本《丁丁历险记》图书。投放市场后，在广大读者中产生了非常大的影响，购买者甚众，同时也产生了巨大的经济效益。于是有人走而挺险。在图书出版仅仅2个月左右的时间，也就是同年7月，中国少年儿童出版社接到读者举报，称在市场上购买的《丁丁历险记》书中有大量的错页现象，中国少年儿童出版社经核实后确认此书为盗版。后经多方调查发现，盗版系该社对外合作部编辑钟某利用职务之便复制，由做印刷业务的苏某负责联系制版及印刷复制工作，由陈某伪造委印手续，分别联系北京冶金大业印刷有限公司等多家印刷厂分别盗印连环画册《丁丁历险记》5000套，在北京市金星印务有限公司、北京市通州胡各庄西堡村装订厂将盗印画册装订成册，违法经营额达270余万元。

诚信是中华民族传统美德。现实中少数人，为了个人私利，在未经他人同意的情况下，引用他人的成果，甚至捏造、篡改、剽窃，给他人和社会带来极坏的影响。

第三节 勇于进取 开拓创新

世界多极化和经济全球化深入发展，科技进步突飞猛进，各种思想文化相互激荡，国际竞争日趋激烈。在这样的时代背景下，一个民族、一个国家如果不注重创新、不积极创新，就必然会落伍，甚至被淘汰，科研工作也是如此。创新是一个民族进步的灵魂。

一、勇于进取

（一）勇于进取的含义

进取，"进"是前进；"取"是指获取；"勇于进取"是指努力上进，力图有所作为。进取心是指不满足于现状，坚持不懈地向新的目标追求的蓬勃向上的心理状态。人类如果没有进取心，社会就会永远停留在一个水平上，正如鲁迅先生所说"不满是向上的车轮"。人类的发展历史业已证明：只有勇于进取，才会有开拓创新的动力。

当然，在进取的道路上会有很多困难与挫折等待我们去克服，契诃夫说的好："困难与折磨对于人来说，是一把打向坯料的锤，打掉的应是脆弱的铁屑，锻成的将是锋利的钢刀。"

（二）勇于进取在科研中的意义

当今社会，各国正在致力于科技的发展，做科研事业如果没有勇于进取的精神，就很难有重大的发展和跨越。勇于进取的精神就是要有敢于打破常规的勇气，这才是一个科研人员的优势，只有如此才能为人类的发展做出卓越的贡献。应该看到，科学来不得半点虚假，最科学的往往也是最实际的，我们讲勇于进取的精神，就是要着眼时代发展需要，瞄准现实中存在的一些重点难点问题，增强"解决问题意识"，勇于进取，大胆改革和实践，积极探寻解决问题的方法对策。只有如此，才能促进科研的发展，为社会发展保驾护航。

二、开拓创新

（一）开拓创新的含义

开拓一词的含义包括：①扩展疆土，如《后汉书·虞诩传》"先帝开拓土宇，勤劳后定，而今惮小费，举而弃之"；②泛指扩大、扩充，如《旧唐书·王忠嗣传》"当要害地开拓旧城，或自创制，斥地各数百里"；③开创，如《三国志·魏志·杨阜传》"陛下奉　武皇帝　开拓之大业，守文皇帝克终之元绪"；④开发、开垦，如《南齐书·州郡志下》"开拓夷荒，稍成郡县"。

> **名言链接**
> 天才的最基本的特性之一，是独创性或独立性，其次是它具有的思想的普遍性和深度，最后是这思想与理想对当代历史的影响，天才永远以其创造开拓新的、未之前闻，或无人逆料的现实世界。
>
> ——【俄】别林斯基

创新，innovation，起源于拉丁语，原意有三层含义：更新；创造新的东西；改变。创新是指以现有的思维模式提出有别于常规思路的见解，利用现有的知识和物质，在特定的环境中，本着理想化需要或为满足社会需求，而改进或创造新的事物、方法、元素、路径、环境，并能获得一定有益效果的行为。创新是以实践为基础，离开实践，创新便成了无本之木，无源之水。但创新并不意味着割裂历史知识，而是继承前人，又不因循守旧；借鉴别人，又有所独创。人们应该努力做到观察形势有新视角，推进工作有新思路，解决问题有新办法，使各项工作体现时代性，把握规律性，富于创造性。

（二）开拓创新在科研中的意义

创新是一个国家和民族持续发展的源泉和动力，涵盖众多领域，包括政治、军事、经济、社会、文化、科技等各个领域的创新。因此，创新可以分为科技创新、文化创新、艺术创新、商业创新等等。开拓创新是新的历史时期赋予科研人员的时代精神，是科研事业的时代要求。

科学发展的灵魂就是创新，只有拥有开拓创新的精神，才能为人类的发展做出卓越的贡献。一个优秀的科研人员应当具备创新的激情、思路和动力，大胆探索推进科技发展的新思路、新办法，勇于革除阻碍科学技术建设的陈旧观念和体制弊端，才能为现代化建设注入动力和活力。

没有创新，科技人员就不能使自己的能力和水平获得极大的提高，就不能更好地开展工作、履行职责。从现实情况看，个别科研人员因为种种原因，不思进取，思想僵化，严重阻碍了日常工作的开展。随着学科越来越细，科研工作量的增大，个别研究者缺乏创新意识，不管是科研选题，还是科研内容，他们总是人云亦云，或是观点的堆积，或是方法的重复，研究工作多是低水平的重复劳动，没有创新性。

三、勇于进取，开拓创新在科研工作中的要求

勇于进取、开拓创新就是从无到有，实现零的突破；就是从有到优，做到更高更好。这就意味着需要不断地探索和突破。那么，如何提高和加强科研人员的勇于进取、开拓创新的品质呢？

一是要转换思维，善于学习，与时俱进。不断用新知识代替旧知识，用新思维改造旧思维，用新观念替换旧观念，使自己的思想观念跟上时代前进和科研事业发展的步伐。

二是要高标准严要求，工作精益求精。如果满足于应付凑合、马马虎虎，那就既干不好工作，也提高不了自己。一切停留在老经验、老做法上，必然要落伍，现在整个科技的发展已经证明了这一点。可以说，创新是一个与时俱进的动态过程。科研人员选择、确定科研课题应从我国经济背景及现状出发，在现有人员、知识结构、资料及仪器设备等条件下，结合国家攻关项目及省、市、区等具体优势确定科研主攻方向及具体课题，不能超越本单位经济承受能力，盲目追求"高、精、尖"项目。要开拓创新必须审视自我，以勇于超越自我的精神，坚持一切从实际出发、一切从人民利益出发、一切从发展大局出发。

三是要理论联系实际，锐意进取，勇于实践。实践是勇于进取、开拓创新的磨刀石，开拓是创新的加速器。墨守成规谈不上创新，光说不干很难创新。发现问题是水平，解决问题是能力，掩盖问题是渎职，害怕问题是无能。那些该办的事情办不成，该处理的矛盾处理不好，该解决的问题解决不了，该攻下的难题攻不下来，就是水平低，缺乏创新精神的表现。光有进取的精神，创新的理念，还是不行的。主动求变是生存之道，应变的前提就是学习，接受和运用新知识，调整发展战略。培育勇于进取、开拓创新的进取精神，对于科研人员而言，就是要对职责范围内的事情，要全力以赴，不能有丝毫懈怠；遇到矛盾和问题，要迎难而上，不能有丝毫退缩；在重大突发事件面前，要挺身而出，不能有丝毫逃避；出现问题和失误，要勇于承担责任，不能有丝毫推诿。有了开拓创新、锐意进取的愿望和勇气，还必须具备良好的素质和实际工作能力。

四是要有奉献甚至牺牲精神。发扬勇于进取、开拓创新的进取精神，需要有足够的热情和勇气。现代科学研究提倡奉献精神，要求研究者不计较个人的名利得失，正确对待荣誉，不畏艰难险阻，以毕生精力从事科学研究。

案例与思考

锯的发明

鲁班要建造一座巨大的宫殿，由于需要很多木料，他和徒弟们只好上山用斧头砍木，当时还没有锯子，效率非常低。一次上山的时候，由于鲁班不小心抓了一把山上长的一种野草，

却一下子将手划破了。鲁班很奇怪，一根小草为什么这样锋利？于是他摘下了一片叶子来细心观察，发现叶子两边长着许多小细齿，用手轻轻一摸，这些小细齿非常锋利。他明白了，他的手就是被这些小细齿划破的。受到启发的鲁班用大毛竹做成一条带有许多小锯齿的竹片，然后到小树上去做试验，几下子就把树干划出一道深沟。后来鲁班请铁匠帮助制作带有小锯齿的铁片。鲁班和徒弟各拉一端，在一棵树上拉了起来，只见他俩一来一往，不一会儿就把树锯断了，又快又省力，锯就这样发明了。

科学发展的灵魂就是创新，只有创新，勇于开拓，并且以客观事实为基础，才能突破束缚，才能到达新的顶峰。我们从中可以看出，如果鲁班没有勇于创新的精神，只是一味地沿袭前人的方法，不能根据实际情况努力钻研，那么锯的发明就可能要延后不知多少年了。

第四节　团结协作　积极竞争

随着现代工业文明的发展，社会专业化分工会越来越细。分工虽然提高了效率，但是个人分工只是形式，而不是目的，团结协作才是目的，每项工作的完成都离不开团结协作，离不开与他人的沟通与交流。积极竞争是保持团队锐气的必要条件，它能促使我们在学习上更刻苦、工作上更努力、作风上更顽强。竞争与合作二者之间不是互相排斥的，相反，两者常常是不可分割的，竞争中有合作，合作中有竞争。在科研工作中，团队之间的竞争必然依靠团队成员内部的合作；个人之间的竞争，也不能缺少团队内部力量的支持。

一、团结协作

（一）团结协作

协作，collaboration，即处于不同位置、不同架构中的成员实现实时交流，推倒横亘在企业内部与外部的高墙，使信息得以实时而高效的流转。团结协作的要点是：人们在日常生活、学习和工作中，要互相支持、互相配合，顾全大局，明确工作任务和共同目标，在工作中尊重他人，虚心诚恳，积极主动协同他人搞好各项事务等。

> **名言链接**
> 由于团队成员之间的高度互赖及利益共享，每位成员都面临着是否合作的困境：如果自己不合作，而其他成员皆努力付出，那就能坐享团队的成果；但如果所有团队成员都作此想，那该团队将一事无成，结果每个人都受到惩罚。从另一方面说，如果自己全心投入，而其他成员皆心不在焉、懒散懈怠，那么到时由于自己的努力为团队取得的成果就会被其他成员所瓜分。
> ——陈晓萍

（二）团队协作

团结协作中的特例是团队协作。团队，team，是由基层和管理层人员组成的一个共同体，它合理利用每一个成员的知识和技能协同工作，解决问题，达到共同的目标。群体协作意识在本质上是正确对待个人和他人劳动的内在关系的反映。团队协作中要注意学术梯队建设，从历史唯物主义的观点看，科学具有继承性，每一代人的成绩都离不开前人的劳动成果。

科研团队，是在科研过程中为了更好更有效地完成科研任务，各学科科研人员有目的而组建的在目标、定位、权限、计划等分工明确的团体。团结就是力量，在科研团队中应相互协作，发挥团队精神。在科研工作中，为了共同利益这一核心价值观的需要，更需要发挥团队的协作精神。科研工作中团结协作是我们做好科研工作的基本要求。列夫·托尔斯泰曾说过："个人离开社会不可能得到幸福，正如植物离开土地而被抛弃到荒漠里不可能生存一样。"

1. 团队的功能

现代的科研事业离不开团队精神。团队协作能集聚力量、启发思维、开阔视野、激发创作性，并能培养同情心、利他心和奉献精神。好的团队具有以下几种功能：

一是团队具有控制功能。团队精神要靠每个人自觉地要求进步，力争上游。团队成员中个体行为需要控制，群体行为也需要协调。团队精神所产生的控制功能，可以调动团队成员的所有资源和才智，并且会自动地驱除一些不和谐和不公正现象，同时会给予那些诚心、大公无私的奉献者适当的回报。

二是团队具有团结协作能力。团结协作是一切事业成功的基础，是立于不败之地的重要保证。团结协作不只是一种解决问题的方法，还是一种道德品质。它体现了人们的集体智慧，是现代社会生活中不可缺少的一环。在科研团队中集体智慧要高于个人智慧，团队的成就要高于个人能力的总和，团队拥有整体合作、协调作战的行动能力。对于团队而言，成员之间的友好相处和相互协作至关重要。团队的集体凝聚力和有效转化的工作能力才更是团队学习所追求的。

三是团队具有监督能力。科研水平的大幅度提高有赖于现代电子技术、信息技术等的应用。多学科的相互交叉和渗透，使科研人员都意识到自己有义务去正视科研道德对研究工作及其个人行为的影响，同时有责任去监督其他人员的行为是否符合规范要求，才能依靠自身的集体力量，营造智力开发与道德培养相结合的良好氛围，真正树立起科研道德行为规范。

2. 组建优秀团队的要求

科技创新需要个人创造与群体协作的结合。团队成员首先要具备团队精神。团队精神对于一个科研群体的创新能力是至关重要的。现代科研的突出特征是跨学科多层次的联合，因此科研要获得成功尤其需要团结协作。团队成员发扬协作精神，谦虚谨慎、甘为人梯，这是现代科研发展的必然要求。

如果团队成员之间拉帮结派，自己没有机会也不能让别人有机会，结果双双以失败告终。在一个缺乏凝聚力的环境里，个人再有雄心壮志，再有聪明才智，也不可能得到充分发挥。只有懂得团结协作的人，才能明白团结协作对自己、对他人、对整个单位的意义，才会把团结协作当成自己的一份责任。

团队成员应多交流、多协调、互相帮助、共同提高。成员内部之间团结，不盛气凌人，不欺上瞒下，外求支持协作，内求团结向上；协调好内外关系，把工作的主动性与针对性、实效性统一起来，秉承"团结协作，积极进取，共同进步"的宗旨，做到精诚团结，同舟共济，努力完成各项任务。在遇到困难的时候每位成员能集体想办法、出主意，凝聚集体的智慧和力量。同时，要营造积极向上的工作氛围，必要的竞赛活动是保持团队锐气的必要条件，它能促使我们在学习上更努力、工作上更用心、作风上更顽强，从而加快前进的步伐。

科技创新是对科学真理的追求，需要个人创造与群体协作的结合。团队合作是一种永无止境的过程，虽然合作的成败取决于各成员的态度，但是，维系成员之间的合作关系却是我们责无旁贷的工作。在追求个人成功的过程中，我们离不开团队合作。在团队协作中应积极建立和谐关系，创设良好的人际氛围。心理学认为，如果团队之间形成和谐的信赖的关系，更有助于形成相互尊重、理解的工作氛围和友好宽松的工作环境，可以最大限度地发挥我们的聪明才智和工作热情。

（三）团结协作在科研中的意义

在科研技术合作中，相互协作的不仅有利于自身，也有利于整个科研团队。团队发展离不开个人，个人的发展更离不开团队，只有将个人追求与团队追求紧密结合，树立与团队风雨同舟的信念，才能实现个人更大的发展。任何科研活动都离不开团队，团队具有凝聚功能。在一个缺乏凝聚力的环境里，个人再有雄心壮志，再有聪明才智，也不可能得到充分发挥。只有懂得团结协作的人，才能明白团结协作对自己、对别人、对整个企业团队的意义，才会把团结协作当成自己的一份责任。另外，团结协作的精神引导人们产生共同的使命感、归属感和认同感，反过来逐渐强化团队精神，产生一种强大的凝聚力。

叔本华曾说过："单个的人是软弱无力的，就像漂流的鲁宾逊一样，只有同别人在一起，他才能完成许多事业"。这充分说明了团结协作的重要性。在当今这个时代，一个缺乏团结协作精神的人，不可能取得大的成功，难以在社会上立足。只有在沟通中传递信息，在交流中相互学习，才能在工作中不断完善，才会做得更好。

在科研工作中，团结协作是一切事业成功的基石，在科研团队中个人和集体只有依靠团结的力量，才能把个人的愿望和团队的目标结合起来。科研人员要有这样的信念，要有成就必须要团结，只有团结起来我们的科研、国家才能昌盛发达，我们的事业才能持续发展。在科研工作中需要面临着重重困难，要想克服这些困难，我们需要的不仅仅是一股锲而不舍的拼搏精神，更需要人与人之间、部门之间的团结协作。现代科研已经进入群体创造的时代，任何一个科研工程或项目都是群体合作的结果，因此科研人员必须具有群体协作意识。

二、积极竞争

（一）竞争的含义

竞争，competition，是个体或群体间力图胜过或压倒对方的心理需要和行为，是不同的个人或群体为了达到同一目标，按同一标准或规则与对方展开的较量。科学研究上的竞争就是科学家为了科学发现而相互争夺科学资源的过程，是科学研究社会化的一种表现。

（二）竞争在科研中的意义

在科研工作中，既需要提倡团队的协作精神和互补精神，同时也需要一定的竞争。竞争不是狭隘的排挤，而是积极地参与，是认识他人，超越自我，是精益求精，更上一层楼。知难而上，奋发图强，是竞争的作用。当然，知难而退、消极颓废，是竞争的负面作用。良性竞争是保持团队锐气的必要条件，它能促使人们在学习上更加刻苦、工作上更努力、作风上更顽强，从而加快完善自我的步伐。面对竞争，有的人垮掉了，更多的是涌现一批强者。竞争无所不在，压力也无处不存，有了压力才会有动力。

竞争的目的是：超越自我，开发潜能，激发学习热情，提高工作效率，取长补短，共同进步。在科研工作中，只有敢于面对竞争，才能充分展现实力，展示胜利的希望。竞争能最大限度地激发我们的潜能，提高学习和工作的效率，使我们在竞争中，客观地评价自己，发现自己的局限性，提高自己的水平，从而提高我们整个科研团队的水平和能力，能让我们的科研团队更富有生机。

> **名言链接**
>
> 人生的每一天都在胜负中度过，一切都以竞争形式出现。每天都是为在竞争中取胜，或者至少不败给对方而进行奋斗。因此若有一天懈怠，便要落后，要失败。人生就是这样严峻。
>
> ——【日】大松博文

在科研过程中的积极竞争是促进提高科研质量的重要因素。竞争的结果表现为首创发现得到社会的承认。积极竞争可以推动科学理性进步，保证科学研究趋向真理而不是趋向平庸。由于科学竞争的存在，就决定了在科学系统演化过程中自发产生激励竞争和规范竞争的制度，只有如此才可以保证科研上的良性竞争，使科研工作在健康的道路上发展。

三、团结协作，积极竞争在科研工作中的要求

当今世界上许多重大课题的研究，需要多学科、多专业的通力协作。书斋式小作坊式的科研方式显然已经不能适应当今科研发展需求。在当今世界舞台上，合作与竞争并存，通过竞争发展合作，在合作中体现竞争。有人统计，70多年间获诺贝尔奖金的286名科学家中，三分之二是与别人合作研究而出成果。

科研要处理好团结协作，积极竞争之间的关系。竞争与合作不是互相排斥的，相反，两者常常是不可分割的，竞争中有合作，合作中有竞争。在科研工作中，团队之间的竞争必然依靠团队成员内部的合作；个人之间的竞争，也不能缺少团队内部力量的支持。一个团队内部合作得好，有利于在团队间的竞争中取胜；同时，在合作的团队中也不排除个体之间的竞争，鼓励个体竞争，是团队保持活力和优势的内在动力。一方面，团队的通力合作鼓励各个成员间相互竞争；另一方面，成员间相互竞争可以提高团队的竞争力。

协同竞争要求科研人员有大局观念，尊重对手。在科研团队中，我们要学会竞争，学会尊重竞争对手，学会合作，学会欣赏他人。在竞争中不断提高自身素质，在合作中无私奉献自己的力量，共同创造一个生机勃勃、充满活力、团结合作、共赢共享的卓越团队。合作的过程是互帮互学、互相提高的过程。取长补短、携手共进是我们在合作中竞争的目标。

在科研团队中增强竞争意识，提高竞争能力，既要勇于竞争又要善于竞争，但不能采取不正当的手段。在竞争中要培养团结合作，乐于助人的品质。总之在竞争中合作应体现双赢

的原则，竞争对手不能相互排斥，造成两败俱伤，而要相互促进、共同提高，这才是竞争中合作的真谛。

📝 **案例与思考**

医学界的神奇团队

钟南山是中国工程院院士，呼吸病学专家。近年来，钟南山和他所带领的团队一次又一次向科学新领域吹响冲锋的号角，实现了科研和临床领域一次又一次创新。特别是在 2003 年的抗击"非典"中，钟南山及其团队发挥了重要的作用，为全国树立了典范。2003 年 2 月，钟南山院士勇敢地否定了卫生部所属国家疾病预防控制中心关于"典型衣原体是非典型肺炎病因"的观点，提出了非典病原体冠状病毒，为广东卫生行政部门及时制定救治方案提供了决策论据。"非典"病人发病急，病情变化快，规律很难捉摸。为了攻克难关，钟南山带着呼研所专家不断就病人的病情展开研讨，在临床上严密观察病人的变化，细致地记录各种可供研究的参数，翻阅各类资料文献，上网搜索相关的病例，并积极研究探讨治疗措施。2003 年 4 月 16 日，世界卫生组织宣布，经过全球科研人员的通力合作，终于正式确认冠状病毒的一个变种是引起非典型肺炎的病原体。在全球合作中，钟南山是一位始终处在治疗一线，科研方向清晰，治学严谨又富有协作精神的巨擘。

科技创新需要个人创造与群体协作的结合，团队精神对于一个科研群体的创新能力是至关重要的。现代科研已经进入群体创造的时代，任何一个科研工程或项目都是群体合作的结果，因此科研人员必须具有群体协作意识。群体协作意识在本质上是正确对待个人和他人劳动的内在关系的反映。钟南山和他所带领的团队能够取得诸多的成功，与团队中的所有成员目标一致，能够共同努力发展有关。

第五节　廉洁科研　不谋私利

随着中国国力的提升及由此带来更快发展的要求，国家对科研投入不断增加，近年来，在科研领域出现了"学术腐败"现象。在科技领域的权利腐败和学术腐败，使科研人员不能很好地从事本职工作，而疲于跑关系、找项目，经费到手后，大量科研经费换来的只是科研人员和行政官员的发迹，如此对整个国家和社会发展产生极大危害。因其危害严重，存在普遍性愈演愈烈的发展趋势而受到社会各方的关注。所以，如何做好科研廉政建设工作就越来越急迫，越来越重要。

一、廉洁科研，不谋私利的含义

（一）廉洁科研

廉洁意指清白高洁，不贪污。廉洁一词最早出现在战国时期伟大的诗人屈原的《楚辞·招魂》中:"朕幼清以廉洁兮,身服义尔未沫。"东汉学者王逸在《楚辞·章句》中注释为"不受曰廉,不污曰洁",即不接受他人馈赠的钱财礼物,不让自己清白的人品受到玷污。廉洁科研就是要让廉洁自律意识深刻渗透到科研人员的思想中,落实到科研工作的实际行动中,使科研人员增强廉洁自律意识,从而有效的遏制科技腐败现象的发生。

中华民族传统美德是中华民族优秀民族品质,优良民族精神,崇高民族气节,高尚民族情感,良好民族礼仪的总和。廉洁是中华民族的传统美德之一。其内容博大精深,涉及到社会生活的各个领域,对于"修身"、"齐家"、"治国"具有重要的意义。

在历史发展的长河中,凡是清正廉洁,务实为民的人,都会受到百姓的崇敬与爱戴。要想做到清正廉洁,就必须做到其身要正、心存百姓、清廉自守。古往今来,廉洁一直是我们奉行的美德。廉洁的代表人物有古代的魏征、海瑞等,在当今社会上,仍有许许多多的清正廉洁之人,如钱学森、孔繁森、任长霞等楷模。

(二)不谋私利

利益是指人类用来满足自身欲望的一系列物质、精神需求的产品,但凡是能满足人类欲望的事物,均可称为利益。利益是由个人、集团或整个社会的、道德的、宗教的、政治的、经济的以及其他方面的观点而创造的。利益包括国家利益、集体利益和个人利益。《管子·禁藏》说"民多私利者,其国贫"。可见只想着个人私利对国家或者他人的危害极大。科学研究不应该只考虑个人的利益,而不顾及国家社会的利益。

二、廉洁科研,不谋私利的意义

关于反腐倡廉,中国政府有明确的指示:要坚持中国特色反腐倡廉道路,持标本兼治、综合治理、惩防并举、注重预防方针,全面推进惩治和预防腐败体系建设,做到干部清正、政府清廉、政治清明,加强反腐倡廉教育和廉政文化建设"。

在科研过程中,同样要求我们反腐倡廉。科技人才的素质包括思想道德素质和业务素质,而思想道德素质是处于主导地位的。有针对性地对科研人员进行教育,提高科研人员的道德境界,增强自律的自觉性,是科研事业的重要工作之一。

科研人员必须以高尚的道德情操作为行为指导。科研道德建设提出了新的挑战和要求,使科研道德建设成为科技事业健康发展的重要保障。对正式进入科研阶段的科研人员来说,也应该继续参加社会责任感培训课程,逐步强化社会责任感,在内心深处筑起一道牢固的思想道德防线,使培养内化过程贯穿整个职业生涯。

三、廉洁科研,不谋私利在科研工作中的要求

为了保证科研的廉洁和不谋私利,相关部门应组织廉政建设学习和有关警示教育活动,切实做到务实创新、清正廉明,同时还应强化制定相关法规。具体应考虑以下几点:

一是深化科研反腐的思想教育。深入开展廉政建设和反腐败工作的新要求,从源头上防治腐败的根本举措,充分认识科研反腐倡廉的重要意义。加强政治理论学习是科研廉政建设的基础,所有科研人员应主动接受教育,坚定建设有中国特色社会主义的信念。组织科研人

员进行廉政建设和反腐败学习，开展廉政建设和反腐败的深入教育。

二是加强科研廉洁的依法管理。必须加强法律和制度建设，通过法律规范科研管理体制，使各项奖惩措施有法可依，让自律者得到实惠，让贪婪者付出代价。尽量弱化行政干预并强化信息公开和监督机制，法制时代必须依法办事，只有如此科研才能少有腐败，经费配置才会合理，各项监督措施才有可能落到实处，这样国家设立各项科研课题的初衷才有可能造福百姓，进而让每年数以亿计的科研经费投入变成推动科技进步的强大驱动力。

三是促进科研人员的自我反省。科研人员廉洁从业意识的培养，主要是结合科研行业的实际，开展科研单位廉洁文化建设，立足于增强科研人员自身廉洁自律意识，掌握与理解廉洁文化的内涵。各级科研管理人员和所有科研人员都要严格要求自己，牢记务必继续地保持谦虚、谨慎、不骄、不躁的作风，务必继续地保持艰苦奋斗的作风。通过制定科研管理制度，并且严格执行关于科研经费使用、科研成果奖励等方面的制度规定。科研管理人员和科研人员应该严于律己，要严格执行国家法律，自觉接受来自各方面的监督。在科研管理工作中不断完善，不断创新，不断进步，牢记全心全意为人民服务的宗旨。力求完善制度建设，把廉政建设目标落到实处。

四是加强科研廉洁的监督检查。努力健全科研处廉政建设的各项制度，建立健全防范腐败长效机制，全面落实廉政建设责任制。同时强化监督制约和廉政机制建设，从源头上防止腐败。相关部门要不定期进行检查，将科研经费清单公开透明，每一笔科研经费的使用都应该明明白白，这样才能避免出现科研经费管理失控的恶性问题。凡列入国家级和省部级科研课题的经费，一律在网上公示课题负责人、经费的具体开支和用途明细，供网民查询和监督。

总之增强科研人员廉洁自律意识，夯实自己廉洁科研的思想道德基础是防止科研学术腐败的关键。科研人员必须以高尚的道德情操作为行为指导，对科研人员进行教育，提高科研人员的道德境界，增强自律的自觉性，可以逐步强化科研人员的社会责任感，坚持做有利于国家、人民的事。

案例与思考

不为名利的钱伟长

钱伟长是中国近代力学奠基人之一，著名科学家、教育家和社会活动家，中国近代力学、应用数学的奠基人之一。他兼长应用数学、物理学、中文信息学，著述甚丰，特别在弹性力学、变分原理、摄动方法等领域有重要成就。

钱伟长一生传奇，年轻求学时弃文从理，只因为"祖国的需要就是我的专业"。钱伟长早年攻物理学，留学加拿大期间已经显露出非凡才华。28岁时，他的一篇论文已经让爱因斯坦大受震动，并迅速成为国际物理学的明星。

钱伟长一生不为名利。1946年，在国外生活得很好的钱伟长回到国内，到清华大学任教。拒绝了美国科学界的诱惑，忠于祖国，坚持实现"科学救国"的抱负。他曾回忆说："我是中国人，我要回去。虽然回国后，第一个月的工资只够买一个暖水瓶，但我从来没有后悔过，更从来没有对国家丧失过信心。"1947年，钱伟长获得一个赴美从事研究工作的机会。当他到美国领事馆填写申请表时，发现最后一栏写有"如果中国和美国开战，你会为美国效力吗？"钱伟长毅然填上了"NO"。

1957 年，钱伟长被错划为右派，受到不公正待遇，但是钱仍然没有放弃科研和对祖国的忠诚。1977 年以后，他不辞辛劳，去祖国各地作了数百次讲座和报告，提倡科学和教育，宣传现代化，为富民强国出谋划策。1990 年以后，他为香港、澳门回归祖国及和平统一祖国的大业奔走。有人说，钱伟长太全面了，他在科学、政治、教育每个领域取得的成就都是常人无法企及的。作为"两弹一星"元勋，他与钱学森、钱三强并称"三钱"。

钱伟长被评为感动中国 2010 年度人物，其颁奖词是"从义理到物理，从固体到流体，顺逆交替，委屈不曲，荣辱数变，老而弥坚。这就是他人生的完美力学，无名无利无悔，有情有义有祖国"。

第六节　献身科学　服务社会

学术研究的最终目的在于服务社会、造福人类。古今中外，凡是在科学发展史上留下印记的科研人员，无不表现出对科学事业的无限热爱与执着，甚至为了捍卫真理，不惜牺牲自己的一切。

一、献身科学，服务社会的含义

献身是把自己的全部精力和生命献给祖国、人民或事业。科学是指发现、积累并公认的普遍真理或普遍定理的运用，已系统化和公式化了的知识。献身科学就是把在自己的全部精力运用到科学研究中去。

> **名言链接**
>
> 科学要求一切人不是别有用心而心甘情愿地献出一切，以便领受冷静的知识的沉甸甸的十字勋章这个奖赏。
>
> ——【俄】赫尔岑

所谓的服务社会，即是利用自身的特长或借助其他方法手段，为整个社会的正常运行和协调发展提供的服务等。

二、献身科学，服务社会的意义

马克思说，在追求科学的道路上没有平坦的大道，只有那些勇于攀登的人才能登上科学的顶峰。科学研究有时候就像打仗一样，总有人牺牲，只有勇往直前才能夺取胜利。献身科学、服务社会是科学道德的基本规范，贯穿于科学活动的始终。献身科学、服务社会的意义主要体现在以下几方面：

一是树立榜样，鼓励后来者。科学的发展与进步，不是依靠某一个人就可以的。科学的发展过程中需要很多人的共同努力。历史上诸多为科学而努力奋斗甚至为科学献身的科学家是我们科研人员的榜样。居里夫人就是榜样之一。她是一位法国籍波兰科学家,研究放射性现象,发现了一系列新元素,包括镭和钋。当时放射性元素的破坏作用还没有被发现,居里夫人在工作时并没有有效保护措施,有时将装有放射性元素的试验管放在衣袋里,有时放在抽屉里。由于长期接触放射性元素,居里夫人最终在 1934 年 7 月 4 日死于恶性贫血。

二是促进人类社会更好地发展。在现今社会,科学的发展已经深深地影响着我们的日常生活,在社会发展中扮演着不可或缺的角色。特别是近些年来计算机网络技术、电子信息技术的飞速发展,使得手机、电脑那些昂贵的奢侈品步入寻常百姓家,成为我们生活的必需品。所以科学技术在一定程度上也改变着我们的日常生活方式。正是因为科学技术具有如此的重要性,我们的国家领导人也在多种场合提出要大力发展科学技术。我国在改革开放以后取得了很大的进步,正逐步步入科技强国之林。作为科研人员,我们应该认识到科技的重要性,努力学习科学技术,用科学技术来武装我们的头脑,具有献身科学的勇气和决心,具有用科学技术来发展全人类的博大胸怀。更重要的是,我们还应当教育我们的后代,要热爱科学,尊重科学!

三、献身科学,服务社会在科研工作中的要求

当今,弘扬不畏艰险、开拓进取、献身科学的革命精神显得尤为重要。勇于献身、开拓创新是全心全意为人民服务道德准则在科研工作中的具体表现,也是科研人员培养高尚的情操和科研的动力源泉。

一是牢固树立祖国社会利益高于一切的观念。献身科学、服务社会要求科研人员树立国家、社会利益高于个人利益的理念,克服功利心理,以繁荣学术,发扬真理为己任。当发现科学研究明显不利于社会利益、公众利益时,应选择维护社会、公众的利益。从现实情况看,特别是随着进一步改革开放,市场经济环境下人们追求近期经济利益与科研的艰巨性和效益滞后性发生碰撞,个人主义、拜金主义、享乐主义日益泛滥,这些都阻碍了科学健康发展。

二是要有献身精神。献身科学,服务社会要求科研人员要做真理的忠实维护者。在特殊的时候,科研需要冒一定风险,甚至付出代价。然而实际工作中,一些科研人员却习惯于因循守旧,墨守成规,甘于平庸,不求有功,但求无过。这是因为他们担心失败,丢口碑、丢政绩,甚至丢乌纱帽,而不敢创新进取。践行科学发展观,需要我们睁大眼睛看世界,解放思想,开阔视野,具备改革者的热情、胆量和气度。在科学研究领域,有时候真理是掌握在少数人手里的,这就要求科研人员勇于坚持真理、捍卫真理,在真理受到反对、甚至攻击的时候,坚定地维护真理,甚至不惜付出生命的代价。

🖊 **案例与思考**

"两弹"元勋邓稼先

✦·-·✦

邓稼先,中国科学院院士,著名核物理学家,中国核武器研制工作的开拓者和奠基者,为中国核武器、原子武器的研发做出了重要贡献。

邓稼先一生心系祖国,为了祖国的建设发展他毅然放弃了在美国优越的生活和工作条

件，回到了一穷二白的祖国。中国研制原子弹正值三年困难时期，邓稼先从家得到一点粮票的支援，却都用来买饼干之类，在工作紧张时与同事们分享。

邓稼先从 1958 年开始组织开展爆轰物理、流体力学、状态方程、中子输运等基础理论研究，迈开了中国独立研究设计核武器的第一步，领导完成了中国第一颗原子弹的理论方案，并参与指导核试验前的爆轰模拟试验。原子弹试验成功后，立即组织力量探索氢弹设计原理、选定技术途径，组织领导并亲自参与了 1967 年中国第一颗氢弹的研制和试验工作。

由于工作条件艰苦，数据计算时要使用算盘进行极为复杂的原子理论计算，为了演算一个数据，算一次要一个多月，算 9 次，要花费一年多时间。长期的工作劳累，使邓稼先在北京做检查时被发现在他的小便中带有放射性物质，肝脏破损，骨髓里也侵入了放射物。但邓稼先仍坚持回核试验基地。

1984 年，他在大漠深处指挥中国第二代新式核武器试验成功。翌年，他的癌扩散已无法挽救，他在国庆节提出的要求就是去看看天安门。1986 年 7 月 16 日，时任国务院副总理的李鹏前往医院授予他全国"五一"劳动奖章。1986 年 7 月 29 日，邓稼先因病去世。

献身科学要求科研人员要做真理的忠实维护者。在特殊的时候，科研需要冒一定风险，甚至付出代价。邓稼先在这方面为我们树立了榜样。中国人民将永远怀念这位被称作"两弹"元勋的核武器研制工作的开拓者和奠基者。邓稼先可歌可泣的优秀事迹，他那伟大的抱负和精忠报国的感人精神深深震撼着人们的心灵！中国正是由于有了这样一批勇于奉献的知识分子，才挺起了坚强的民族脊梁。

第七节　杜绝不端　遵守规范

近些年来，随着中国经济的腾飞和国家对科学技术的日益重视，中国科技教育水平获得了空前的提高。然而，科技界科研道德失范、学术腐败等不良现象屡屡被新闻媒体披露。科研不端行为越来越成为科学界的一个焦点话题，并且已经成为影响我国科学技术健康发展的重要因素之一。

一、学术不端行为

学术不端（或指科学不端）是指学术界的一些弄虚作假、行为不良或失范的风气。在学术方面剽窃他人研究成果，学术行为败坏，阻碍学术进步，违背科学精神和道德，抛弃科学实验数据的真实诚信原则，给科学和教育事业带来严重的负面影响，极大损害了学术形象。

中国科学院和中国工程院在《关于科学理念的宣言》（2007）、《关于加强科研行为规范建设的意见》（2007）等准则中认为：科学不端行为是指研究和学术领域内的各种编造、作假、剽窃和其他违背科学共同体公认道德的行为，是滥用和骗取科研资源等科研活动过程中违背社会道德的行为。

中国科学技术协会将科学不端行为定义为：在科学研究和学术活动中的各种造假、抄袭、剽窃和其他违背科学共同体惯例的行为。表现是：在项目申请、成果申报、求职和提职申请中，作虚假的陈述，提供虚假获奖证书、论文发表证明、文献引用证明等；侵犯或损害他人著作权，抄袭他人作品；成果发表时一稿多投；参与或与他人合谋隐匿学术劣迹；以学术团体、专家的名义参与商业广告宣传等。

国家自然科学基金委员会认为科学不端行为是指在科学基金申请、受理、评议、评审、实施、结题及其他管理活动中发生的违背科学道德或违反科学基金管理规章的行为。

总体来看，目前国际上对科学不端行为的基本界定为在建议、开发和评议研究的过程中，或者在报道研究成果的过程中，所出现的伪造、篡改或剽窃及其他严重背离广泛认同的研究行为。

科学不端行为，在国际上一般分为捏造数据（fabrication）、篡改数据（falsification）和剽窃（plagiarism）三种行为。捏造或篡改数据是指凭空编造或改动适合自己科研需要的数据。剽窃即抄袭，窃取他人科研、设计等学术成果。

二、学术不端行为的产生原因及危害

在我国，学术不端有很多种表现形式，例如制造学术泡沫，搞假冒伪劣，抄袭剽窃，进行钱、学、权的三角交易等等，都是学术不端在学术研究领域的具体体现。通过对近些年学术不端行为的调查，发现导致学术造假现象存在的原因是复杂的。学术不端行为除了与品行不端有关外，还与其他因素特别是学术利益有关。此外，缺乏各种相关的教育，相关法律法规的缺失等也是学术不端行为产生的诱因。

学术不端行为有着极大的社会危害性。这些不端的行为破坏了学术研究的规范，污染了学术环境，阻碍了学术进步，抑制了创新能力，危及下一代科研人员的诚信观念，进而对整个科研领域的发展产生深远的影响。学术不端行为也破坏了学术中的诚信。如一些学者违背学术研究目的，或急功近利，更有甚者丧失学术道德，以抄袭剽窃为手段换取一时之名利。以上种种行为严重影响到了学术声誉，阻碍了学术进步，进而影响了整个学术群体的创新和发展。而且由于缺乏相应的监管机制，学术不端行为可以导致学术上的腐败。

所以，科研人员在具体的工作中均应做到实事求是、客观诚实，在提供和发表论文时要确保所提供的包括未公开发表的数据在内的所有材料的客观真实性、准确可靠性、相对有效性。不得在任何场合以任何理由伪造自己或他人的学术履历及其他证明材料。

三、学术不端行为的预防和监管

近些年来，学术界的造假行为此起彼伏，造成了不良的影响。国家和各级部门正在采取相应的措施，如加强科研人员的个人学术道德修养、制定相应的法律体系、改革制定相应的评审制度等等。总结起来有以下几方面：

一是加强学术道德教育。对科研人员进行学术规范、学术道德教育，防患于未然，是遏制学术腐败、保证中国学术研究能够健康发展的一个重要措施。通过加强学术道德行为规范建设，强化在学术研究中自身的历史使命感和社会责任感，强调在学术活动中实事求是的重要性。

二是加强学术法律体系。依法治国在学术研究方面也是现阶段治理学术腐败的内在需要。首先，要完善惩治学术腐败的法律体系。同时，还要对相应的责任人给予相应的处罚。

同时，加强学风和科研道德教育，增强知识产权保护意识，尊重他人研究成果和知识产权。

三是改革学术评审制度。建立严格的科研管理制度，建立科研道德考核制度，也是防止科研学术不端发生的重要措施。

总之，科研道德建设是一项长期的艰巨任务，需要坚持不懈地探索行之有效的方法与途径，不断提升广大科技人员的思想道德素质，为实现创新跨越、持续发展提供坚强有力的精神动力和思想保证。

案例与思考

防范学术不端行为

2016 年 8 月，日本东京大学接到匿名举报信，举报该校 6 个实验室 22 篇论文存在人为造假的图片和数据，该校随即成立调查委员会，对涉嫌造假的实验室进行调查。长达近一年的调查证实，该校具有世界级影响力的著名细胞生物学家渡边嘉典存在学术不端行为，他在发表的 5 篇论文中使用了造假的图片和图表。由于渡边嘉典在细胞分裂领域是很有影响力的核心人物，同一研究领域的专家们对这一调查结果感到震惊。渡边嘉典在网上公开发表声明，承认这 5 篇关于"细胞分裂中指导染色体分离的蛋白质"研究的论文存在问题，论文中使用的几个图分别来自不同的实验，并进行了处理，将来自不同实验条件的数据不合时宜地放在一张图表中。虽然没有公布对渡边嘉典的惩罚措施，但他的科研事业受到严重影响，实验室所有成员集体辞职，主要研究经费也被停发。

学术造假行为还反映在署名权等方面。署名权的滥用是科研论文的通病，如 1993 年的《新英格兰医学学报》上刊载的一篇临床实验报告，署名作者竟然有 972 人，平均算来每人只写了两句话；1981 年到 1990 年的 10 年间，俄罗斯化学家斯特拉可夫成为 948 篇论文的作者，相当于不到 4 天发表一篇论文。诸如此类学术造假行为不胜枚举。

科研没有灰色地带，研究过程中的任何造假行为均属学术不端行为。学术不端行为严重败坏了学术道德，污染了学术空气，使学术的尊严遭到践踏。防范学术不端行为必须从加强学术道德建设入手，强化科研人员的自律意识，完善学术评价制度并建立对学术不端行为的惩处机制，逐步形成诚信科研、严谨治学的良好学术氛围。

本章复习题

1. 科研人员如何做到求真唯实？
2. 科研人员如何做到服务社会？
3. 科研人员如何做到开拓创新？
4. 学术不端行为的类型有哪些？如何避免学术不端行为？

第五章 科 研 规 范

学习目标

通过本章学习，掌握科研规范、科研项目申请规范、科研项目实施规范、科研成果写作与发表规范、科研成果评价规范的含义及内容；熟悉科研选题的原则、科研项目的申报程序、科研项目申请书撰写方法；了解知识产权的保护规范、科研成果的鉴定与评价的程序。

科研作为人类的实践活动，与社会秩序的状态息息相关，而社会的有序发展离不开规范的调整。随着社会和科学的发展，科研项目成为科研活动的主要载体，很多科研活动都是围绕着项目来进行的。本章主要阐述科研项目各阶段的基本规范，为科研工作者开展活动提供基本遵循。

第一节　科研规范概述

科研是运用科学的方法，从事有目的、有计划、有系统的认识客观世界，探索客观真理的活动过程。科研的主要目的是指导人们去认识客观世界，提高人们的生产和生活水平，从而造福人类。科学的最终目的的实现，内在地要求科研活动必须遵守一定的规范。

一、科研规范的含义

（一）规范

所谓规范是指明文规定或约定俗成的标准，如道德规范、技术规范、伦理规范、法律规范等；或是指按照既定标准、规范的要求进行操作，使某一行为或活动达到或超越规定的标准，如管理规范、操作规范。

（二）科研规范

科研规范是指科学共同体根据科学技术发展规律参与制定的有关各方共同遵守的有利于科研积累和创新的各种准则和要求，是科学共同体在长期科研活动中的经验总结和概括。科研中的学术规范和伦理规范构成了科研活动的最基本的规范。学术，是指系统专门的学问，是对存在物及其规律的学科化。学术规范，是科研工作者们进行学术研究时应遵守的规则和范本。有研究将学术规范概括为"形式上的学术规范"和"实质性的学术规范"。所谓形式上的学术规范，主要关注科研成果形式上是否具有合法性，而实质性的学术规范，则更关注研究成果是否具有学术上的原创性，是否对研究的问题具有实质性的推进意义。

总而言之，科研规范告诉科学工作者可以做什么，应该做什么，不应该做什么。科研规范体系的建立要遵循为人类造福原则、公平正义原则、正当性原则、无害原则、道德自律原则等，它贯穿于科研活动的产生、过程、结果、评价等各个阶段。

二、科研规范的意义

科研就是一种创新、一种发展。科研经过近现代的洗礼，逐渐形成一套独特的学术规范和伦理规范，对科研共同体和相关科研技术人员的科研活动起到引导、约束、教育作用。

遵循科研的基本规律和严格遵守科研的规范，是形成和造就高水平的科研队伍、实现科学技术不断发展、促进学术健康可持续发展的最基本保证。因此，加强科研规范的建设是一项必要的、长期而艰巨的任务和使命，也是对科研人员提出的基本要求和任务。

案例与思考

杜绝科研腐败

在科教兴国的背景下，国家逐年加大了科研的经费投入。在科研工作中存在科研经费监管不力、使用不透明、缺乏审计等问题，出现了一些科研腐败现象。例如，某科研机构科研人员用虚假票据以各种名义从科研经费中报销，报销名目包括差旅费、劳务费等，牵涉金额达 100 余万，最终被判刑。某高校教师伪造新闻出版署科研立项文件，利用虚假课题及其立项资金单独或伙同他人套取配套资金，受到处分。某高校教师利用学校对科研经费监管的漏洞，用学生的名义冒领劳务费据为己有被立案侦查。某高校课题负责人虚列 5 名亲友名单，签订虚假劳动合同，将国家科技重点专项中央财政基金 60 余万据为己有，被依法判刑。

在科研项目立项、经费使用管理、项目审查等链条环节，都有相应的规范。科研工作者必须严格遵守科研规范，包括遵守科研规范中的财务管理制度，严格按照科研规范中科研审计要求进行审计等，杜绝科研腐败等不遵守科研规范的事件发生。

第二节　科研项目申请规范

科研项目申请是由一系列要素或环节组成，主要包括选题、申报、撰写等。科研项目申请是科学项目研究的基础性工作和前提性条件，是科研的首要、最初始的环节。科研工作者，在接到国家有关部门下发的科研项目申报通知后，要进行项目申报，经主管部门评审合格后，最终立项、研究、结题。对科研工作者来说，能否准确掌握科研项目的申请规范对申报能否成功、项目能否顺利开展是至关重要的。

> **资料链接**
> 课题的形成与选择，无论是外部的经济要求，抑或作为科学本身的要求，都是研究工作中最复杂的一个阶段。一般来说，提出课题比解决课题更困难。
> ——【英】贝尔纳

一、科研项目选题规范

科研选题是开展科研项目的前期工作，对整个课题的实施和最终成果有至关重要的作用。科研项目申请成功与否，选题是关键，因为它关系到科研方向、目标、内容和结果，是课题能否按照预期途径顺利开展和能否保证预期科研成果水平的先决因素。选题的新颖性、独特性、前瞻性、必要性、可行性决定着科研的意义和价值。灵活选题、准确选择、确定研究项目对于科研项目顺利开展、取得良好科研成果大有裨益。

（一）科研选题的原则

1. 可行性原则

所谓可行性，一方面是指研究人员对所承担项目完成的可能性。在选题时要考虑项目顺利实施的可能性，避免出现项目因各种客观原因根本无法进展的情况，具体包括申报者的资历和能力，有一定的前期成果，项目组成人员结构合理，有足够的时间和条件保障来完成相关任务，所选项目应与研究实力相匹配。另一方面是指研究项目成果转化的可能性。无论什么项目，最终的成果应该是可操作的、可实现的。

可行性原则体现了科研必须具备的实施条件。项目的选择必须从科研人员的主、客观条件出发，选择能够顺利开展的题目。如果项目不具备顺利开展的条件，或选题很大、起点很高、最终结论不可能实现等，都是对科研资源的巨大浪费，这些情况的选题自然无法立项。因此在科研选题中，可行性原则是首要性原则，在选题过程中必须依据实际具备的主客观条件选择合适的研究项目。

2. 需要性原则

所谓需要性是指选题要瞄准学术前沿，从实际出发，符合国家科技政策，着眼于国家和社会的需要。科研的终极目的是为国家、社会和人类服务的，所以选题必须契合他们的发展需求，也就是要具有效益性作用，能够提供现代化理念或决策性服务。好的选题不仅取决于研究者自身知识结构，还取决于国家科技发展、经济建设的方针政策。申请者在选题时需认真研究纲领性文件，从宏观上把握政策的同时，结合自身专业特点，适时调整研究方向，切忌视政策于不顾进行选题。具体来说，就是阅读项目的申报指南，详细了解相关政策，这是需求性原则的直接文本。

3. 科学性原则

科研的任务在于揭示客观世界的发展规律，正确地反映人们认识世界和改造世界的水平，为人类的科技进步作出贡献。科研必须要以事实为依据，符合科学规律，而非主观臆想。选题初始就要考虑到立论的合理性，既要突破传统的束缚，又要符合被实验证实的经验事实。科学性原则包括三方面的要素：

（1）选题必须有科学依据，也就是根据以往科研工作者的经验总结和科研人员自身的实践积累，相关论点应准确无误，论据应详实可靠，这是支撑选题立项的理论基础。

（2）选题要符合客观事实，能够反映事物的本质和内在规律，不能选用违背客观规律的课题。

（3）科研设计必须符合逻辑，如果选题违背科学原则，不但不具有科学意义，还会陷入非科学、伪科学的歧途。由此可见，科学性是科研选题中的重要方面，不具备科学性的选题自然就没有立项的可能。

4. 创新性原则

（1）创新性是指选题要有先进性，要有所发现，不能拘泥于以往已有的框架，更不能与以往成果重复，必须要有创新的思路与创新的研究方法。

（2）创新是科研选题的灵魂。科研就是不断创新的过程，要求科研水平不断提高，能够推动某一学科、某一领域进一步向前发展，避免不必要的人力、财力、物力的浪费。

（3）创新性是衡量科研是否有研究价值的重要标志，需在熟悉前人研究成果的基础上，检索文献，有效探索创新思路与方法。

科学技术飞速发展，科研人员在选题的时候需充分掌握本领域国内外研究进展，例如可以选择尚未认识又需探讨的问题作为研究对象。在项目研究过程中，成果尚未发表时，此类研究成果已不断涌现，如果是研究者开展重复性研究，自然不能称为创新。由此可见，选题创新不但要注重"新"，还应具备"时效性"。讲求选题创新性，必须研究那些方向符合国家和社会长远发展方向，必须淘汰过时的或重复性的方向或内容，争取获得高质量的研究成果。

（二）科研课题的准备

科研选题以后，需要做好两方面的工作：一方面围绕选题广泛搜集与课题相关的各种材料，认真整理研究并系统总结，提取对课题的有效信息，以支撑科研论点。通过搜集资料掌握国内外在此方面研究的最新进展和发展动向，便于了解选题方向是否准确和是否具有创新性。另一方面自然科学方面的课题要做好科技查新工作，确保所选课题的研究内容是以往未做过，课题具有重要的研究价值。

在广泛搜集、总结资料的同时，提出科学假设，设计科学合理的实验方案。选定课题后着手准备相关试验材料，可以为课题的如期、顺利实施奠定坚实的基础。科研人员在正式立项前要充分了解申报课题的论点、论据、研究目标、研究方法、技术路线、技术内容、技术指标等方面是否具有创新性、合理性，了解是否已有科研人员做过同类研究，避免不必要的人力、财力、物力等的浪费及科研内容的重复，避免做无意义的工作，必要时可进行预实验，反复揣摩、验证实验的步骤的科学性，对实验中不合适的方案适时进行调整，从而制定有利于课题顺利开展的实施方案。

对于自然科学等方面的项目，科研人员还需要准备查新工作。查新是指具有查新业务资质的查新机构根据查新委托人提供的需要查证的科学技术内容，按照《科技查新规范》的操作要求，做出查新结论，以证明以往无此类研究，选题具有一定的创新性。查新的目的在于确保选题的新颖性。新颖性是指在查新委托日之前查新项目的科学技术内容部分或者全部没有在国内外出版物上公开发表过。因此查新与新颖性是相关联的，在科研项目立项前，查新是必须要进行的基础工作，任何科研项目申报都不可缺少。

二、科研项目申报规范

（一）科研项目申报的程序

科研项目的申报一般要经过文献研究、课题选择、项目论证、项目申报等阶段。

1. 文献研究

文献研究包括两个方面，一方面，要查阅相关课题的宗旨、性质、范围、申请条件及其申报指南或其他相关文件，因为不同的资助机构资助宗旨是不同的，必须了解所申报课题相关的指南，使申报具有明确的目的性和方向性。在申报项目前，科研人员应认真研究项目申报指南及相关文件，掌握与该项目有关的信息，不断学习指南，了解国家及社会对科研的需求。另一方面，要广泛查阅与课题相关的国内外研究进展，了解前人所做的工作，避免与前人课题重复或类似，导致不必要的人力、物力、财力的浪费。在查阅国内外文献的基础上，认真总结前人的研究思路，形成创新性思路和方法。

2. 选择课题

选择课题应从实际出发，根据自身前期研究基础、研究的发展方向及所在单位的科研能力、科研经验、科研条件等综合能力，有计划地申报科研项目，偏离申报项目计划资助范围的项目无法立项。申报基础研究类项目，应选择有应用前景的基础或应用基础问题，不能选择临床或应用类问题；申报科技成果推广计划项目，应选择新品种、新技术的推广应用等选题，不能偏重于基础类问题。

3. 项目论证

项目论证是对所选课题进行多方位的论证，避免盲目选题。科研人员需根据详实的文献材料和严谨科学的分析支撑自己的课题申请，并不断请相关领域的专家论证课题的科学性和创新性，通过论证以不断完善科研方案。通过不断论证项目研究的意义、项目相关的研究基础、项目的研究过程、项目研究的可行性，进一步完善科研思路与科研方法，最终形成完整的科研方案。完整的工作方案是项目实施的重要流程，可以采用项目总体技术路线图来体现，它能够指导科研人员按照计划一步步地有序开展相关工作。

4. 项目申报

项目申报需注意，我国现有的科技项目，一般只受理申请者所在单位的项目申报，不直接针对申请者个人。另外，项目申请包括正确选择学科，并能够及时将申请书送到指定的申请受理处。

（二）项目申请者的要求

1. 项目申请者

项目申请者是符合项目申报条件的单位或个人，一般是自然人或法人，申请者的主体由申请负责人和依托单位构成。自然人必须有依托单位。法人是项目依托单位，通常须指定一名自然人担任申请负责人。每个项目申请只能有一个申请负责人和一个依托单位。项目申请负责人是组织项目申请和正式提出项目申请的负责人，在项目被批准实施过程中，是项目的实际负责人，应保证有足够的时间、精力从事申报项目的研究，用于所申请项目研究的时间应不少于本人50%的工作时间，并指导项目组成员按要求完成项目各阶段的任务。某些重大项目课题为法人项目，包括高校、科研机构等事业法人单位和具备相关条件的企业法人单位，同时应具备相应的科研实力和基础，并能够为课题的完成提供条件保障和资金支持等，保证项目顺利开展。

2. 科研项目申请者的资格规范

（1）科研项目申请者的基本条件。科研项目申请者需具备如下条件：必须遵守法律、法规及知识产权相关的规定，按照科研项目的具体实施要求，有足够的时间参与科研项目并能如期完成相关任务；遵守学术道德，遵循科研基本规范，研究过程需严谨有序，数据要真实可靠，尊重他人的知识产权，客观公正地评论以往学术成果，凡引用他人的观点、数据等，无论曾否发表，不能以任何方式抄袭、剽窃他人的学术成果；不以课题名义谋取个人利益，维护学术尊严，充分体现科研项目的严谨性；项目名称、研究组织等必须与项目申请书保持一致。若在研究过程中发现有必须变更之处，应征得主管机关同意，办理相关变更手续方可进行。

（2）科研项目申请者的责任和义务。申报的项目被批准后，项目负责人应全面负责项目的实施，包括前期的申报书材料的真实性和规范性，按要求书写任务书，定期书写项目进展报告汇报项目进展情况，书写项目工作总结及结题报告、经费报告等。凡涉及重要变动，需通过项目依托单位及时报项目主管单位核准，办理相关变更手续进行变更；项目研究形成的论文、专著、专利等，需注明资助和项目批准号；项目负责人有推广、宣传研究成果的义务，应积极推进项目研究成果的应用，扩大应用范围；项目资助经费的管理和使用应接受上级财政部门、审计机关和项目主管单位审计部门的检查与监督，项目负责人应积极配合并提供相关资料，不得违反经费使用管理条例；项目负责人在实施项目时，应遵循科学的原则，以往做过的研究不能重复申请。项目申请者应当保证在承担任务期间，在国内工作每年不少于6个月；海外留学人员或外籍人员在国内工作每年不少于4个月。

（3）科研项目申请者的限项申请规定。为保证科研工作者全心、高效地开展研究工作，一般项目课题均实行限制申请及承担课题数量的规定。比如，科技部计划（包括863计划、973计划、支撑计划）就规定，每个科研项目申请者同期只能申请及主持一项国家主要科技计划课题，作为主要参加人员同期参与承担的国家主要科技计划课题数（含负责主持的课题数）不得超过两项。同一人不得同期在不同单位申请或参加申请同一类型的项目，即使在不同依托单位申请，仍需遵守相关项目的管理规定。

3. 科研项目申请者的基本要求

项目申请者必须具备承担该项目所应具备的综合能力；具有从事该项目研究内容相关较为坚实的工作基础，并具备较强的组织协调能力，能够组织相关科研人员或机构开展项目。法人申请单位可以是一家，也可以是多家单位的组合，一般为2~10家。两家以上单位申请同一课题，申请单位、协作单位应签订共同申请协议，明确规定各自所承担的工作、责任和义务。项目牵头申请单位负责课题的总体设计、协调和系统集成，承担或参与课题的有关单位应具备较为完善的科研条件，在相关领域中具有较为坚实的研究基础，具备创新能力。

三、科研项目申请书撰写规范

科研项目申请书的类型多种多样。项目主管部门不同，在书写格式上也会有不同的要求和规范。科研项目申请书一般为固定文本格式，《项目指南》与申请书往往同时下达，申请者登陆项目主管部门官方网站可下载到最新版本申请书。项目申请书通常由封面、基本信息表、报告正文、签字盖章4部分组成，申请者根据要求准确、详实填写。

1. 封面

封面是项目申请书需首先填写的部分。主要包括项目名称、申请者及其联系方式、项目依托单位及相关信息等，项目名称一般要简练、醒目，一般不超过20字，一般不用副标题。申请者指项目承担单位的首位研究人员，项目依托单位名称指申请者的工作单位，要填写与单位公章一致的全称，不得用简称。

2. 基本信息表

基本信息表是申请书中对科研项目信息高度概括的部分。主要包括研究项目信息、申请者信息、项目组成员信息、研究内容提要等，其中研究内容提要需用简练的语言高度概括项目研究的主要内容，一般在300字左右，有的研究内容提要分中文和英文提要。申请者应参照当年的《项目指南》等认真填写基本信息表。

3. 报告正文

报告正文是项目申请书的主体部分。申请者在充分了解国内外相关领域发展动态的前提下，对项目研究方向有总体的把握，结合自身前期研究基础，书写报告正文部分。一般需书写在什么背景下进行研究，现状如何，已做了哪些前期研究，取得了哪些与项目相关的初步成果，本项目研究的主要依据和思路，研究成果将产生的作用和价值等。根据国家科技发展战略的需求，进行思路整理，详细书写研究方法及步骤，列好年度计划。撰写正文报告内容要详细，层次分明。

4. 签字盖章

签字盖章部分包括申请人签字、项目组组成人员签字、合作单位盖章、申请者所在单位及合作单位的审查与保证、项目申请单位及合作单位公章、领导签章及日期等。

案例与思考

追求科学、崇尚真理的科学家

在19世纪上半叶，科学界普遍赞同"离子是在电流的作用下产生"的观点。而在1883

年，年仅 24 岁的瑞典化学家阿累尼乌斯提出了一个大胆而崭新的电离理论，认为盐类溶于水中就自发的大量电离为正负离子。离子带电，原子不带电，因而可以看做两种不同的物质。同类的盐类溶于不同量的水中，溶液越稀，则电离度越高。当时著名的科学家，包括俄国的门捷列夫、英国的阿姆斯特朗、法国特劳贝等都不赞同他的观点。门捷列夫认为电离理论不过是奇谈怪论，不值一提，它和"燃素说"一样会破产。尽管权威、学者维护的观点被看作金科玉律，但勇于纠正谬误的阿累尼乌斯却始终坚持自己的观点，不屈不挠地继续以实验数据和资料来充实自己的理论，最终结果为越来越多的科学家所接受。

科学崇尚求真务实，实践是检验真理的唯一标准。阿累尼乌斯用严谨的科学态度和崇尚真理的精神取得了令人瞩目的科学成果。科研工作者必须遵守科研规范，不断探索科研真理。

第三节　科研项目实施规范

科研项目实施是科研过程中的重要部分，遵守科研项目实施规范能够使科研项目更加系统化、科学化，是用好有限知识资源、提升研究效果的重要保障。科研项目实施规范主要包括科研合同的签订规范、科研资源使用规范、科研数据的收集、存储和使用规范等。

一、科研合同签订规范

科研活动是个主要以脑力劳动为主的知识生产过程，人力资本对科研团队及与之相关的科研合同的重要性是不言而喻的。科研合同覆盖科研的全过程，不但涉及明确任务、获取经费，还涉及科研进程、经费分配、成果及成果转化。在开展科研之前，要根据委托单位和高校、研究机构等各方的要求，履行一定的法律手续，即科研合同或任务书的签订。科研人员在签订科研合同时，应当了解科研合同的性质、意义，规范科研合同签订，保证签订后得以有效地执行与落实。

科研合同是科研资金提供者（一般是项目主管部门）与科研机构、科研人员就科研项目签订的合同。科研合同一般包括三方面当事人：一是项目委托方，即科研计划项目归口管理部门，包括分管科研计划项目的国家机关及法律法规授权的组织；二是项目承担人，即主持项目研究的个人或单位；三是项目依托单位，即项目承担人、参与人的人事关系所在单位。科研合同既是对合同签订各方的约束，又是法律依据，是科研任务完成的前提和保证。合同一经责任各方签字即为生效。

科研合同生效后出现问题往往是在中后期的履行阶段，所以应加强管理，保证科研合同签订规范，这需建立科研合同实施监督管理体系，包括认真做好合同中的经费预算，建立合同实施的动态管理体系，建立合同管理的风险预警机制，强化科研合同管理队伍建设。

二、科研项目计划的执行规范

科研项目合同或任务书签订后，便进入具体的实施阶段。科研项目计划执行的好坏，直接影响着科研目标的实现。项目计划要在遵循有利、无伤、尊重、公正等伦理原则的基础上实施。

（一）科研项目计划的执行

1. 年度实施方案的制定

项目年度实施方案是项目具体的研究方案，细化到各年度阶段，它是具体到各年度阶段的具体研究工作，包括实验方案、项目组各研究人员具体任务、经费预算等安排，推动项目顺利实施的具体方案。由于年度实施方案直接关系到科研项目的有序进行，所以要根据项目总体的研究目标认真制定。

2. 年度计划的实施与调控

根据年度计划认真落实相关任务，这也是年度考核的重要指标。在实施过程中也需制定相应的调控措施，这样可以将计划中的不妥之处进行调整完善。例如，原实验方案在实际操作中存在问题，经反复验证总结出更好的实验方案，就需及时进行调整，这有助于项目进一步顺利实施。项目相关的调控是项目计划实施过程中的重要环节，只有进行某些必要的调控，才能保证项目科学、全面地实施。要重视项目年度计划总结，年度计划总结是总结项目一年中所完成的情况，与项目年度计划是否相符，若有不相符之处要明确是何原因。通过认真总结项目实施过程中存在的问题与不足，可以及时提出解决问题的方法，对于没能完成的工作任务，指出原因并探讨下一步补救措施，保证下一年度能顺利完成相关任务。年度工作总结对项目有承上启下的作用，是项目实施过程中的重要部分。

3. 项目计划的中期总结与评估

中期总结与评估是项目实施至中期阶段后，进行的已经实施的任务总结和评估，对于周期较长的重大项目，项目计划的中期总结与评估对于保证项目顺利进行、适时对项目进行调整有重要作用。如国家自然科学基金项目、国家重点基础研究发展规划项目等都对中期总结和评估有着明确的要求，需在规定的时间内提交中期总结相关材料以备专家审核。中期总结和评估要以合同或任务书为依据，包括项目按计划执行的情况、进行哪些调整及调整的原因、项目存在问题、下一步任务安排等。中期总结和评估是对整个项目的督促，能够促进项目按计划有序进行。中期总结和评估完成后应该按照专家的评估意见，及时对项目进行修改完善，保证顺利进行下一阶段的任务。

4. 项目验收和总结

验收和总结是科研项目任务完成后，对所做的所有工作进行总结，包括项目的研究背景、开展的工作、工作得出的相关数据、得到的相关结果和结论。项目的验收和总结是科研项目最重要的部分之一，包括结题、验收、鉴定等，经过资助部门组织专家组评审通过并获得资助部门批复后，视为结题。可根据所取得的科研成果申请各级科研奖励。

（二）执行中的项目计划管理

1. 执行中的项目计划管理

相关科技部门、项目主管部门、项目承担单位和项目负责人在项目计划实施过程中有组织协调的职责。

（1）相关科技部门（如科技厅等）负责项目的实施管理、项目经费使用的监督管理、监督项目承担单位及项目负责人具体项目实施的情况。

（2）审查项目年度执行报告、阶段总结报告、结题验收报告、经费的预决算等。

（3）对项目计划进度执行与经费使用情况进行监督检查，组织中介机构进行项目的中期检查、监理或评估，根据项目合同执行情况下达年度拨款经费。

（4）组织协调并处理项目执行中需协调、处理的重大问题。

（5）组织实施项目执行和经费使用情况统计工作；对项目主管部门、项目承担单位和项目负责人进行目标考核和信用评价。

（6）项目主管部门监督项目的实施和经费的使用，及时划拨经费，匹配项目约定支付的经费。

（7）定期报告项目年度执行和经费使用情况，协同相关科技部门进行项目执行情况的中期检查、评估等，审查结题验收项目的研究工作总结和经费决算。

（8）协调项目的实施，相关科技部门报告项目中难以协调的问题；实施项目执行情况和经费使用统计工作。

（9）配合相关科技部门对项目承担单位、项目负责人进行信用评价。项目承担单位和项目负责人严格执行项目合同或任务书，按期完成项目目标任务，按要求申报结题、验收材料。

（10）对拥有知识产权和国家秘密技术的项目，在实施过程中要加强知识产权保护，建立保密和使用制度，报告执行过程中知识产权管理情况。

（11）如实报告项目年度执行和经费使用情况，报告项目实施中出现的重要事项。

（12）接受上级部门对项目的监督检查，接受配合项目的监理评估。

2. 项目计划执行的日常管理

项目计划执行过程中，科研工作人员应当遵循如下日常基本管理规范：

（1）实行课题制，项目负责人全面负责课题的申报、进度、经费、人员调配等工作，按任务书或合同约定的进度完成各项任务检查考核。

（2）项目负责人协调力量实施项目，按照要求上报中期报告、年度进展情况汇报表及阶段性研究成果等。不得中途无正当理由拖延或变动项目计划。

（3）做好规范的实验记录，做到准确、完整。准确记录观察指标的数据变化等。

（4）科研项目经费必须严格按照国家财务制度和专项经费管理规章制度执行。

（5）科研项目完成并达到预期目标后，项目负责人应按要求及时提出结题申请，认真填写项目结题申请表，并提交工作总结及相关证明材料。

（6）一般不允许项目延期，因特殊情况需要延期的项目，项目负责人应实事求是地说明理由和原因，需填写延期申请表，报项目资助部门审批。延期时间一般不得超过该项目研究时间的1/2，在延期过程中，项目负责人不得申报同类型新的科研项目。

（7）因某些原因造成项目中止者，项目负责人应填写中止报告，报项目资助部门备案，做好技术资料的清理，归档和仪器试剂的清点移交工作,同时剩余经费应缴回项目资助部门。项目中止的原因通常有：严重违反科研经费管理制度；拒不接受项目检查；拒交检查报告和成果；按合同规定无法结题或没有通过结题的项目；没有办理延期手续，或超过延期时间的项目等。

（8）形成的原始资料等相关资料，应完整详实。项目结题、鉴定、验收后，项目负责人应及时将所有相关资料整理归档。

3. 科研项目经费的管理与使用

科研项目经费是指用于发展科学技术事业而支出的费用，包括资金、人员、设备、设施等投入。大致分为两类：一是国家拨款和委托研究拨款，二是科研单位自筹资金的投入。科技项目经费的主要作用是要保证科研项目顺利开展，促进科学技术水平不断提高。

纵向科研经费实行预算管理，执行国家相关经费管理办法，严格按照项目主管部门批复的预算范围和开支比例规范使用科研经费。横向科研经费施行合同管理，需按照项目合同书约定的经费使用用途、范围和开支标准，执行国家相关办法，合理、规范使用科研经费，科研经费预算后一般不做调整。确因项目研究目标、重大技术或主要研究内容调整而必须对项目经费预算进行调整，超过上述控制范围的，由项目负责人提出调整意见，经科研财务管理科审核后，按程序报主管部门批准。

按使用类型来划分，科研经费主要包括以下三个方面：

（1）经费支出的基本范围。业务费、材料费、分析测试费、复印出版费等。

（2）固定资产建设。直接为该项目所必须购买的仪器设备费和实验室等设施改造所需的费用。

（3）公共性经费支出。如人才培养、图书资料、宣传报道、成果展示等费用。

按照科技部国科发财字{2005}462 号文件规定，不得列入科研项目专项经费开支的费用包括：

（1）应在基本建设资金、各种专项资金中开支的费用。如土建费、通用仪器设备购置费、实验室扩大更新费等。

（2）各种奖金、职工集体福利支出。如人员工资、辅助工资、奖金、津贴、劳保福利费、出国考察等国际活动费等。

（3）批准资助前已订、已购的仪器设备和其他费用。

（4）与科研经营开发无关的其他费用。

（5）财经制度不准用科研项目专项经费支付的和超过规定开支标准的各项费用。

国家计划项目经费的管理和使用，需要坚持下述原则：坚持实事求是、精打细算、合理安排的原则；坚持项目经费实行专款专用的原则；坚持贯彻项目经费使用的预决算制度；坚持贯彻国家财务制度、财经纪律，预防违法违纪现象的发生。不同类型的科研项目，经费管理规范不同：

（1）研究项目的经费管理。研究项目包括基础研究、应用基础研究和应用研究。研究单位获得的科研经费大多数是研究项目的补助经费，大都是国家无偿拨款。这类项目的计划来源渠道较多，因此经费的拨款渠道也较多，经费的使用管理办法往往差异也较大。但有些要点需遵循：科研经费的拨款都是依据项目合同或计划任务书来执行的，详细规定了经费的使用科目和金额；科研经费均属于国家财政拨款（横向课题除外），必须遵守国家财政部门关于科技三项经费的使用管理规定；科研经费采用一次核定，按进度分年（期）拨款，项目承担单位对项目经费应单独建账，单独核算，专款专用；项目组应在单位财务管理部门指导下，合理编制预决算，按计划和规定的开支范围自主支配使用课题经费。除了共同点之外，各类研究项目对经费的使用还有着不同的要求和管理办法。项目负责人、项目组成员和单位科研管理人员应当认真研究并掌握不同项目经费管理办法和经费使用范围的特别之处，并在实际执行中防止违背经费管理规范的行为发生。

（2）开发项目的经费管理。开发项目是指科技成果转化的项目，即从实验室样机到中间试验和工业化试生产阶段的项目。各级政府和有关部门对这类项目的财政支持均采用贷款或是拨贷结合的方式。开发项目经费来源不同，所以在使用管理办法上与国家无偿提供的研究经费有着很大差别。无偿科研经费来源于国家财政拨款，其经费使用受直接资助部门的监督；而科技开发项目的经费来源既受控于项目计划编制部门，又受到直接提供贷款银行的监督和管理。科技开发项目的贷款必须严格按照贷款的管理办法来执行，按照有关规定及贷款合同的要求使用资金，实行专款专用，不得挪作他用。贷款经费的使用及管理，要注意资金的使用效果和经济效益，确保到期偿还银行的本金和利息。

（3）推广项目的经费管理。推广项目是指将已得到实践验证的科技成果与生产实践相结合的项目。推广项目需要的经费主要用于生产成本投入或生产管理投入，也就是生产过程中的流动资金。其经费来源多为科技贷款，少数项目是拨贷结合。推广项目在经费管理上，基本按照生产经费的管理办法来进行。

三、科研数据的收集、存储和使用规范

在由大数据驱动的科研第四范式下（基于大数据的范式，即先有大量的已知数据，然后通过计算得出之前未知的），科研数据不仅仅是研究成果，而且是科技进步和学术创新的重要基础和条件。科研数据信息是科研的基础和前提，是吸收和借鉴国内外最新学术思想、成果，了解学科前沿动向并获得最新资料的重要手段之一。在整个科研过程中，从项目课题的立项、实施、试验、数据分析、归纳结果结论到科研成果形成，数据信息不可或缺。科研人员不仅要获取相关的数据信息，具备选择、利用数据信息的能力，而且应当自觉遵守科研数据信息的收集、存储和使用规范。

（一）数据信息的收集

1. 数据信息的来源

数据信息的来源一般可分为三类：通过现场实地调查、考察等获得的数据信息；通过试验、鉴定、分析、计算等所得的各种数据信息；从有关文献及参考资料中所载前人已做的观察、试验、结果等记录及成功的经验和失败的教训中得到数据信息。获取原始数据信息是研究问题最基本的起点，前人留下的文献资料及科研成就与经验同样也是科研的宝贵财富。

2. 数据信息收集的基本规范

数据信息收集要求在遵循无害、公正、自主、知情同意等伦理原则的基础上，确保信息的客观性，收集方法和收集过程的科学性，不能为了某种非正当目的对数据信息进行人为的加工。在评判自己所收集的数据信息时，应当采取多种方法进行认真分析辨别，例如自我检查、他人帮助检查等。对于无法辨别的，则在撰写研究报告或论文时应予以注明。根据不同方案所得的试验或观测的结果，或者依同一方案所作的不同试验或观测所得的结果应作充分比较，然后方可决定取舍。对试验或观测中出现的前后有偏差甚至自相矛盾的数据信息，在未进行考证核实以前，切忌主观臆断。数据信息的使用必须以科研者自身实践所得的第一手材料为基础，同时大量吸收前人的科研成就和经验，并做到长期积累、系统整理。

（二）数据信息的保存

数据信息的保存是指在收集所有研究数据信息并转换为最终分析数据库的全过程中所进行的数据信息方面的存储工作。数据信息保存的目的是将从研究对象中获得的数据信息及时、完整、无误地收集整理，确保研究项目所获得资料的真实、规范和完整性。

1. 数据信息的存储管理

科研数据信息是科研工作人员在科技活动中产生的数据等资料以及按照不同要求系统加工的数据产品，包括科研工作人员在科研过程中形成的文字、图表、声像等形式的原始性、基础性文献数据信息以及以实际存在的物品形式出现的各类标本、样品、实验材料等实物数据信息。这些信息具有重要的科学价值、经济价值和社会价值。科研工作人员在执行各类科技计划项目的过程中，应当重视并认真做好各类科研数据信息的整理、保管工作，保障科研数据信息的完整和安全。

（1）原始数据信息的存储管理。原始数据信息是指科研人员在科研过程中运用实验、观察、调查或资料分析等方法根据实际情况直接产生的数据信息，是对获得的第一手资料的直接记录，可作为不同时期深入进行该课题研究的基础资料。原始数据信息最能够反映科研真实原始的情况，因此对原始数据信息的保护十分重要。每个参与实施项目计划的人都有义务做好各种原始记录和数据处理工作，并对所记录的文献和处理的数据信息负责。项目组建立工作日志，定期检查原始数据信息保存的执行情况，保证各种原始资料的完整性、准确性。电子数据信息同时存在相应的纸质或其他载体形式的数据信息时，应在内容、相关说明及描述上保持一致。

（2）实物数据信息的存储管理。实物数据信息是科研工作人员在科研过程中形成的以实际存在的物品形式出现的原始信息资源，是记录和反映科研活动事项的重要历史资料和证据。实物数据信息应当按照有关规定予以保护和保存。但由于实物数据信息的特殊，一旦保存不当将直接影响其使用寿命，因此必须适时地做好保养与护理工作，以免发生变质。涉及危险品的实物材料必须进行特别保存，科研人员应当使用特定的手段对其做特殊的存储，并严格遵守相关的规定。

2. 数据信息的安全存储

数据安全问题是信息化社会中最为重要的问题之一。科研数据信息的安全存储包括两方面：一方面是面向数据的安全，包括数据的保密性、完整性和可获性。另一方面是面向科研人员的使用安全，即鉴别、授权、访问控制、抗否认性和可服务性以及基于内容的个人隐私、知识产权等的保护。数据信息的安全存储要依靠技术手段，如密码技术、身份验证技术、防火墙技术等安全机制，更需要科研人员共同营造一个良好的安全环境作保障。项目负责人应该经常抽查项目组成员是否依照安全标准行事，项目组成员调离时，应当与其事先协议数据信息保存的事项，调离人员应严格遵守相关约定。

3.涉密数据信息的存储

由于某些科研工作性质的特殊性，其数据信息包含一些涉密内容。保证涉密数据信息的安全，防止重要数据信息的泄密，成为存储工作的重要任务之一。

为安全存储涉密的数据信息，科研人员应当严格遵守《中华人民共和国保守国家私密法》、《计算机信息系统保密管理暂行规定》以及有关保密法律法规，执行安全保密制度。

（三）数据信息的使用

数据信息是技术和知识创造的基础。数据信息收集、存储的目的在于使用它来创造新的技术、知识。只有将数据信息充分运用于科学活动的实践，并不断转换为新的技术和知识成果，才能为社会创造出更多、更有价值的成果和财富。

1.公有领域数据信息的使用

公有领域数据信息是指不受版权法保护的数据信息，是社会的共同财富，可以自由使用。通常有以下几种类型：

（1）不适用版权法保护的数据信息。如各国的法律、法规、国家机关的决议、决定命令和其他具有立法、行政、司法性质的文件及其官方正式译文，时事新闻、历法、数表、通用表格和公式等。

（2）已过保护期限的数据信息。各国版权法对作品数据信息的保护期限不等。

（3）超出地域制约的数据信息。

2.受版权法保护的数据信息的使用

受版权法保护的数据信息，必须严格按照法律的规定，在合理使用的范围内，使用他人的作品而不必征得著作权人的同意，也不必向著作权人支付报酬，但应当指明作者的姓名、作品名称、作品出处，并且不得侵犯著作权人的其他权利。

3.许可授权的使用

数据信息（公有领域和受版权法保护的数据信息除外）的使用事先必须获得授权许可，授权许可包括法定许可和协议许可。法定许可和协议许可具体内容将在下文论及。

四、科研协作规范

随着科学的不断发展，科研活动越来越依赖科研人员和机构之间的合作，科学事业的进步和成功都必须以学术交流与合作为基础，依赖协同、合作和群体的力量，规范地进行科研协作，有利于资源整合，提高效率。科研人员和机构之间的协作有很多形式，如多学科之间的协作，跨单位、跨部门相关学科专业的协作，集中协作、联合攻关、产学研协作等。

科研协作一般遵循以下规范：科研人员和机构要增强团结协作的意识；合作群体成员要

分工协作，优势互补；在项目实施前签订协议、合同等，严格按照相应条款进行；合作群体成员应利益共享、责任共担；合作群体成员应有正确的人生观和价值观，正确对待个人利益的得失，讲求奉献精神。

案例与思考

学术不端的严重后果

曾在荷兰伊拉斯姆斯大学工作的心脏病专家 Poldermans 在他的两项科研结论中提出：β受体阻断剂类药物对于接受高风险手术的心脏病患者具有保护作用。这一研究结论在他主持发布的临床应用实践指南中明确指出，并且强调有充分的实验证据。而在一个并不涉及β受体阻断剂类药物的研究工作中，专家们发现 Poldermans 在其他科研项目中存在着学术不端行为，于是就对其负责的β受体阻断剂类药物相关的科研项目展开调查。通过调查发现，Poldermans 负责的β受体阻断剂类药物相关的科研项目的确存在数据造假等学术不端行为，由于研究领域为生命与健康领域，他的"β受体阻断剂类药物对于接受高风险手术的心脏病患者具有保护作用"的结论对患者健康产生不利影响，甚至增加死亡风险。由于 Poldermans 学术不端行为造成了严重的不良影响，伊拉斯姆斯大学最终解雇了他并让其承担相应的后果。

学术不端行为会对国家、社会造成不良影响，它所造成的后果有时远比想象的严重，甚至有可能使公众丧失对科学的信任。因此，科研工作者必须具有科学的理性精神，以对科技发展、社会负责的态度进行科研，严格遵守科研项目实施规范，使自己的科研成果真正能服务国家、造福社会。

第四节　科研成果写作与发表规范

科研是以科研成果的公布为目标的，成果的发表是其重要途径。只有科研成果得到公布之后，科研工作者的劳动价值才会体现出来。科研成果的公布是科技进步和社会发展的重要信息源，是记录人类科技进步的历史性文件，也是科学工作者进行科技成果总结和交流的重要方式。

一、科研论著的写作规范

科研论著是科研成果的常见形式，是科研工作者对创造性研究成果进行理论总结，并得以公开发表或通过答辩的科技文体。高质量科研论著应该符合科学性、独创性、规范性、实用性等原则，不仅要如实反映研究过程，准确提供实验数据，客观、全面分析研究结果，还要推理有据，结论严谨。科研论著包括学术论文、专著、工具书、研究报告等，撰写的特点、内容、形式、具体要求不同。一般情况下，符合标准规范的科研论著应具备题目、摘要、关键词、引言、正文、参考文献和注释、署名和致谢等要素。

（一）题目

论著的题目是论著的核心。题目用恰当、简明的词语来反映论著中最重要的内容和研究范围，有助于选定关键词，同时也可以反映撰写者的研究水平。一般而言，对论著题目的要求是简短精炼，不适用具有主、谓、宾结构的完整语句，外延和内涵恰如其分，切忌在题目中故意拔高或将结果扩大化，造成题文不符。中文题目一般不超过 20 字，英文题目一般与中文题目一致。题目中不使用标点符号，一般不设副标题，要避免使用非公认的缩略语、字符、代号等。

（二）摘要

摘要位于正文前，有相对独立性，是简明确切地描述论著重点内容的短文。摘要一般包括目的、方法、结果和结论等。中英文摘要均采用第三人称写法，不列图表，不引用参考文献，不加评论。中英文摘要如使用英文缩略语，首次使用给出中英文全称，缩略语放在后面的括号中，再次使用时直接用缩略语。期刊学术论文中文摘要 250～300 字，英文摘要在 600 个实词左右，中英文摘要的主要内容要一致。硕士学位论文的摘要一般为 500～600 字，博士学位论文的摘要一般为 1500 字左右。

（三）关键词

关键词是论著检索的标志，是表达文献主题概念的自然词汇，一般是词、词组。不标注关键词，读者就检索不到，文献数据库也不会收录。关键词选用不当，会降低论著的被检率，甚至检索不到。一般每篇论文列出 3～8 个关键词，选择关键词时最好选主题词，泛词不可作为关键词出现。关键词一般应列于摘要段之后。撰写有英文摘要的科研论文，还应列出与中文对应的英文关键词，要求与中文关键词相同。

（四）引言

作为论著的开端，引言要提出文中研究的问题，引导读者阅读全文，科技工作有继承性，现在的工作是在以前研究的基础上进行的。引言应简明扼要地交待前人的研究成果，但也要避免过多论述。论述研究意义时，应实事求是。引言一般与结论相呼应。引言最好不分段论述。

（五）正文

正文是论著的核心部分，它占据论著的最大篇幅，是论著中最重要的部分，如果说引言是提出问题，正文则是分析问题、解决问题，这部分是研究成果的集中体现。正文的论述方式可以有两种形式，一是将科研全过程作为一个整体，对有关方面做论述；另一种是将科研的全过程按研究内容的实际情况分为几个阶段，再对各阶段的成果进行论述，一般正文部分要包括：研究目的、方法、结果、结论，实验过程、数据分析、结果得出。其中，结果得出是正文的主要部分，应给予重点详细论述。分析与讨论是全文的重点部分，也是最难书写、最能体现科研成果的部分。讨论应揭示各种观察结果之间的联系，强调研究中的新发现、新结果，并进行综合说明，最终引出自己的结论。论述要思路清晰，语言简明，不需要华丽的辞藻。正文撰写中涉及到量和单位、插图、表格、数学式，都应符合国家标准的要求。论著的主体内容应体现如下特点：

（1）基础性。实事求是地论述学术背景，前沿科研动态及研究成果。

（2）创新性。应在见解、资料、论证、方法、结论等方面，有所创新。在理论上，提出新的理论，有新的突破；在研究方法上，对某个学科问题做出推进性解决。

二、著作权的取得及保护期限

（一）著作权的取得方式

著作权的取得是指著作权人依照法律规定取得著作人身权和著作财产权的方式。主要有自动取得、加注版权标记取得和注册取得三种。

1. 著作权的自动取得

著作权的自动取得，是指自作品创作完成之时自动产生，不需要履行任何批准或登记程序，也不需要加注任何标记。只要作者的部分创作具备作品的构成要件，独创性地表达了一定思想、观念，该部分创作也可成立部分的著作权。

2. 加注版权标记取得

加注版权标记取得，包括三部分内容：表明享有著作权或版权保留声明的文字；版权所有人的姓名、名称、缩写；作品出版的年份。这种版权标记仅限于印刷出版物或音像制品，不包括美术作品、建筑作品等；而且凡是要求加注著作权标记的国家，也只是针对已出版的作品，不针对尚未出版的作品[①]。

3. 著作权的注册取得

著作权的注册取得，是指作品创作完成后，作者需在规定的期限内向有关登记管理机关履行登记或注册手续后才能取得著作权保护的制度。因著作权的注册的适用范围小，且无法及时保护未登记的作品，绝大多数国家不采用这种保护方式。

> **资料链接**
>
> 第二十条　作者的署名权、修改权、保护作品完整权的保护期限不受限制。
>
> 第二十一条　公民的作品，其发表权、本法第十条第一款第（五）项至第（十七）项规定的权利的保护期为作者终生及其死亡后五十年，截止于作者死亡后第五十年的12月31日；如果是合作作品，截止于最后死亡的作者死亡后第五十年的12月31日。
>
> □中华人民共和国著作权法

（二）著作权的保护期限

著作权的保护期限是指著作权人对其作品享有权利的法律保护期限。为促进作品的传播

---

① 郑成思，1997. 版权法 [M]. 北京：中国人民大学出版社：83.

与发展科学、文化事业的需要，著作权的保护期限应在机理作者创作和实现公众对作品的使用之间达到平衡。我国规定，著作权中署名权、修改权、保护作品完整权的保护是永久性的，即使作者死亡、变更或终止，他人不得侵犯。著作财产权的保护期限，《伯尔尼公约》规定最低保护期限为作者有生之年及死后50年，《世界版权公约》规定最低保护期限为作者终生加25年。我国主要以《伯尔尼公约》为基准。

三、知识产权的保护规范

知识产权是人们对于自己的智力活动创造的成果和经营管理活动中的标记、信誉依法享有的权利。17世纪中叶，法国学者卡夫佐夫最早将一切来自知识活动领域的权利概括为"知识产权"。这一概念被比利时法学家皮卡第发展，他认为，知识产权是特殊的权利范畴，根本不同于对物的所有权。除公有领域和受版权法保护的数据信息外，其他数据信息的使用事先必须获得授权许可。授权许可包括法定许可和协议许可两类。

（一）法定许可

法定许可使用，是指法律明文规定，可以不经著作权人许可，以特定的方式有偿使用他人已经发表的数据信息的行为。几乎所有建立了版权制度的国家都实行法定许可制。法定许可涉及的权利项目很多，包括复制权、发行权、出租权、展览权、表演权、放映权、广播权、信息网络传播权、摄制权、改编权等。著作权的合理使用是指著作权人以外的人在某些情况下使用他人已经发表的作品，可以不经著作权人许可，不向其支付报酬，但应当指明作者的姓名、作品名，并且不得侵犯著作权人的其他权利。具体包括以下情况：

（1）个人使用。为个人学习、研究或者欣赏，使用他人已经发表的作品；一般情况下，个人使用现象普遍，应当满足的条件是，使用他人已经发表的作品，并且具有非商业性的目的；

（2）为介绍、评论某一作品或者说明某一问题，在作品中适当引用他人已经发表的作品；

（3）为报道时事新闻，在报纸、期刊、广播电台、电视台等媒体中不可避免地再现或者引用已经发表的作品；

（4）报纸、期刊、广播电台、电视台等媒体刊登或者播放其他报纸、期刊、广播电台、电视台等媒体已经发表的关于政治、经济、宗教问题的时事性文章，但作者声明不许刊登、播放的除外；

（5）报纸、期刊、广播电台、电视台等媒体刊登或者播放在公众集会上发表的讲话，但作者声明不许刊登、播放的除外；

（6）为学校课堂教学或者科学研究，翻译或者少量复制已经发表的作品，供教学或者科研人员使用，但不得出版发行；

（7）国家机关为执行公务在合理范围内使用已经发表的作品；

（8）图书馆、档案馆、纪念馆、博物馆、美术馆等为陈列或者保存版本的需要，复制本馆收藏的作品；

（9）免费表演已经发表的作品，该表演未向公众收取费用，也未向表演者支付报酬；

（10）对设置或者陈列在室外公共场所的艺术作品进行临摹、绘画、摄影、录像；

（11）将中国公民、法人或者其他组织已经发表的以汉语言文字创作的作品翻译成少数民族语言文字作品在国内出版发行；

（12）将已经发表的作品改成盲文出版。

（二）协议许可

协议许可使用，是指在法律允许的范围内，数据提供方和使用方经过协议授权使用相关数据信息的行为。许可他人使用相关数据信息的，应当订立许可使用合同。根据我国《著作权法》的规定，实施协议许可时，需注意：协议许可的数据信息必须是在法律法规允许使用的范围内；许可使用的权利是专有使用权的，其内容应由合同约定；除合同另有约定外，被许可人许可第三人行使同一权利，必须取得许可人的许可；被许可人必须在使用权限范围内使用授权使用的数据信息，同时要保障保存数据信息的场所符合保密要求：

（1）涉密载体原则上不得带离保存涉密载体的场所，确因工作需要必须携带外出的，必须按照有关规定予以审批。

（2）涉密数据信息电子版严格做到在涉密计算机及其网络中处理和存储，涉密计算机系统必须与网络实行物理隔离。

（3）非涉密计算机不得处理涉密数据信息，不得接入涉密移动存储介质，不得在家庭电脑中处理涉密数据信息。

（4）涉密移动存储设备不得存储与工作无关的数据信息，不得带离工作岗位，不得连接非涉密服务器、计算机和笔记本电脑。

（5）不得在互联网上处理、归档和存储涉密数据信息，不得利用非涉密电子邮箱、网络硬盘、博客网站上传、下载和存储涉密数据信息。

（6）涉密存储介质发生数据损坏需要维修的，应该到具有涉密数据信息恢复资质的单位进行恢复。

（7）涉密存储介质的损毁事先应经过检测、消磁、安全鉴定等专业的技术处理后，再送到指定的涉密存储介质销毁地点实施物理销毁。

（8）涉密人员应加强保密责任意识，了解数据信息安全保护手段和方法，妥善保管和使用涉密计算机和涉密载体，定期对保密要害部位、涉密计算机和涉密载体进行保密检查。

（9）涉密人员在离岗离职前须将涉密载体及时、如数移交继任人员。

四、科研论著的引证和标注规范

（一）参考文献和注释

参考文献能反映作者的科学态度和论文具有科学依据，反映论文的深度，一定程度上为论文审阅者、读者评估论文的价值水平提供客观依据。引用文献应是作者直接阅读的原著，而不是间接转引他人阅读的原文，要以近年 2～5 年的原文为主。未公开发表的论文一般不引用。规范的参考文献和注释能使论著显得更具有科学性、客观性，增强论著可信度，同时也有利于大型数据库的建立以及对文献数据进行交换、处理、检索、评价等。参考文献和注释引用需遵循以下原则：

（1）凡引用他人已经发表或未发表的成果、数据、图表、观点等，均应明确注明出处。

（2）引用的目的是对论著的进一步说明和佐证，使得学术研究更为清晰和更有深度。降低无效引用，避免引用的庸俗化和简单化，不能只做形式上的引用。

（3）引用他人的数据、观点以必要、适当为限，力求完整、准确，不能改变或歪曲被引内容的原意。提倡原引，即标明文献的原始出处；如属转引，应标明转引的文献。

（4）引用必须以注释形式标注真实出处，并提供与所引用的成果、数据、图表、观点等文献相关的准确信息。

引用时应注意以下方面：

（1）引文应是作者阅读过，且对自己研究的观点、材料、论据、统计数字等有支撑的文献。

（2）不能引用他人的相关研究文献内容而不注明出处，也不能将他人研究改头换面或者用自己的语言后重述当作自己的论述而不注明出处。

（3）不能过度引用，引用时应科学处理、合理使用引文，引用的部分不能为被引用人论著的主要部分或实质部分，过度引用会使得自身的论著失去独立存在的价值。

（4）不能未加核实或评估而随意引用他人的观点、材料、论据等文献，导致错引、漏引。

（二）署名

在论著上署名能标明作者的身份，即拥有著作权，表示承担相应的责任和义务。作者署名应坚持实事求是的原则。论著作者一般指下列人员：参与选题、设计、执行者；起草或修改论文的论著中关键内容者。

作者署名主要按作者在研究中的贡献以及所能承担的责任依次写明姓名和所在单位。通常第一作者应是研究工作的主要设计、执行或主要撰写人。通讯作者应是参与论文研究和写作并能对稿件负全部责任的作者。团体作者应该著团体名，且应该著执笔者姓名。署名一般应该用真实姓名和工作单位。研究生在导师指导下完成的学术论文，论文完成后应当交由导师审阅签字确认，署名时研究生应为第一作者，导师为通讯作者。导师作者中如有外籍作者，应征得本人同意，并有证明信。

在论著的署名中，作者应正确使用"著"、"编著"、"编"的用法。"著"通常指撰述、写作或创作，主要指作者依据本人学习研究的成果所写成的。"编著"是指作者依据已有的材料，通过作者的选择和加工所写成的论著。"编"则是指那些把他人的文章或素材收集予以编排排成汇编。

（三）致谢

致谢是对在课题研究和论文写作中给以切实指导和帮助的老师、同学等表示感谢，这是一个科研工作者的学术道德，致谢一般放在全文之后，参考文献之前，另起一行。致谢应该遵守以下规范和要求：①致谢对研究或论文提出建议和帮助的个人和机构。②指出被致谢者的工作内容和贡献。

五、科研成果的发表与传播规范

科研成果的发表与传播是进行科学交流、探讨科研成果推广和转化的重要途径。所以，投稿与发表非常重要。不同的期刊对稿件的具体要求是不一样的，科研工作人员应当及时了解国内外相关期刊的有关投稿和发表方面的规定和要求。专著最好事先联系好出版单位。投稿需遵循以下规范：保证所投稿件的唯一性，没有一稿多投；所投稿件无抄袭，署名排序无争议；保证所投稿件内容的安全性，其中不得出现任何危害国家安全、泄露国家秘密等内容；科研人员投稿应当遵循学术规范，维护良好的学术环境和氛围。

对于已公开发表的学术成果可以进行推介、评论或批评，使已有成果得到升华和提高，这就是学术争鸣。学术争鸣是学术研究的一个重要组成部分。学术争鸣应依据实事求是的原则，坚持民主和平等的法则，通过深入而理性的论争来洞察真相，获取真理，但应避免言辞过激，出现人身攻击或恶意中伤行为。

六、科研创新和保护规范

科研本身就是一种创新性的活动，若没有探索性，缺乏创新性，简单重复别人做过的工作，不是真正的研究，更不可能推动学术进步。科研成果的创新和保护规范主要包括四方面：科研工作人员应当尊重科技研究规律，探索科学进步；科研工作人员相互尊重是科学共同体和谐发展的基础，尊重合作者的能力、贡献和价值取向；诚实守信是保障知识可靠性的前提条件和基础，从事科学职业的人不能容忍任何不诚实的行为；自觉抵制科研不端行为，不能任意篡改科研数据、杜撰即凭空捏造数据或数套实验结果，不能存在其他严重偏离科学共同体内部普遍认可的规范的行为。

案例与思考

谨防科研泄密

南方某市科研所博士李某，承担一项重大高科技研究项目，在外出工作期间，经常在电话中与同事研讨科研项目进展情况，被境外谍报分子利用高科技手段进行监听，国家安全机关及时发现了这一情况，并立即与科研所取得联系，科研项目也不得不做重大修改。随着电子通讯技术的发展，沟通变得越来越便捷，人们在享受着先进科技带来的便利时，却疏忽了对它的防范，先进的技术能为人类造福，同样，不正当的使用先进的技术会给人类带来无尽的灾难，境外谍报组织利用其掌握的先进技术肆意窃听，截获他人的秘密，巧取豪夺。因此我们必须有充分的知识，学会利用先进的技术，更要防范他人利用先进的技术侵犯正当利益。

某大学一个重点实验室的副教授乐某，参与了另一所高校承接的机密级国家安全重大基础项目的研究，是其中一个子课题的项目负责人。在签订协议书时，乐某违规通过互联网电子邮箱将机密级课题协议书发送到合作单位，被有关部门截获。事件发生后，有关部门给予乐某行政警告处分，取消其3年内承担涉密项目的资格，并责令其在职工大会上作出深刻检查；负有领导责任的实验室负责人崔某也作出了书面检查。教师是从事高校涉密科研工作的主力军，他们参与了大量涉密论文撰写、涉密项目研究、涉密实验调试活动。需要注意的是，实际工作中，确有部分高校教师保密意识不强，工作上出现差错，造成涉密科研成果的泄露。

科研泄密后果非常严重，科研人员应严格遵守国家保密法律、法规和规章制度，加强保密意识，履行保密义务，谨防科研泄密，避免造成不必要的损失。

第五节　科研成果评价规范

科研成果评价是对科研成果的工作质量、学术水平、实际应用和成熟程度予以客观、具体、恰当的评价，是科研管理的重要内容，也是技术性很强的工作，它直接关系到科研的发展方向、科研人员的积极性及经济建设发展。科研成果的评价需遵循一定的规范，主要包括：科研成果的评价指标、科研成果的鉴定与评价规范。

一、科研成果的评价指标

科研的过程，同时也应是知识增量的生产过程。要评定科研成果的知识质量，主要有三个标准：一是创新度，即该科研成果在本学科领域中对知识增长所做的贡献，用以说明科研成果在原有基础上增加了哪些新知识。二是贡献度，即科研成果对科学、社会生活产生的贡献，用以说明增长的这些新知识能为科学发展、社会进步发挥多大作用；三是研究难度，即该科学成果的研究难度，用以说明完成该项科研成果，科研人员需付出多大努力。科研成果的评价应围绕上述三个方面来进行。

（一）创新度

知识和技术创新度是科研追求的重要目标，科研能否带来知识和技术创新应是科研成果评价与鉴定的基本标准。基础研究和基础应用研究创新通常表现为对新的规则和实验事实的描述，如首次提出的概念和模型，首次建立的方程以及对已有的重大观测事实新的概括和新的规律的提炼等，而技术研究成果的创新则更多体现为原创性的技术手段，技术路线，先进的技术结构功能指标以及潜在的经济效益与社会价值等。创新度是通过科研获得新的基础科学和技术知识的程度，是指在原有成果的基础上发展起来的具有创新性质的增量知识和技术成果。创新包括科学知识创新、技术特别是高技术创新和科技知识系统集成创新等。对科研成果的创新度测评，主要通过以下几方面：

> **资料链接**
> 　　每一个有价值的新理论都会提出新问题，解决新问题。主要是因为只有提出新的问题，科学理论才能富有成效。因此，一种理论对科学知识增长所能作出的最持久的贡献，就是它所提出的新问题。
>
> ——【美】波普尔

（1）出新理论，开辟新的研究方向、新的研究领域，进行开拓性研究。

（2）发现新现象，提出新问题。

（3）综合不同领域的理论和技术，形成较为系统的新理论和技术。某成果涉及的知识不局限于单一的领域，而是综合了不同的分支和学科理论，也属于创新。

（4）证实原有的理论，并把理论大大推进。

（5）解决别人提出的问题。判断的标准是，被解决的问题有相当的难度，正确性得到确认。

（6）为原方法或材料找到新用途，把理论应用到新领域。

（二）贡献度

贡献度主要衡量科研成果在科学、社会生产生活方面所做的贡献大小，主要包括学术覆盖面、学术影响力、社会生产应用范围等。科研成果在社会生产生活中的贡献可以从以下几方面反映：

（1）学术覆盖面。被引用次数越多、范围越广，学术价值越大。

（2）科学影响力。主要指该成果在促进或启发其他科研成果所起的作用。

（3）意识形态影响度。意识形态影响度是衡量科研成果对人类价值观、人生观及思维方式等的影响程度。本指标主要通过编入教科书的类目数、公知程度测量。

（4）社会生产应用范围。本指标主要通过推广应用的生产领域个数测量。

（三）研究难度

研究难度主要用于衡量科研工作的难易程度。一般从以下方面评价：

（1）研究跨度，包括研究时间跨度和研究学科跨度。研究时间跨度是从提出问题到解决问题的科研成果所花费的时间。研究学科跨度是所需的学科知识领域的数量。

（2）可借鉴程度，主要指在研究过程中能够搜到的参考文献的数量。越缺少借鉴，其研究难度越大。

二、科研成果的鉴定与评价规范

科研成果的评价主要从学术价值、经济效果、社会影响三个方面进行评价，这是科研成果管理的重要内容。科研成果的鉴定与评价既是科学技术自我保护的一项重要机制，又是一项复杂的社会活动，建立一套符合科研规律的成果评价规范体系非常有必要。

（一）鉴定与评价的标准

科研成果的价值是在人类社会与科研成果间构成的，人类社会的需要和科研成果的不断发展决定了价值关系的不断发展。反映人类社会的客观需要的科研成果评价及其标准也要适应这种发展形势，必须随着实践的发展而发展，成果评价不仅要指出已有的事实结果及造成这些结果好坏的原因，更重要的是，还应站在已有科技成果的基础之上，发挥预见未来、指导实践的作用。科研成果鉴定与评价始终将质量放在第一位，鼓励和引导科研人员开展具有创新意义的科研工作，不同类型的成果鉴定与评价的侧重点不同。基础研究成果主要侧重于学术价值；技术研究成果主要侧重于经济效益和社会影响。所有鉴定与评价标准必须与客观实际相结合，并在一定的范围内合理使用，才能更好地为科学技术的健康发展服务。

（二）鉴定与评价的程序规范

在科技成果的评价过程中，为了保证评价工作和评价结果的客观性、公正性，成果鉴定与评价程序应遵循一定规范。成果鉴定与评价的公正性来源于评价机构的独立性或中立性，即不受任何非学术因素干扰，应具备以下要素：

（1）评价机构和评审专家在评价过程中应严格遵守评价标准，建立评审专家库、专家组定期轮换制度。

（2）建立利害关系人回避制度，一般科研成果的评估，可采用匿名专家评估的方式。

（3）重大成果的评估应公开评审专家名单，以增强评价专家的荣誉感和责任感，在评审的表决程序方面，通过差额投票、记名投票、计票监督等规则的设立，进一步提高表决的透明度。

（4）评审会议应有完整的会议记录，使专家意见和决策的过程有可追溯性。

（5）评价结果在评审结束后，应当及时公布并规定异议期，对评价中的违规行为予以及时披露，不断扩大评议活动的公开化程度和被评审人的知情范围。

（6）评价过程和结果的监督检测制度，建立评价工作的公示制、公开答辩制、评审责任追究制等，加强对评价过程和结果的监督。

（三）同行评议

同行评议又称同行专家评审，是指同行专家从专业学术角度对科研全过程，尤其是研究成果的创新性、前沿性、应用性等方面进行独立的判断和评价的方法。同行评议方法已成为科研机构开展评价活动的主流模式，不同的机构同行评议模式不尽相同。同行评议方法大多是在期刊论文发表、科研项目经费申请及科技人员职称评定等微观评价领域使用，主要通过同领域专家判断科研的质量和水平。

根据不同的评价对象，机构评价中的同行评议的内容不同，主要有两种模式：模式一，关注科学本身，关注研究质量，评价的目的是提升研究质量；模式二，关注研究质量和技术价值以及研究工作的相关性和绩效等问题。从专家来源看，大部分采用外部专家评价，重在通过外部专家丰富的经验弥补内部专家视野的局限，大致分为两种模式：模式一，侧重科研质量的评价，主要以同行专家为主；模式二，侧重技术价值、研究工作相关性的评价，要求专家组不仅有同行专家，还要有用户专家、管理专家参与。

同行评议有不同的组织方式。现场评估中，学术带头人分领域报告各自的研究进展，专家讨论本次评估的结论和建议，并当场与被评机构负责人进行沟通。通讯评估一般要求被评估机构准备好报告提前1-2个月发送给评估专家，专家根据评估要求评估材料。科研机构一般较多采用现场评估。同行评议是迄今最为有效地评价科研成果的方法之一，广泛吸收社会科学家参与科学技术评价，促进公众与科学家的积极对话和交流，能够有效促进科学技术健康可持续发展。

📝 **案例与思考**

同行评议造假属于学术造假

·—·

2015年，曾隶属著名国际出版商施普林格公司旗下的《肿瘤生物学》发声，撤销杂志收录的中国学者的107篇论文。我国每年发表的自然科学论文当中，医学论文占比超过一半，出现不规范的概率相比其他领域更大。此次被撤稿件大部分都是通过"真评审专家假邮箱"的方式，逃过评审监控，有些人提出，这种同行评议造假与内容造假不同，属于程序瑕疵。

中国科协负责人在接受记者采访时表示，同行评议造假就是不折不扣的学术造假。施普林格细胞生物学及生物化学编辑总监彼得·巴特勒表示："同行评审流程是保障科研质量、诚信和可重复性的基石之一。这是稿件被接收之前进行的科学审核过程中必不可少的一部分。"

不少学术期刊涉及多个学科，为尽可能节省办刊成本，一个大的专业可能只安排几名编辑，审稿人不一定对所有稿件涉及的领域都熟悉，因此，同行评议人的意见是编辑的重要参考，也成为论文学术质量的"保险阀"。施普林格方面称："目前尚不清楚稿件作者是否知晓这些机构假冒评议人的计划。"在百余篇国际论文遭撤稿的事件后，中国科协在《关于 BMC 撤稿事件的调查报告》中预警了此后可能继续出现基于相同原因的大规模撤稿风险。这份调研报告指出，多数涉及撤稿作者所在单位未认真开展调查，对事件的严重性认识不统一，调查工作不深入，处理较轻，没有以此为鉴建立相应的措施；只有少数单位对涉事作者作出了取消职称、职务以及评优评先资格等严厉处罚。中国科协表示，此次涉事论文中接受的国家自然科学基金资助必须追回，未来 5 年不得再申报基金，其他的处理由相关作者所在单位自行作出。

同行评议造假属于学术造假。同行评议是有效地评价科研成果的方法，需在一定的范围内合理使用，这是坚持价值评价标准的内涵所在。公正评价科研成果，才能更好地为科学技术的健康发展服务。

本章复习题

1. 科研选题的原则是什么？
2. 科研项目的申报程序是什么？
3. 如何撰写科研项目申请书？
4. 知识产权的保护规范是什么？
5. 科研成果的同行评议是什么？

第六章 科研伦理

通过本章学习，掌握科研伦理与科研道德关系、科研伦理的基本原则；学会运用科研伦理的一般规则并结合具体领域的特殊规则来分析基因科研、认知科学研究、信息技术研究等领域存在的伦理问题。以此进一步思考科研活动中还有哪些具体领域存在相关的伦理问题。最终学会对现实生活中的科研活动进行科研伦理的分析和评判。

科学研究作为一项人类活动，其中必然会产生研究者、被研究者、实验对象等之间复杂多样的关系。科学研究与科学技术不同，后者是一种客观实在物，其中的规律性已然确立；前者虽然在实施过程之中会利用到现有的科学技术，所取得的结果本身也可能是科学技术，但是在研究主体与研究对象之间，不是单向式的客观存在，而是双向式的主观互动，这其中会介入、融合各种情感、利益等，即产生了伦理问题。既然如此，那么科研就不是一项恣意的行为，它需要相应的规则予以规范和调整，以符合自然界和人类社会的要求和需求，这就是科研伦理所要解决的问题。

第一节 科研伦理的理论阐释

科研伦理作为规范科研活动的一种规则，所要解决的是科研自身和因科研而产生的伦理问题。合理界定科研伦理的概念是正确辨识科研伦理与科研道德的基本前提，也是进一步考证科研伦理的渊源和分析科研伦理的基本原则的基础要素。

一、科研伦理的含义界定

（一）科研伦理的概念

通过考察伦理学史可知，伦理与道德之间有着千丝万缕的联系。如果从相近性来说，二者常常被通用。不过，当我们用伦理的"显微镜"来观察科研的时候，从二者的差异性入手就显现出必要性。原因在于，"道德"关注的是做人的美德、品行、修养或德性；"伦理"关注的是人与人之间应有的行为规范或准则，是对人类道德现象的系统思考。就伦理而言，它关注的是人应当做什么样的人或应当做什么样的事情，尤其是当做人做事与他人利益密切相关时应该如何调整的问题。我们以科研中涉及到的主体、内容、行为等为基本要素，可以将科研伦理界定为科研人员与合作者、受试者和生态环境之间的伦理规范和行为准则。

我们虽然以道德和伦理的差异性来界定科研伦理的概念，但是我们还需要同时正确识别科研伦理中的道德要素和伦理要素，即在科学的发展过程中和科学研究的实践中，交融着伦理和道德：一方面，科研人员是道德主体，他们所开展的科研活动也会成为道德的研究对象；另一方面，科研人员还是伦理主体，科学研究是一种涉及到科研人员、科技辅助人员、课题资助者、受试者/患者、社会公众/消费者、政策制定者等诸多主体的社会活动。

> **资料链接**
>
> 　　自由传达思想和意见是人类最宝贵的权利之一；因此，各个公民都有言论、著述和出版的自由，但在法律所规定的情况下，应对滥用此项自由负担责任。"
>
> 　　　　　　　　　　　　　　　　　　　　　　　　　　——【法】人权和公民权宣言
>
> 　　　　　　　　　　　　　　　　　　　　　　　　　　　　　　　　　　（第11条）

（二）科研伦理是一种规则

《中华人民共和国宪法》第47条规定："中华人民共和国公民有进行科学研究、文学艺术创作和其他文化活动的自由。"科学研究的自由是公民的一项基本权利，当然权利与义务是对应的，绝对的科研自由可能隐藏着科技的滥用、研究的失范。近代自由主义思想家霍布斯在《利维坦》一书中对"自由"的解释是："自由按其本义来说，指的是没有阻碍的状态。据此，自由人就是在其力量和智慧所能够办到的事情中，可以不受阻碍地做他所愿意做的事情的人，"[①]并认为"在法律未加规定的一切行为中，人们有自由去做自己的理性认为最有利于自己的事情"[②]。霍布斯作为启蒙思想家，虽然有绝对自由主义倾向，但是并未彻底否定法律是自由的边界。马克思认为，"自由只能是：社会化的人，联合起来的生产者，将合理地调节他们和自然之间的物质变换，把它置于他们的共同控制之下，而不让它作为盲目的力量统治自己；靠消耗最小的力量，在最无愧于和最适合他们的人类本性的条件下来进行这种物质变换。"马克思深刻揭示了绝对自由的弊端，既承认自由的限度，也主张自由的广度。

科研自由也是如此，因为科研人员与相对方之间会产生各种各样的关系，而且随着人类活动空间的增大和活动方式的多元，这些关系所具有的开放性和动态性会越发明显，科研人员就不可能无视这些关系而恣意地开展研究活动。沿此思维，科研伦理具有必要性，例如研究者在开展人体实验时，需要获得受试者的知情同意，尊重他们的隐私，公正地分配负担和收益。从规范的层面看，用来调整人类行为、人际关系的都可以视为是规则，科研伦理即是其一，科研伦理是指在科研活动中科研人员应当遵循科学共同体公认的行为准则或规范。

> **名言链接**
>
> 　　生命诚可贵，爱情价更高。若为自由故，两者皆可抛。
>
> 　　　　　　　　　　　　　　　　　　　　　　　　　　　　——【匈牙利】裴多芬
>
> 　　人是生而自由的，但却无往不在枷锁之中。
>
> 　　　　　　　　　　　　　　　　　　　　　　　　　　　——【德】卡尔·马克思

《现代汉语词典》将规则界定为，"规定出来供大家共同遵守的制度和章程，是由书面形式规定的成文条例，也可以是由约定俗成流传下来的不成文的规矩。"马克思认为，"把每天

---

① [英]霍布斯，1985. 维利坦 [M]. 黎思复，译. 北京：商务印书馆：44.
② [英]霍布斯，1985. 维利坦 [M]. 黎思复，译. 北京：商务印书馆：72.

重复着的生产、分配、交换产品的行为用一个共同规则概括起来，设法使个人服从生产和交换的一般条件。这个规则首先表现为习惯，后来便成为法律。"规则的种类是多种多样的，在法治国家，法律作为一种规则是最为显现的，当然法律又不可能遍及人类活动的方方面面，这就需要其他规则来发挥作用，伦理即在其中。科研伦理作为一种规则，并非由古至今、由此及彼地都以成文化为表现形式，除了成文法律化外，还可能表现为约定俗成、行业习惯、行业规范等；在内容上，科研伦理的外延广泛，既包括一般性的科研规则，也包括具体领域的特殊要求。在我国，2002 年 2 月教育部印发了《关于加强学术道德建设的意见》，2006 年 3 月国家自然科学基金委员会监督委员会印发了《关于加强国家自然科学基金工作中科学道德建设的若干意见》，2009 年中国科协颁布了《学会科学道德规范（试行）》，2016 年 10 月国家卫生和计划生育委员会发布的《涉及人的生物医学研究伦理审查办法》等。虽然这些规则并不都以"伦理"来命名，但是所涉及到的很多内容却属于伦理范畴，所以考察科研伦理的规则属性应当涵括内容和形式两个方面。

（三）科研伦理内含责任要素

在奴隶制和封建制对人们全身心的束缚中，思想自由者乃至资产阶级启蒙思想家将权利作为利剑直戳旧制度的沉疴。两次世界大战的结束，人们进一步崇尚人权，"人权至上""人权原则""权利中心"等成为现代国家和社会的必备要素。但是我们同样不容忽视的是如果将"人权""权利"置于无所不能、无拘无束之中的话，那么人类同样不可能获得和谐发展，社会甚至会出现倒退。因此，与权利对应的义务乃至责任就是不可或缺的，权利、义务、责任的同时存在将使利益得到最大限度的平衡。在伦理范畴内同样如此。在近现代，长期以来，伦理是以权利为中心的，忽视人的责任，反映在科研伦理中，就会出现无法为身处科学技术世界的人提供判断行为的标尺。

众所周知，伦理来自于人类生活、又存在于人类生活之中，如果说"法律是最低限度的道德"的话，那么将"道德"作为研究对象之一的伦理同样可以视为法律的最低限度。这就是说，伦理不是一种口头的虚化言语，而是包含权利、义务、责任三要素的，所谓的义务仅仅是"应当为"或"可以为"一种行为设定，而责任是对违反义务的一种惩罚，正如同法律一样，如果仅有权利和义务的规定，那么相应的条款仅能作为软法存在，难以发挥应有的引导、教育、惩罚等作用。

责任并不是外在的"必须"，伦理中的责任连接着个体的道德和社会的规则；责任可以是一种内心的道德诉求，也可以是通过强制手段进行追溯的强制方法。我们通过审视法律、道德、伦理在运行过程中的状况，可以将责任归纳为两种特性：一是，通过外在的强制，责任可以转化为内在的、个人的基本道德修养或公德意识；二是，是一种社会性的伦理规范，是一个组织或群体的行为指南。从科研实践状况来看，在科研伦理中强化责任要素，实际上是对科技进步后的哲学反思，是对经济发展后果的伦理回顾，是对人类未来的忧患求索。特别是在人类进入 21 世纪以来，基因技术、克隆技术、生态环境、学术道德等关键词充斥着自然科学和哲学社会科学范畴。正如同英国学者梅森所言："科学主要有两个历史根源。首先是技术传统，它将实际经验与技能一代代传下来，使之不断发展。其次是精神传统，它把人类的理想和思想传下来并发扬光大。"[①]因此，我们看待科研伦理不单单是从科学技术角度

---

① ［英］斯蒂芬 F. 梅森，1980. 自然科学史［M］，周煦良，等，译，上海：上海译文出版社：1.

来分析，还应当从哲学社会科学层面来审视，其中"权利""义务""责任"是必备的分析工具，"责任"更是现代法治国家乃至伦理现代化中的关键要素。

二、科研伦理和科研道德的差异性

众所周知，无论是科技发展，还是科研进步，都包含着各种各样的问题，到底用哪种规则予以调整呢？不乏相关成文规则的制定与实施，当然规则之间是存在交叉或包容关系的，不同的研究者从不同的视角进行了分析，也存在语词的混用问题，从人们对科技与科研相关规则的语词表述来看，"科学道德""技术道德""科技道德""科技伦理""科研伦理"是最为常见的，这是因为道德与伦理的相似性强于差异性，科技与科研的概括性界定强于区别性表述。即便如此，为了精准地规范科研活动，有必要对科研伦理和科研道德的关系予以梳理，以此不但可以在名词的使用上更为规范，而且对科研活动的调整更为合理。当然，我们在科研伦理和科研道德的关联性上主要是集中于二者同属于规则范畴的考虑，差异性则是基于"伦理"与"道德"的细微区别，来探讨"科学伦理"和"科学道德"的关系。

> **资料链接**
> 黄禹锡在干细胞研究中实施了"数据造假"行为，这显然是科研道德问题，所暴露的是一个科研人员的诚信问题。这个事件中还存在黄禹锡在女性研究人员不情愿的情况下，胁迫其捐卵子用于科学研究的行为，这是科研伦理问题。

（一）概念的表述不同

概念是对某一事物、行为的本质和现象的抽象表达。科研伦理与科研道德在概念的表述上是不同的，这主要源于二者所审视的对象不同。科研道德考察的是科研人员自身的道德修养、品行及杜撰、抄袭、剽窃及学术不当行为产生的根源、表现、危害及对策；科研伦理既考察科研人员自身的各项要素，也考察科研人员因科研活动而产生的各种各样关系。

在科研活动中，科研伦理和科研道德常常会同时进入人们的视野，韩国科学家黄禹锡在干细胞研究中暴露出的问题就是典型例证。因此在界定科研伦理概念的时候，如果忽略了二者的区别，那么在研判某项科研活动的时候，就可能出现定性不准、处理不当等弊端。

（二）关注的重点不同

科研道德重点关注科研人员的道德品质、道德修养、机构的利益冲突及其后果，这是对科研主体实施的内在性调整；科研伦理重点关注科研行为本身的动机、行为过程、后果以及由此而引发的各种关系，这是对科研主体实施的内在性和外在性的双重化调整。

（三）责任对象不同

在规则的构成要素中，责任必不可少，但是不同规则在责任对象的设定上是不同的。在科研道德上，科研人员需要对纳税人、资助者和政府负责；在科研伦理上，科研人员既应当保障受试者等个体的合法权益，也要维护国家和集体利益。

（四）目标不同

科研道德和科研伦理都是为了科研活动的正向发展，但是相关建设目标的重点不同：科研道德偏重于科研诚信建设；科研伦理偏重于伦理审查能力建设。

（五）否定性评价的标准不同

被科研道德予以否定性评价的标准是科研活动背离了基本的学术规范，出现严重的科研不端行为；被科研伦理予以否定性评价的标准是科研活动严重违反了一个或多个基本伦理原则并导致恶劣的影响。

（六）在科研常见问题上评价的对象不同

科研道德所否定评价的行为通常包括剽窃他人成果、篡改实验数据或杜撰、滥用科研经费等；科研伦理所否定评价的行为通常涵括在涉及到人的科研中，违反了尊重、无伤、有利和公正等伦理原则，或在科研活动对生态环境及人群造成较大的风险或灾难。

（七）在课题方面所评价的问题不同

科研活动常常是以课题或项目为载体而实施的，二者在课题的申请和实施上存在不同的问题表现。在道德层面上，存在研究者弄虚作假，违反诚实、客观等原则，骗取科研资源的问题；在伦理层面上，课题自身隐含着生态风险、人身伤害、有无研究价值等问题。

（八）在科研成果和成果应用中关注的不良行为不同

科研活动的直接目的是产出相应的科研成果，并且成果能够得到实际应用。从科研道德上看，问题表现为署名不当、隐瞒不利结果、一稿多投、侵犯或损害他人著作权，有意不准确报告结果；从科研伦理上看，问题表现为泄露个人或群体可识别的信息、侵犯隐私权、利益分享不公、没有按承诺保守机密等。

三、科研伦理的渊源考证

时至今日，科研伦理从一般性的规定到具体领域的要求都有涉及，科研伦理体系也逐渐形成，当然科研伦理的发展并非一蹴而就，它固然与科学技术发展、科学研究进展密不可分，也与人们的认知与理念息息相关，更与国家、社会、行业对科研活动中伦理问题的调整力度有机相连。为了能够历史性的展示科研伦理的发展过程，我们将科研伦理的渊源归纳为前科研伦理期、科研伦理产生初期、科研伦理初步发展期、科研伦理健全期四个阶段。

（一）前科研伦理期

从人类产生至中世纪为前科研伦理期。其实，在人类实践活动的早期，近现代意义的科研活动是不存在的，但是并不否定研究者的存在，因为彼时终究受到生产力低下的制约。在前科研伦理时期，研究者是出于好奇心或求知欲而进行一定的探索，这些行为一般不会与他人发生利益冲突，严格意义的科研伦理并不存在，但是这并不否定研究者与他人之间人际关系的存在，研究者也具备了一定的伦理意识。

1. 研究者之间存在两类关系

人类在早期的实践活动中即已产生了各种各样的关系，相应的伦理也逐渐出现并系统化。研究者之间存在两类关系，即师生关系和同辈关系。在师生关系方面，古希腊的苏格拉底、柏拉图、亚里士多德是"希腊三贤"，是三代师生关系，亚里士多德还留下了"吾爱吾师，吾更爱真理"的名言；我国古代的孔子和他的学生之间的师生关系可以在《论语》中得到展现。在这些师生关系中，并不拘泥于知识的传承，而是讲求启发和探索，更为重要的是这其中还蕴含着尊师重道的传统和勇于探索的个性，这实际上就是伦理精神。在同辈关系中，古希腊哲学家们都能从自己的视角来论辩和讨论哲学问题，中国古代的先贤们也是如此，例如《庄子·秋水》记载了"濠梁之辩"。发生在同辈之间的论辩虽然很激烈，但是论辩者都是以尊重对方为前提，论证自己的观点，这也足见学者们刻苦学习、勤于思考的伦理精神。

> **资料链接**
>
> 庄子与惠子游于濠梁之上。庄子曰："鯈鱼出游从容，是鱼乐也。"惠子曰："子非鱼，安知鱼之乐？"庄子曰："子非我，安知我不知鱼之乐？"惠子曰："我非子，固不知子矣，子固非鱼也，子不知鱼之乐，全矣。"庄子曰："请循其本。子曰汝安知鱼乐云者，既已知吾知之而问我，我知之濠上也。"
>
> ——庄子·秋水

2. 研究者具备朴素的科研伦理意识

在前科研伦理期，虽然没有习惯性或成文的科研伦理规则，但是研究者具备朴素的科研伦理意识，即献身精神与科学精神。

在献身精神方面，古希腊的苏格拉底因自己的研究而获罪；中国古代的张衡热心研究，因反对谶纬迷信而得罪权贵，一生仕途坎坷。

在科学精神方面，研究者表现出追求真理的执着信念和严谨态度。古希腊阿那克萨哥拉认为太阳是一团炽热的物质，月亮和地球一样也有山谷和居民，陨石是从太阳上掉下来的石头，雷由云彩的撞击而产生，闪电是云与云之间摩擦的结果。由于这些违反传统宗教和神话的主张，被人攻击为宣传邪说，以"不敬神"的罪名被驱逐出雅典。在我国古代北魏时期的贾思勰虽为太守，可是他对农业的研究，不是停留在嘴上，或单单把别人的经验写在纸上。他是亲自去做，有了体验，再记录下来。就是说他写出来的，或总结出来的经验，是经过实践的。贾思勰为了掌握养羊的经验，他买了二百头羊，自己亲自去养。对种地，贾思勰更是不辞辛苦，到田头，住老农的窝棚，虚心向老农求教。对如何提高土地的地力，使农作物不断从土地得到充足的养料，更有独到而精辟的见解。贾思勰书写的《齐民要术》对后世农业生产产生了重要的影响。

（二）科研伦理的萌芽期

资产阶级启蒙思想家将人从制度和神学的束缚中解放出来，科学技术作为生产力在历次工业革命之中逐渐得到了认可和发展。正如马克思所指出的，"生产力中也包括科学"，"固定资本的发展表明，一般社会知识，已经在多么大的程度上变成了直接的生产力，从而社会生活过程的条件本身在多么大的程度上受到一般智力的控制并按照这种智力得到改造。"马克思还强调，"社会的劳动生产力，首先是科学的力量"，"大工业把巨大的自

然力和自然科学并入生产过程，必然大大提高劳动生产率"。国家和社会对科技人员的需求渐旺，科研逐渐兴盛，科研成果日渐增多，但是其中隐含的问题也暴露出来。

1.科研精神得到继承和发展

前科研伦理期已经形成的献身精神和科学精神，随着科学技术的发展，研究人员对其进行了继承，同时他们更加重视科研的客观性和批判性，从而使科研精神更加符合科学技术的真谛，具体体现在科研人员逐渐养成了严谨求实的学风。

2.科研人员的社会责任更为凸显

科学技术作为生产力逐渐在人们的观念中得以确立，随之科研人员在社会中的地位也逐渐提升，这也意味着科研人员承担着更大的社会责任，例如我国古代的四大发明，既契合了社会发展的需要，也是发明者探索能力的体现，如果用今人的眼光和世界的视角来看，我国古代劳动人民的发明创造是一个国家和人民智慧的结晶，是中华民族对世界文明作出的重大贡献。

3.科学研究中的私利引起了研究者的重视

在启蒙思想家的启蒙下和资产阶级的革命中，人们的思想和行为更为自由，特别是在第一次工业革命过程中科学技术所显现出来的巨大力量和圈地运动等掠夺行为的并存，使得人们注意到了科研中的私利问题，所以完全的自由主义和彻底的实用主义开始减损着科研承担的社会责任。

资料链接

牛顿从物理学出发，在1665～1666年间发明了微积分，而莱布尼茨则从几何问题出发，于1674年发明微积分，但莱布尼茨论文发表的时间在先，因此两人为争夺优先权闹得不可开交，最终科学界承认两人各自独立发明微积分。

4.科研成果的权属问题开始出现

近代意义的科学技术必然涉及到了权属问题，因为科研成果或者是新的发现，或者是新的发明，可能是一个人的行为，也可能是两个或更多人的行为，那么到底科研成果的权属如何界定？这既是对研究者的尊重，也是对科学技术的尊重。在此意义上，解决好科研成果的归属问题需要科研伦理来发挥作用。

在科研伦理的萌芽期，特别是17、18世纪，人的主体性力量得以逐渐确证，以致于出现对科学技术无批判无反思的乐观主义，人们在所谓的科技理性之中，盲目地享受着人从自

然束缚、愚昧无知和贫困中解脱出来的幸福,无比坚信着自由、民主、快乐地生活在科技的发展中终将实现。

(三)科研伦理的发展期

19初世纪至20世纪中期,随着资产阶级国家的建立,相关国家制定了宪法,引领着各国向着民主法治发展。在国家发展的同时,社会各行业也逐渐繁荣,社会分工日益细化。大学开始涌现,研究机构逐渐专业化,研究规模空前,科学研究已经成为一种常态,不过在两次世界大战中,科学技术的"双刃剑"属性日渐显露,科学研究中的问题也更为突出和多样,因此科研伦理亟待发展。

1. 科研的客观性问题更为凸显

科学技术的客观性似乎可以推导出科学研究也是中立的,实则不然。科学技术作为客观存在,它的价值中立属性毋庸置疑,但是在科研的过程中和在科技的使用中却是由人来主导。在人的本性问题上,无论是性善论,还是性恶论,在价值属性上难以进行客观化考量,但是当人性与科研相遇的时候,其中涉及到的利益问题就免不了接受价值的评判。那么,这里的"价值"是指什么呢?价值是某一物对人的有用性的判断,其实在科研之中谈及价值,实际上是科研是否符合伦理的问题,例如在战争中使用武器残害平民,科研过程中的惨无人道的人体实验,这些都是违背人类基本伦理的。因此对待科研的客观性问题就不能仅仅立足于科学技术自身的客观性,而应该将人与科研进行客观性和主观性的综合考量。

> **资料链接**
>
> 孟德尔(Gregor Johann Mendel,1822~1884),是一位孤独的天才,自称为"实验物理学教师"的遗传学之父。
>
> 他孤立于当时的科学界,做出奠基性突破却终生未被学界承认;他的工作几十年后尚不为同一学科第二重要的科学家、诺贝尔奖得主所理解;他发现的貌似简单的理论,即使在今天,多数学过该理论的的人,都没意识到其智力高度;他不是为利益做研究的科学家,身后却被疑造假,再遭遇不公。

2. 科研人员的社会责任更为重大

科研人员熟悉自己的研究过程和科研成果,同时科研人员还可能被统治者所利用,正如同美国学者马尔库塞所言,"技术的合理性展示出它的政治特性,因为它变成更有效统治的得力工具,并创造出一个真正的极权主义领域。"[①]这在殖民主义、帝国主义的发展中有着明显的例证,即帝国主义国家对世界市场的侵占与瓜分,两次世界大战先进技术的应用对人类造成的灭顶之灾。事实证明所谓的科技理性并不能够完全实现,科研人员也不是科技的生产机器,他们除了应当具有研究技能外,还需要具有人文精神,或者称为科研精神、科学精神,即"人类在长期科学技术活动中逐渐形成和不断发展的一种主观精神状态。"[②]如果这种精神与伦理责任相

---

① [美]马尔库塞,1989. 单向度的人 [M]. 刘继,译. 上海:上海译文出版社:9.
② 陈彬,2014. 科技伦理问题研究 [M]. 北京:中国社会科学出版社:5.

对接的话，那么所体现的不仅仅是一种对本国的责任，而且是一种对人类的责任。

3. 科研分歧演变为偏见

社会的分工和科研的精细使得科研人员专攻某一方面的问题，不同领域的交叉研究出现空缺，以致于出现科研分歧。分歧是正常现象，但是如果因此产生人身攻击，就会违背科研宗旨，也会使科研走向狭隘。

另一种分歧体现在业余科学家或年轻科学家对专业或年长的专家的科研成果进行批判，因此而产生人身攻击，甚至形成科研霸权。科研本就是一个创新的过程，如果缺少了批判继承的这种宽容心态，会使分歧演变为偏见，最终扭曲了科研工作的本质。

4. 科研权属问题更为突出

科研伦理萌芽期所产生的科研权属问题在这个时期更为突出，这是因为科研活动的迅猛发展，科研成果斐然，科研伦理还没有及时予以应对的情况下，科研人员们或者是同时产出成果，或者是产出但未公布，再或者出现剽窃现象，等等，这些权属问题不能够得到解决，必然导致科研活动的混乱，科研人员无法静心研究，而是忙于科研权属之争。科研规则乃至科研伦理的出台成为紧迫事宜。

（四）科研伦理的健全期

第二次世界大战后，人们在谴责法西斯的恶劣行径的同时，也开始反思科技的负效应；不过，随着国际组织和世界各国在维护和平方面的不懈努力，战后的六十多年的时间内虽然局部战争不断，世界和平仍需努力，但是人们在政治权利得到保障的同时，也开始追求经济、社会、文化方面的权利，这既有健全的国际文件为依据，也有各国在现代法治建设中对人权的保障。与此同时，科研活动中的旧问题依旧严峻，新问题不断产生，国际组织和各国也制定和颁布了相应的伦理规则。

1. 科研不端行为日趋多元和严重

科研活动本是一项不断发展的行为，所以对科研活动的评价也不是一成不变的，就科研不端行为而言，某项科研行为可能在一国受到否定评价，但是在另一国可能就是被允许的；某项科研不端行为可能因为隐藏的原因而没有被发现。科研不端行为的表现形式也是多元化的，有数据造假的，有全文或大段复制他人观点不注明出处的。当然，科研不端行为也不仅仅局限于自然科学范畴，在人文社科范畴内同样是被关注的焦点。因此在现代社会中，科学技术的原创性和创新性固然是自然科学研究的本质属性，但如果忽略了人文社科研究中的不端行为的话，那么损害的就不仅是人文精神或伦理精神，其后果甚至波及至自然科学研究之中，因为自然科学和人文社科是一种互促共进的关系。

2. 科研伦理逐渐体系化

面对现代科研中存在的诸多问题及其严重性，国际社会和各国纷纷出台相应的调整规范。国际科学界形成了一系列科研伦理准则、规范和评价标准，对科研行为起着倡导、约束甚至禁止的作用。这些国际伦理文件包括：世界医学理事会不定期修改完善的有关生物医学研究伦理规范的《赫尔辛基宣言》，1997年联合国教科文组织（UNESCO）发表的《世界人类基因组与人权宣言》，2000年世界卫生组织（WHO）发表的"评审生物医学研究的伦理委员会工作指南"和2002年发布的《涉及人类受试者的生命医学研究国际伦理准则》，2005年第59届联大法律委员会通过的一项政治宣言要求各国禁止有违人类尊严的任何形式的克隆人。

我们国家在重视科学技术的同时，也认识到了科研中存在的问题。针对此，20世纪90年代以来，我国政府和学界开始重视科研伦理规范与法规在保障科技进步方面的重要作用。例如，国家药品监督管理局于1999年出台了《药品临床试验管理规范》，科技部和原卫生部先后制定了《中国人遗传资源管理暂行办法》（1998年）、《人胚胎干细胞研究伦理指导原则》（2003年）、《涉及人的生物医学研究伦理审查办法（试行）》（2007年）等。

3. 责任追究更为严格

科研人员的社会责任是正常科研活动不可或缺的组成要素，更是评判科研活动的价值属性的关键指标。如果社会责任仅仅是停留在口头或经验之中的话，那么所谓的社会责任就可能遭到虚置；如果科研伦理规范，仅仅是列明鼓励性规定或禁止性规定，而缺少责任条款的话，那么科研伦理规范就是软条文；即便是科研伦理中规定了责任条款，但如果没有相应的执行体制和机制的话，那么科研伦理的应有效果则会大打折扣。近些年，我们国家对科研诚信的关注度越来越高，惩罚的力度也越来越大，例如有的高校研究生论文存在造假现象，不但研究生本人的学位被撤销，而且导师也会受到惩罚；再如有的高校教师存在学术不端行为，损害了教师的职业形象，受到了人们的否定评价，甚至受到学校的纪律处分。

四、科研伦理的基本原则

为了识别、分析和解决科研活动中存在的伦理问题，科研人员需要牢牢把握基本的伦理原则，进而确立一种伦理分析评价的思维框架，增进科研伦理决策能力。科研伦理包括四项基本原则：尊重原则、最小化原则、最优化原则、公正原则。

（一）尊重原则

1. 尊重原则的概念

尊重原则是指，在科研活动能够中必须尊重人的尊严、自主性、知情权和隐私权。

2. 尊重原则的具体要求

第一，尊重人的自主选择权。自主选择权是有行为能力的人在不受外力干扰的情况下，按照自己的意愿来选择行动方案的能力或过程的权利。在科研中涉及到人的自主选择权，体现为受试者和科研人员两类主体上。就受试者而言，在科研人员收集涉及到人的科研数据或生物材料的过程中，数据提供者或生物样本捐赠者有自主决定权；在人体试验中，受试者可以自主选择参加，可以中途自由撤出试验。就科研人员而言，科研人员在遵从自然规律、遵循科学规范和伦理规范的基础上，可以在专业范围内自由探索未知世界，国家、社会乃至科研机构要努力营造宽松的科研创新环境。

第二，保障人的知情同意权。在开展涉及到人的科学研究时，科研人员必须事先取得受试者的知情同意，当前其前提条件是科研人员应当保障受试者作为正常的理性人能够做出明智的选择，这需要明确向受试者提供实验的信息，具体包括：研究目的、方法、过程、可能的风险和受益等。对于科研人员来说，这是他们应当承担的充分告知义务，因为在受试者做出某种决定时，如果任何一个环节出现问题，就可能引发伦理问题。例如在临床实践中，有的研究人员混淆"研究"和"治疗"的区别，那么就可能使受试者陷入参加高风险的实验研究之中。在利益的驱动下，有的研究人员不顾知情同意原则，引诱、胁迫人参与较高风险的人体试验。在科研压力之下，有的研究人员为了节约成本，在短时间内招募到足够的受试者，却隐瞒相关的不良信息，同样会使受试者陷入风险之中。

第三，保护人的隐私权。人格权是一个人与生俱来的权利，其中隐私权是一项重要的人格权。所谓的隐私是一个人不容许他人随意侵入的领域，或不得泄露给他人的有关个人或群体的可识别信息或资料。研究人员在搜集、储存和使用受试者生物样本、资料时，必然会接触到受试者大量的隐私资料，如果没有妥善保存受试者的可识别的个人信息资料，将涉及受试者隐私的资料和情况向无关的第三者披露，就会影响到个人就业、升学和婚姻，甚至引发基因歧视。

（二）最小化原则

1.最小化原则的概念

在涉及到人的科研活动中，对受试者来说，可能存在一定的风险或伤害，这就要求科研人员应当确保受试者面临的风险或伤害最小化，乃至无风险或伤害的程度。最小化原则是指尽量减低对受试者的身体伤害、精神伤害和经济损失，尽量减少对公共卫生造成风险或危险、以及对生态环境的危害等。

2.最小化原则的具体要求

科研活动可能会涉及到个体、群体的健康，也可能会对生态环境造成影响，例如转基因作物、纳米研究和人类基因组研究等。这就需要科研人员采取有效地措施实现风险或伤害的最小化。

第一，在自然科学研究人员、人文社科研究人员、环保专家、政策制定者及公民代表共同参加下制定研究规范和伦理规则。

第二，科学评估科研活动对潜在群体健康的影响、生物安全和生物防护等问题。

第三，科研人员在课题申请、研究方案的制定时，应当充分考虑受试者的个体状况、其他群体乃至生态环境的风险或伤害，通过事先的预测明确应该做的和不应该做的事项。

第四，及时报告严重不良事件，在研究开展之前应当建立不良事件预案，建立严重不良事件及时报告机制。

（三）最优化原则

1.最优化原则的概念

最优化原则是指科研人员在科研活动中应当最大限度地促进人类科学知识的增长，开发新疫苗、新疗法、新医疗设备、新药来提高人类生活质量和生命质量，增加人类福祉。

2. 最优化原则的具体要求

在科研活动中会存在着不同的利益冲突，这时就需要采取最优化原则来处理。集中体现在研究者个人的利益与受试者的利益发生冲突时，应当把受试者的权益放在首位。具体来说，科研人员在科研活动中应当事先权衡科研方案的利弊，开展"风险—受益"分析，对潜在的风险进行社会规制，最大限度地实现科研收益的最优化。在科研伦理规范中同样需要规定最优化原则，这也得到了国际和国内相关伦理规范的吸纳，例如《赫尔辛基宣言》、《涉及人的生物医学研究伦理审查办法（试行）》等对此都有规定。

其实，科研活动涉及到多方利益是正常现象，而且利益之间存在冲突也是客观存在的，但是当不同方的利益发生冲突时，如何将不利影响降低到最低程度。这时，可以采取有效措施来避免，达到最优化的效果。具体来说应当以公开经济利益安排为主，同时辅之以调停、节制、没收所得、禁止等措施。

（四）公正原则

1. 公正原则概念

公正原则是指在科研活动中要坚持正义与公道，公平合理地分配科研资源，在程序、回报、分配等方面公平对待受试者。

2. 公正原则的具体要求

第一，程序公正。在科研活动中，科研人员通常是以课题的方式来开展各个环节，只有所有的环节都通过评审，才能算是实现程序公正。例如在课题申请、立项、中期检查、验收等各个环节中，课题主管部门要做到公开、透明。当前实行的同行匿名评审制度就在很大程度上保证了程序公正。再如，科研人员职称晋升、岗位评聘等方面，如果能够建立健全的科研体制机制就可以给科研人员提供平等的机会，实现公开、公正的竞争。还如，在涉及到人的科研活动中，在招募受试者时，科研人员应当制定和执行明确的"准入"和"排除"标准，同时受试者的知情同意过程也要公开公正。

第二，结果公正。科研活动是枯燥的，并且需要付出大量的时间和精力，甚至是生命。在科研奖励主管部门或管理机构应当在物质上和精神上给予充分的回报；在科研成果归属上，应当坚持优先权原则，保障科研人员的合法权利。对于受试者来说，他们参与课题研究就会承担一定的风险，这需要有健全的医疗救助和补偿机制。

第三，分配公正。在《赫尔辛基宣言》等国际研究伦理准则中均有分配公正的相关规定。例如在确定"入选"和"排除"标准，公正地选择受试者；再如，当研究涉及早期胚胎、胎儿、新生儿、儿童、孕妇、老年人、囚犯等脆弱人群时，要特别注意风险和受益的公正分担。另外，在宏观层面，科研资源的分配应该本着"有所为，有所不为"的原则，公正合理地分配科研人力、财力和物力。

"瘦肉精"研究中的伦理问题

20 世纪 80 年代初，美国 Cyanamid 公司研发出一种明显促进猪生长、提高瘦肉率的饲料添加剂——盐酸克伦特罗，俗称"瘦肉精"。1989~1992 年西班牙先后有近 300 人因食用了添加瘦肉精的猪肉而中毒，法国、意大利和美国也出现类似中毒事件。欧美国家陆续禁止盐酸克伦特罗作为动物饲料添加剂。

1998 年美国 FDA 批准盐酸克伦特罗只能用于非食用的马。80 年代末，盐酸克伦特罗在中国也成了饲料界研究的热点，但在可以检索到的 40 多篇相关论文中，没有一篇论及副作用。某知名大学动物科学学院教授是"瘦肉精"在中国最早的研究者和传播者之一，他为了论文顺利发表而刻意隐瞒"瘦肉精"的副作用。此后，"瘦肉精"在中国得到了快速推广。1997 年，我国农业部发文严禁盐酸克伦特罗在饲料和畜牧生产中使用。但此后上海、广州等地仍发生多起瘦肉精食物中毒事件。不断爆发的瘦肉精生产、销售案件令"科学公信力"再次受到质疑。在巨大的市场需求驱动下，仍有企业与高校研究机构合作研发不止，很少有人研究毒副作用，也尽可能屏蔽有关使用"瘦肉精"引起中毒等负面信息。

"瘦肉精"作为一项"科研成果"，在研发动机上就是以追究经济利益为目的，但是，食用添加"瘦肉精"的猪肉会危及到人的健康乃至生命。"瘦肉精"虽然源发于美国，但是在我国也得到了推广和应用，在这个过程中既有科研工作者的无原则性的宣传，也有科研人员对"瘦肉精"的片面性研究，如此就助长了"瘦肉精"在我国的应用范围，不断出现的恶害后果足以证明这项"科研成果"的研发与应用违背了科研伦理，这又显现出如果在科研伦理中没有相应的责任规定和现实的责任追究机制的话，那么像"瘦肉精"这类本身就违反科研伦理的成果，再加之其推广和应用，最终受到伤害的只能是人类自身，因此遵守科研伦理固然是科研人员的基本责任，也是执法机构乃至广大人民的应然行为。

第二节 涉及不同学科的科研伦理问题分析

科研伦理的产生、发展、健全既是科学技术风险及其引发的社会不确定性所使然，也是人类在自身的生存与发展中最大限度地去发挥科学技术的正向效应和避免负向效应之内需。虽然我们在考察科研活动中存在的伦理问题及其科研伦理的历史渊源时，是以科研实践的历史与现状为依据，对不同学科的科研伦理进行综合性和一般化研判，但是我们同样不能忽略的是不同学科涉及到的伦理问题和伦理规范也是不同的，这就需要对不同学科的科研伦理问题进行具体分析。换言之，只有建立在具体专业学科领域科研伦理问题研究基础上，才能真正从总体上回答为什么要进行科学研究，如何运用科学技术，科学技术为谁服务的问题。分析不同学科的科研伦理问题就是要把科研伦理中的一般规范性研究成果和思维方式应用到具体的科研领域，解决科研活动中具有具有争议性的伦理问题。

一、生命科研伦理问题分析

人类自身的生命问题是科研工作者孜孜以求的探索焦点，特别是自 20 世纪以来，在生物医学领域开展的生命科研探索使过去很多不可能发生的生命事件成为可能，甚至在一定程度上操纵着人类的基因、细胞、胚胎、器官等，从而控制着人的生长发育、社会行为、情感情绪等。当这些科研成果应用到临床医疗时，增进了人类的健康，提高了人们的生活质量，但是这些研究过程或结果也对人类的心理、生理等方面产生着巨大的冲击，例如在面对安乐死、代孕、克隆人等新的生命现象的时候，人类早已习惯的伦理传统如何来应对？早在 1971 年，美国生物学者范·潘塞勒·波特在其出版的《生命伦理学：通往未来的桥梁》一书中，创造性地使用了"生命伦理学"一词，此后人们依循这一名词对人类生命与现代科技中的伦理问题进行着扩展和细化研究，"生命科技伦理"也是在这个过程中产生。考虑到科研是一项更为动态的活动，我们采用"生命科研伦理"这一名词，即关注生命科研中的非技术难题，并从伦理层面来探讨相应的应对思路和方法。

（一）基因科研引发的伦理问题

1. 基因科研伦理的发展背景

19 世纪 60 年代，遗传学家孟德尔就提出了生物的性状是由遗传因子控制的观点，但这仅仅是一种逻辑推理。20 世纪初期，遗传学家摩尔根通过果蝇的遗传实验，认识到基因存在于染色体上，并且在染色体上呈线性排列，从而得出了染色体是基因载体的结论。1909 年，丹麦遗传学家约翰逊（W.Johansen，1859～1927）在《精密遗传学原理》一书中正式提出"基因"概念。20 世纪 50 年代以后，随着分子遗传学的发展，尤其是沃森和克里克提出 DNA 双螺旋结构以后，人们进一步认识了基因的本质，即基因是具有遗传效应的 DNA 片段。

1974 年，波兰遗传学家斯吉巴尔斯基（Waclaw Szybalski）称基因重组技术为合成生物学概念。1978 年，诺贝尔生理学与医学奖颁给发现 DNA 限制酶的纳森斯（Daniel Nathans）、亚伯（Werner Arber）与史密斯（Hamilton Smith）时，斯吉巴尔斯基在《基因》期刊中写道："限制酶将带领我们进入合成生物学的新时代"。2000 年，国际上重新提出合成生物学概念，并定义为基于系统生物学原理的基因工程。

基因工程（genetic engineering）又称基因拼接技术和 DNA 重组技术，是以分子遗传学为理论基础，以分子生物学和微生物学的现代方法为手段，将不同来源的基因按预先设计的蓝图，在体外构建杂种 DNA 分子，然后导入活细胞，以改变生物原有的遗传特性、获得新品种、生产新产品的技术。基因工程技术为基因的结构和功能的研究提供了有力的手段。

基因治疗（genetic therapy）是基因工程最重要的组成部分，被誉为 21 世纪最具有前途的医疗技术。基因治疗是健康基因导入患者细胞以取代致病的有缺陷的基因，或者补偿缺失的基因，以此获得新的特征，从而产生直接治愈或缓解遗传病的疗效，也包括从患者体内取出某些细胞经"基因治疗"后再移植回患者体内，或者将那些专门破坏癌细胞的基因引入癌细胞，从而产生杀死癌细胞、治愈或缓解癌症等的疗效。这种治疗方法是通过对疾病基因进行修饰、替换而使之转变为正常基因行使正常的功能，实际上是一项基因干预手段，也就是通过基因转移技术将外源性正常（治疗）基因导入病变部分的目的细胞，使之有效地表达为相应的蛋白质而发挥生物效应，以达到治疗、预防疾病或增强人体某些特性的治疗方法，又被称为分子外科手术。基因治疗与常规的疗法不同之处在于它主要利用基因的特征，而常规治疗则运用的是药物的功效从外部治疗。

目前，基因治疗仍然处于试验阶段，但是它的不确定性甚至风险性仍未得到消减。再加之，基因治疗是一种人为地改变人类遗传信息的技术，改变固有的遗传组成，就会产生遗传上的不均衡，甚至会导致人类遗传多样性程度被人为降低，这实际上是一种改变自然规律的技术，所以它的应用与发展仍待商榷。基因治疗作为一项实验探索，也可以称为基因科研，目前仍处于研究过程之中。时至今日，基因研究已经进入了以功能基因组学、疾病基因组学为主的新时代。但是我们并不能因此而全盘接受这项技术，因为基因科研引发的伦理不容忽视。

2.基因科研引发的伦理问题

基因研究的主要任务是揭示基因组及其所包含的全部基因的功能，阐明遗传、发育、进化、功能失调等基本的生命科学问题。基因研究一方面具有不可估量的商业价值和技术本身的诱惑力，另一方面也在基因隐私、基因歧视、基因专利等方面冲击着传统生命价值观、家庭伦理观和社会伦理秩序。概括来说，基因科研存在下列伦理问题。

第一，技术风险问题。基因科研蕴含着大量的技术因素，就基因治疗而言，通常包括基因替换和基因添加两种类型，无论是哪种类型都会涉及到将新的基因准确导入人体内数以亿计的靶细胞之中，这在技术上是非常困难的，势必影响基因科研的进展。即便可以将基因导入到相应位置，如何使新的基因与受体相融合，也是难以控制的。在这种不成熟的技术之下，去研究人体最本质、最隐蔽的基因层面，就可能发生治疗上的误差和失准，甚至导致难以复原的风险和伤害。由此必然导致受试者顾虑和反对，最终制约着基因科研的开展。

第二，社会风险问题。基因科研存在的风险不仅仅是技术方面的，而且还会带来诸多的社会风险。一方面，受试者个人隐私的保护问题。开展遗传咨询和基因诊断是基因治疗的前提，所以受试者一旦接受基因治疗，旁人便很容易了解到他在基因上的缺陷，从而可能对其产生歧视。而且这些偏见往往会延续到受试者的后代身上。也就是说，如果这些信息遭到泄露，对个人乃至家庭、家族都会造成伤害。另一方面，基因治疗不同于其他的临床治疗，需要昂贵的费用，特别是在基因治疗尚未纳入医保范畴的情况下，一般公民在经济上难以承受。那么如此有限的技术资源如何分配就成为人们所关注的焦点问题。特别是在医疗实践中，如何协调这种有限资源与"医乃仁术"之间的关系，这也是不能忽略的问题。

第三，生态风险问题。在基因科研中，存在基因治疗和基因增强两种思路，基因治疗是用于医学目的的，基因增强是用于非医学目的的。虽然目的不同，但是二者之间却又难以区分。如果将基因治疗服务于改良人的智力、寿命等目的，这势必加剧社会的不平等，甚至会给后代造成新的不公正，在基因上造就新的弱势群体，也可能引发新的无法预计的疾病。从非医学目的上看，基因技术能够实现在分子水平上对人类遗传物质进行操纵和修饰，甚至可以能通过实施遗传控制来改变繁衍过程，从而出现全面再造整个物种的结局。也就是说，"物竞天择，适者生存"，这种数百万年形成的自然规律可能受到改变，既然自然进化的生态平衡可能被打破了，那么不可预知的生态风险就可能发生。

（二）无性生殖科研引发的伦理问题

1. 无性生殖科研的概念与方法

无性生殖科研是针对无性生殖技术开展的研究活动。无性生殖技术，又称克隆（cloning）技术，是指运用现代医学技术，不通过两性结合，而进行高等动物（包括人）生殖的技术。无性生殖技术属于遗传工程的细胞核移植生殖技术，是用细胞融合技术把单一供体细胞核移植到去核的卵子中，从而创造出与供体细胞遗传上完全相同的机体的生殖方式。无性生殖有狭义和广义两种。

狭义的无性生殖技术，又称成体细胞克隆技术，是取出高等动物的成体细胞，把其携带遗传信息的细胞核植入去核的卵中，通过技术让结合体继续发育，再将发育到一定程度的胚胎植入母体妊娠直至分娩。由于成体细胞已经失去了受精卵的分化能力，就大大增加了无性生殖的难度。

广义的无性生殖技术除了狭义之外，还包括胚胎克隆，就是将尚未分化的动物胚胎，通过细胞切割技术一分为二或多，被分割的胚胎继续发育，再将发育到一定程度的胚胎分别植入母体妊娠直至分娩，诞生的生命体的遗传信息是完全相同的。不过严格来说，用于切割的动物胚胎仍然是两性结合的产物，因此，应不属于无性生殖。

通过实验发现，一个未受精的卵细胞受到针状物刺激后，能引起分裂。但由于卵细胞只有单倍的染色体，所以并不能发育为成熟的个体。细胞核移植技术成功地解决了这一问题，它的技术成熟包括如下五个步骤：①卵子的激活：卵子在接受另一个细胞的细胞核之前，必须从沉睡状态苏醒，这一过程被称为"激活"，而且激活的方法因动物不同而异；②去掉卵子本身的细胞核；③取出供体细胞的细胞核；④将取出的细胞核植入已去核的卵细胞质中；⑤将处理后的卵子移至寄母体内发育为个体。

2. 无性生殖科研的发展背景

1938 年德国科学家首次提出克隆设想，随后各国科学家进行了多次的克隆试验。1952年，美国布里格斯（Briggs）和金（King）用两栖类动物进行细胞核移植，首次获得成功。由于哺乳动物的卵子体积小，细胞核移植技术的难度大，所以，在当时此项技术主要应用于两栖类、鱼类。1983 年以后，随着移核技术取得了新突破（用显微吸管去掉受精卵的两个原核，然后借病毒的融合作用，把供体细胞核转入去核的卵内），人们对哺乳动物体细胞核移植产生了兴趣。1997 年 2 月，英国罗斯林研究所科学家用克隆技术，通过单个绵羊乳腺细胞与一个未受精去核卵结合，成功地培育出了第一只克隆绵羊"多利"（Dolly），这就成为生殖性克隆技术成熟的标志。此后，"克隆鼠"、"克隆牛""克隆猪"等"克隆动物"也相继诞生。2000 年 1 月，美国科学家宣布克隆猴取得成功，这只恒河猴被命名为"泰特拉"。

在我国，从 20 世纪 80 年代起步，经过持续的探索和突破，先后克隆出羊、牛、猪、小鼠等。2000 年 6 月，西北农林科技大学利用成年山羊体细胞克隆出两只"克隆羊"；2001 年11 月 3 日，全国首例成体细胞克隆牛康康，在山东莱阳农学院动物胚胎工程中心平安诞生；2002 年 1 月 19 日，我国第一头土生土长的克隆牛在山东曹县中大动物胚胎工程中心诞生。莱阳培育出克隆牛的胚胎是从国外引进的，但需要强调的是这头克隆牛以及在该中心诞生的一群克隆牛,从培育克隆胚胎到克隆胚胎移植都是中国人在国内完成的。

在人类科技进步的同时,优生优育技术也得到了飞速发展。典型体现在孕前,由试管婴儿、遗传学、分子生物学组建研究团队发展了植入前遗传学诊断/筛查技术(preimplantation genetic diagnosis,PGD/preimplantation genetic screening,PGS),在受精卵发育成为分裂胚或囊胚胎阶段抽取细胞进行分子生物学诊断。与近十年分子生物学的发展相伴,孕前的诊断水平更微量、更精细、更准确,从早期 PCR、FISH 分子生物学技术,发展为 CGH,SNP,NGS,在诊断对象上除了单基因疾病、染色体数目与结构异常外,还可以筛查全部的 23 对染色体,使得检测范围更广,可以将异常胚胎予以废弃,选择正常胚胎移植从而获得健康婴儿。另外,一些晚发性遗传疾病也可以在胚胎期检出。

至此,植入前遗传学诊断、筛查被认为是以寻求优生,排除遗传病,解决胚胎染色体异常和反复流产为目的辅助生殖技术,就是所谓的"第三代试管婴儿技术"。这项技术自 2000 年中山大学附属第一医院首次成功以来,全国已约有 20 多生殖中心对其予以推广应用,每年约有 4000 周期,达到了与国际接轨的水平。

在此基础上,我国研究者针对地区性高发性遗传病如地中海贫血开展研究,在已出生的地贫婴儿行植入前诊断技术,可以称作是设计婴儿(design baby),这项技术于 2014 在中山医附一院获得成功。扩展来看,胚胎细胞基因水平研究已经吸引着各国科学家的兴趣,2016 年 1 月 4 日伦敦 Francis Crick 研究所人员申请了 CRISPR 技术敲除胚胎中的发育基因,这就从基因水平上纠正疾病预防的理念,也就是所谓的"转基因婴儿"。可见,在无性生殖技术上,初步实现了从"设计婴儿"到"转基因婴儿"的发展。当然,随着我们国家科研水平的日益提高,基因编辑在不久的将来可能得到有效且伦理地应用于人类。

3. 无性生殖科研引发的伦理问题

第一,无性生殖科研对被克隆者的伤害。无性生殖意味着根据被克隆者克隆出一个新的个体,这个个体完全独立于被克隆者,被克隆者就会受到伤害。具体体现为,在技术可能性方面,我们难以预测如果对某一种在功能上与其他基因紧密相连的基因进行干预性改变,生物体内的这种自然的相互牵制的系统会发生何种连锁反应。在现有的技术条件下,要想将人类基因组的所有基因重新进行准确的排列,并使之正常的发挥作用,是根本不可能做到的,但是这一点恰恰是人们反对克隆人的重要论据。因为谁也无法排除克隆技术可能导致大量的流产与残障婴儿的风险。

第二,无性生殖科研对克隆人本人的伤害。克隆人是被克隆者的复制品,从外观上看二者是形似,甚至是相同的,"世界上没有两片完全相同的树叶"的哲学命题在克隆人的外在性上遭到否定,这就意味着克隆人会失去一般人的独特性,如果超过两个克隆复制的话,那么克隆人自身的价值属性就会受到减损,即克隆人可能丧失人格尊严,自我认同感,甚至影响到他们健全人格的形成。

第三,无性生殖科研对家庭结构乃至整个社会的破坏。无性生殖科研是会加剧家庭多元化倾向,瓦解正常的人伦秩序,改变人的亲系关系,使人丧失基本的归属。最典型的问题是若被克隆人有配偶,克隆人后代与其配偶的关系如何定义?如果被克隆人已有婚生子女,那么克隆人与这些子女的关系如何界定?这些看似是家庭关系,但社会是由每个家庭组成的,家庭伦理出现混乱必然影响社会秩序。而且无性生殖科研是对人类发展的一种过强的干预,可能影响人种的自然构成和自然发展。

（三）器官移植科研引发的伦理问题

器官移植（organ transplantation），是指通过手术的方式，用健康的器官（整个器官或器官的一部分）置换由于疾病等原因损坏而无法医治、已经处于终末期的衰竭器官，以挽救病人生命的一项医学技术。临床上的（广义的）器官移植分为脏器移植、组织移植和细胞移植。脏器移植即狭义的（也是一般意义的）器官移植，指将人体的某个仍然保持活力的器官移植给另外一个需要接受移植治疗的病人。器官移植科研引发的伦理问题主要集中在获取器官途径和器官分配上。

1. 获取器官途径的伦理问题

20 世纪 50 年代以后，器官移植在临床上逐渐开展起来。但由于供体器官的来源问题始终未能妥善解决，器官移植的进展受到了严重影响。供体的严重缺乏，迫使人们千方百计通过各种途径获取器官。目前，获取器官的途径有以下几种：

（1）自愿捐献。自愿捐献是收集供体器官最理想的途径，它充满了互助互爱的伦理色彩，并充分尊重个人的意愿。1986 年美国制定的《统一组织捐献法》体现了"自愿捐献"的原则。该法的基本条款是：

第一，任何超过 18 岁的个人可以捐献他身体的全部或一部分用于教学、研究、治疗或移植的目的。

第二，如果个人在死前未能做此捐献表示，他的近亲可以如此做，除非已知死者反对。

第三，如果个人已做出这种捐献表示，不能被亲属取消。

该法强调了"自愿"的原则：如果个人生前反对捐献尸体，死后任何人也不得捐献；同样，如果个人生前自愿捐献尸体，死后任何人无权阻止。

（2）推定同意。随着器官移植的普遍开展，自愿捐献的器官远不能满足临床需要。因此，许多欧洲国家实行了推定同意政策，以增加器官来源。推定同意，即由政府授权给医生，允许医生从尸体上收集所需的组织和器官。推定同意有两种形式：一种是由国家推定，所有公民都同意在死后捐献器官。医院则被允许假定，当一个人去世后同意摘除他的器官以供移植，除非死者生前或死后其家属反对；另一种是由国家推定，所有公民都同意在死后捐献器官，因而由政府授权给医生，允许他在尸体上收集所需要的组织器官，而不需考虑死者及其家属的意愿。当前，不少国家立法，通过推定同意收集器官，如丹麦、波兰、新加坡、瑞典、芬兰、澳大利亚、比利时、法国、意大利、英国、西班牙等。在我国，有些专家学者也认为在加强教育的基础上，在一定范围内采取推定同意的政策。

（3）器官商品化。1983 年美国医生雅各布斯建议成立"国际肾脏交易所"经销肾脏，购买第三世界贫民的肾脏销往美国。个别国家也正在成为全球人体器官地下交易的"热点"。大多数活体肾脏用于移植在中东、欧美及日本的富裕外国人的身上，而卖肾者出卖一个肾只能得到大约 500 美元。

赞同器官商品化的人认为：如果允许人体器官交易，就可以增加供体器官的来源，而依据自主原则，人们应当被允许依其意愿来处理其自己的身体，包括出卖自己的器官。人体器官的买卖可以帮助那些因得不到器官而将死的病人。

而反对者认为：人体器官买卖会造成富人对穷人的剥削，因为穷人更有可能会出卖自己的器官；人体器官买卖会使器官的出售者处于手术的风险与痛苦之中；如果允许人体器官买卖，将会导致人体构件乃至人的商品化；任何人都不可能真正自愿同意将自己置于这样一种风险之中；如果允许捐献者获得补偿，则会损害现有的以利他为特征的器官捐献体制。人体器官商品化受到多数人的反对。许多国家已立法禁止买卖人类器官。

（4）有偿捐献。私自买卖器官是非法的，美国和加拿大为了防止器官买卖，就采用了财政刺激的方法。来自政府研究人员的说法是，政府通常通过补贴的方式进行补偿，如捐赠人的丧葬费用，税收减免和生活费补贴等，防止他们把器官转卖，而是让他们捐赠。但这种做法的争议很大，主要是担心会破坏利他主义的价值观。

2. 器官分配的伦理问题

器官是一种稀有的卫生资源，因此不可能按需分配。许多人都等着接受器官，谁该接受移植术？谁能够得到器官移植意味着谁能够活下去。因为可供移植的器官、能胜任移植术的外科医生和护士、医院的设备等是有限的。这是摆在医生面前的一个严峻的道德抉择难题：让谁死？让谁活？如果处理不当会造成社会问题。

（1）宏观分配。宏观分配涉及到一个国家分配多少资源用于医疗卫生，以及在医疗卫生资源中分配多少于器官移植？在美国，肾移植可以向国家报销，这引起很大的争论：为什么肾移植可以报销而其他移植或其他手术不能报销？这样一种政策可能会增加对肾移植的需求。

（2）微观分配。宏观分配决策是大范围的决策，并不直接影响个人，而微观分配则直接影响到个人。假设有一个供体心脏可供移植，而 6 个病人需要这个心脏，决定给谁就是一个微观分配问题，这实际上是一个分配是否公平的问题。面对这一困局，人们往往将有限资源分配问题比作"应该将谁从救生筏上抛下海？""应该将谁扔下雪橇去喂给后面追赶的狼群"的问题。目前，在临床上通用的移植器官分配标准主要为有两个：一个是医学标准，另一个是非医学标准或者说是综合社会标准。

第一，医学标准。医学标准是指根据病人的病情和当时的医疗条件确定受体。医学标准所重视的，是尽量保证手术的成功。主要包括以下几个方面：

在年龄方面必须具有适宜性。幼年患者和高年患者手术后恢复能力差，也容易出现并发症。所以，受者年龄一般应在 15~45 之间。4 岁以下或者 65 岁以上一般不做考虑。

在器官的要求上必须无影响移植成功的疾病。全身严重感染、活动性结核病、肝炎、消化道溃疡等患者，使用免疫药物可使病灶发展，造成严重后果。所以，这类患者不能耐受术后的免疫抑制治疗，从而影响到移植的成功。另外，恶性肿瘤、顽固性心衰、慢性呼吸衰竭、凝血机制紊乱、精神病、肝炎或肝功能尚未恢复前，不能进行移植手术。

组织配型必须是良好的。虽然目前还没有一种完全可靠的免疫学方法来选择与受者组织相容性良好的供者，但随着对人的主要组织相容性抗原研究的进展，组织配型对移植的成功越来越重要。有人提出，应不断增添并改进血液透析的设备和措施，以增加用血液透析等待肾移植的病人数，使供肾能有机会选择配型良好的受者。组织配型主要包括 ABO 血型配型、淋巴细胞毒抗体试验、HLA 血清学配型试验以及混合淋巴细胞培养。在受者健康状况方面，除需要移植的病变器官外，其他脏器功能良好。在受者病情方面要求必须是达到迫切的程度。

第二，社会标准。在供体器官严重短缺的情况下，医学标准很难完成选择的全过程，通常只能淘汰部分患者，余下的那些在医学标准面前处于相同地位的患者，就要以非医学标准来选择了。这就是社会标准。所谓社会标准，就是根据病人的社会价值、应付能力等因素来筛选受体。事实上，对受体选择起决定性作用的往往是社会标准。

在过去的贡献方面，即考虑到患者对社会已经作出的贡献。反对者认为这是"吃老本"；支持者认为，"照顾昨天的有功之士，就是鼓励今天的努力之人"，对社会有特殊贡献者，应优先得到移植的机会。

在预期贡献方面，在一般情况下，手术后青年要比老年存活时间长一些，对社会的贡献可能更大一些。所以，一般来讲，一位20多岁的患者就应当比一位45以上的患者优先得到手术的机会。这条标准存在的争议很多。对贡献能力进行比较，是非常困难的。如一位作曲家和一位医生、一位市长和一位省长、一位体力劳动者和一位脑力劳动者，到底谁的贡献能力比较大些？

在应付能力方面，所谓应付能力，主要包括病人配合治疗的能力、社会应付能力和经济支付能力。至于经济支付能力，如果没有经济能力支持术后维护费用，不建议手术。但该问题很容易引发有钱人买健康，没钱人只能接受死亡的问题，这显然不符合医学伦理。

从总体来看，这些社会标准只能作为辅助因素，需要综合考虑，不能单个的作为优先考虑的因素。但在个别情况下，个别社会标准可能会转化为"前提考虑因素"。如，移植后的"预期贡献"从一定程度上反映了受者的生命价值和医学的社会价值。这种特殊考虑遭到人道主义者的反对，他们主张"绝对平等"，认为如果一个诺贝尔奖获得者比一个失业工人优先得到移植器官，是不公平的，不应以否认别人的生命权利为代价，去购买"社会尖子"。他们认为移植器官最公正的分配方式是，把患者全部找来进行一次"公平的抽签"，谁抽中，就将器官给谁。这种"绝对平等"在实践中也存在伦理问题。作为社会的公民，每个人的存在意义是不同，对他人和社会的影响也不一样，因此这种形式上的平均分配，也会导致实质上的不公平，绝对的公平本质上就是不公平。

（3）心理和观念因素。接受他人的器官，还会给接受者的心理和观念带来一些难以承受的压力。例如，一位英国的受体，在进行完了心脏移植手术后，得知供体是一个被自己歧视的种族的人，他并没有为对方的捐献感动，也没有因为获得一个心脏可以正常生活而高兴，反而把主要的思想和情感集中到对心脏的厌恶上。这种厌恶直接影响了受体的生活质量，也拷问了我们选择器官的标准是否合理，怎样遵循器官移植知情同意的原则。

将死体的器官移植给活体的人后也存在类似的问题，这种移植本身会给受体带来身份认知的心理困惑。病人虽然做好了接受手术，重新开始人生的准备，但对于异体的器官并未有充分的心理预期和承受能力。当异体器官成为自己身体的一部分后，他们常会产生身份认知的心理危机。尤其是多器官移植的受体、大脑移植的受体和心脏移植的受体，他们有时会产生认知的分裂，自己到底是谁？是原先的自己吗？还是供体生命的延续。对于大脑移植的供体和客体而言，这种身份的认知更为困惑。被移植的人脑，是供体还是受体？按说脑属于器官应该是供体，而躯干是受体。但从人的社会性来看，脑是思维的器官或意识的主体，控制人的行为，应是器官移植的主体即受体，躯干才是供体。是躯干移植到脑，而不是脑移植到躯干。又从生物遗传学来看，躯干是遗传基因的携带者和复制者，生殖细胞是由躯干的生殖系统产生的。因此，应坚持躯干为受体，脑为供体的提法才对。这种身份的认知困惑，极大地影响我们能否顺利进行人脑的移植手术。我们必须要解决这样的一些问题：男性的脑能否接受女性的躯干？反之亦然。这样的个体该扮演男性还是女性角色？一个老年人的脑能否接受青少年的躯干？这种个体能否与青年人组织家庭？一个少女的脑接受另一个女子的躯干，是否要考虑"贞洁"问题？移植后的个体该回到以脑还是以躯干为主的家庭？与原家庭的关系是什么？再生儿育女是否符合道德？这种结合人，会不会产生出一类怪人？这些问题给人脑移植带来了最大的伦理挑战。

　　接受器官移植，对于受体而言，还会背上情感的负债。在人类的活动中，互利互惠，平等对待是人类交往的基本原则。一方付出后，一般会期待有回报。因此，接收方在接受对方的器官后，心理上常承受愧疚的压力。供体为了自己生命的延续，身体变得不完整，受体在接受对方器官之后，身体完整，开始新的生命，体会生活的幸福和快乐，但是却不能给予供体有效的补偿，供体的身体的残缺性无法改变。这种无法偿还的债务，深深的影响者受体的一生。这种情形应该引起我们的反思，我们给予供体的补偿机制是否真的道德？

　　总之，器官移植作为"高、精、尖"的生命技术，不能仅仅满足于科技的进步，还要接受人文精神的拷问，在着眼人类长远的幸福同时，还要满足现阶段的公正问题。只有这样，器官移植才能真的给人类带来福祉，不会变成达摩克利斯之剑。

二、认知科学伦理问题分析

（一）认知科学的概念

　　认知科学就是以认知过程及其规律为研究对象的科学，是关于心智研究的理论和学说。

　　从人体功能来看，认知是脑和神经系统产生心智（mind）的过程和活动。也即是说，心智是脑和神经的功能，而脑与心智之间的桥梁就是认识。一般而言，只要有脑和神经系统的动物都有某种程度的心智。认知涉及学习、记忆、思维、理解以及在认知过程中发生的其他行为。因此，语言和心理、脑和神经是认知科学的重要研究内容。由于人的本质属性除了自然性外还有社会性，所以语言和哲学、文化和进化，以及人所特有的工具——计算机及其科学理论也成为认知科学研究的对象。

（二）认知科学伦理的发展背景

　　1973 年美国研究者朗盖特·系金斯最先使用"认知科学"（cognitive science）一词，该词直至 20 世纪 70 年代后期才逐渐流行。1975 年，"斯隆基金会"（Alfred P.Sloan Foundation，系纽约市的一个私人科研资助机构）对认知科学的跨学科研究计划给予支持，并且一直资助到现在，这对认知科学的规范化和推动认知科学发展方面起到了决定性作用，因为该基金会组织了第一次认知科学会议并确立了研究方案。

　　在斯隆基金会的资助下，美国学者将哲学、心理学、语言学、人类学、计算机科学和神经科学 6 大学科整合在一起，研究"在认识过程中信息是如何传递的"，这个研究计划的结果产生了一个新兴学科——认知科学。

　　认知科学的发展首先在原来的 6 个支撑学科内部产生了 6 个新的发展方向，这就是心智哲学、认知心理学、认知语言学、认知人类学、人工智能和认知神经科学。这 6 个新兴学科是认知科学的 6 大学科分支。这 6 个支撑学科之间互相交叉，又产生出 11 个新兴交叉学科：

①控制论；②神经语言学；③神经心理学；④认知过程仿真；⑤计算语言学；⑥心理语言学；⑦心理哲学；⑧语言哲学；⑨人类学语言学；⑩认知人类学；⑪脑进化。

如果我们对认知可以做一个扩展性的梳理，它可以追溯到古代，彼时"身心问题"长期困扰着哲学家。笛卡儿的著名命题"我思故我在"反映出人类对自身的本质特征的认识。他的"身心二元论"是"身心"问题（Body&Mind）的一个重要版本。直至近现代，尤其是20世纪中叶以来，由于心理学、脑与神经科学的发展，特别是认知科学建立以后，这个问题变成了著名的"脑智"（Brain&Mind）问题。当然，认知科学对"心智"和"脑智"的研究，与哲学史和科学史上对身心问题的研究是不同的，主要的区别是：认知科学对心智的研究已经不再是哲学的思辨，也不仅仅是心理学、生理学等单一学科的实证研究，而是建立在脑科学发展基础上多学科的综合研究。

在认知科学的发展中，它得益于脑科学的发展，而脑科学又得益于脑成像技术的长足进步。计算机 X 射线断层摄影术（computerized tomography，CT）、核磁共振成像技术（magnetic resonance imaging，MRI）、功能性核磁共振成像技术（functional magnetic resonance imaging，FMRI）、正电子发射摄影术（positron emission tomography，PET）等多种技术被广泛应用于脑和神经科学的研究，促进了脑和神经科学的发展。这些技术的发展已经广泛应用于临床医疗实践，为认知科学的发展准备了条件。

2000 年美国国家科学基金会（NSF）和美国商务部（DOC）共同资助 50 多名科学家开展一项研究计划，主题是明确在新世纪哪些学科是带头学科。研究报告包括 680 多页，但结论只有 4 个字母——NBIC，分别代表纳米技术（nanotechnology）、生物技术（biotechnology）、信息技术（informational technology）和认知科学（cognitive science）。

研究报告指出，"在下个世纪，或者在大约 5 代人的时期之内，一些突破会出现在纳米技术（消弭了自然的和人造的分子系统之间的界限）、信息科学（导向更加自主的、智能的机器）、生物科学和生命科学（通过基因学和蛋白质学来延长人类生命）、认知和神经科学（创造出人工神经网络并破译人类认知）和社会科学（理解文化信息，驾驭集体智商）领域，这些突破被用于加快技术进步的步伐，并可能会再一次改变我们的物种，其深远的意义可以媲美数十万代人以前人类首次学会口头语言知识。NBICS（纳米—生物—信息—认知—社会）的技术综合可能成为人类伟大变革的推进器。"①关于认知科学的重要性，报告指出，"聚合技术（NBIC）以认知科学为先导。因为一旦我们能够以如何（how）、为何（why）、何处（where）、何时（when）这 4 个层次上理解思维，我们就可以用纳米科技来制造它，用生物技术和生物医学来实现它，最后用信息技术来操纵和控制它，使它工作。"

（三）认知科学引发的伦理问题

1. 认知科学研究中存在的分歧

认知科学尚未成熟，作为一个独立的学科，也尚未得到足够的统一和整合，即便是对认知科学的界定也是存在分歧的。1978 年 10 月 1 日，"认知科学现状委员会"递交斯隆基金

① [美] 罗科、[美] 班布里奇，2010. 聚合四大科技提高人类能力：纳米技术、生物技术、信息技术和认知科学 [M]. 蔡曙山，等，译. 北京：清华大学出版社：102.

会的报告，将认知科学定义为"关于智能实体与它们的环境相互作用的原理的研究"①。报告接着从两方面开展分析，第一个是从外延层面展开的，采取列举人认知科学的分支领域以及它们之间的交叉联系的方法。列举的分支领域有计算机科学、心理学、哲学、语言学、人类学和神经科学。第二种是从内涵层面开展的，即指出共同的研究目标是"发现心智的表征和计算能力以及它们在人脑中的结构和功能表示"。这种界定方式主要体现在"符号处理"或"信息处理"上，但是随着20世纪80年代中期联结主义重新崛起之后，关于认知科学的定义也就出现了极其微妙的变化。也就是所谓的符号主义和联结主义二者的争执。联结主义是统合了认知心理学、人工智能和心理哲学领域的一种理论。联结主义建立了心理或行为现象模型的显现模型—单纯元件的互相连结网络。联结主义有许多不同的形式，但最常见的形式利用了神经网络模型。符号主义（symbolism）是一种基于逻辑推理的智能模拟方法，又称为逻辑主义（logicism）、心理学派（psychlogism）或计算机学派（computerism），其原理主要为物理符号系统（即符号操作系统）假设和有限合理性原理，长期以来，一直在人工智能中处于主导地位，其代表人物是纽威尔、肖、西蒙和尼尔森。其实，二者的分析主要影响的是认知科学定义的内涵方面。

从认知科学的角度来看，研究者们集中于研究人如何获取、加工、保持和利用信息，并据以作为行为和获得后续知识的基础。他们采用两条基本策略来研究这些问题。第一条策略是建立认知过程的计算机模型，例如进行抉择，然后将模型的运行状况与相似条件下人体受试者的行为进行比较，以进一步改良模型。由于这种方法依赖于电脑而不是人脑，因此有时被称为"干认知科学"（dry cgnitive science，DCS）策略。第二条策略是研究对真正的脑进行电刺激或化学刺激的效应，观察脑损伤的影响，或者记录正在进行各种信息处理作业的受试者脑活动。由于这种方法依赖于真正的脑，因此常被称为"湿认知科学"（wet cognitive science WCS）法。可见对认知科学家而言，采用何种研究方法是存在分歧的。

资料链接

　　李贝特的脑神经活动实验：受试者在最多3秒钟的时间里，任意用手指按压按钮，并注意其意识到做出手指按压这项"决定"的时间点。结果表明，当事人的作为大脑无意识活动的所谓"准备电位"（readiness-potential）的出现比其有意识的决定要早约半秒钟。也就是说，"人的有意识的决断导致人的行为，我们是自己生活历史的作者"的看法完全不同的是，实验表明，首先启动的是大脑无意识的神经活动过程（即准备电位的建构），然后才有我们对决断的意识，最后才有具体的行动的落实。结论是我们的有意识的决断不是自主的，而是取决于一种无意识的神经活动过程。

2. 认知科学研究中存在的伦理问题

第一，意志自由与伦理责任问题。一直以来，人具有自由的意志是一个真命题，这也经过了思想家和哲学家的论证。人之所以要对自己的行为负责，正是因为人的自由意志。但是在认知科学中却有新的发展。20世纪八十年代，美国神经心理学家李贝特（Benjamin Libet）用自然科学的方式证明意志自由的存在，他认为，要求人类做出具体行为的最直接原因不是

_____
① [美] E·席勒尔，1989. 为认知科学撰写历史 [J]. 国际社会科学（中文），（1）：20.

人的有意识的决定，而是无意识的大脑活动。之后，神经心理学家哈格德（Patrick Haggard）和埃尔默（Martin Eimer）在更严格的条件下重复了此项实验，证明了李贝特的结果。这一系列脑科学实验似乎也验证了早在 1900 年弗洛伊德就提出过的理论：无意识的动机与体验在人的决断中发挥着重大的作用，尽管当事人自己并不知情。

那么大脑究竟是如何工作的？按照这些科学家的实验，它取决于大脑本身生理过程的运行规律，而大脑的决定结果又取决于大脑的构成及处理信息的方式，这与人类的自由意志无关。也就是说，由于人的意志决定于大脑无意识的活动过程，最终是大脑的无意识的神经活动在做决定，而非人的清醒意识，故人的意志自由只是一种幻象。但是这种研究结论或研究解释会导致极为严重的后果，即人与动物及其他生物之间的任何区别将不复存在，换言之，人无需为自己的行为承担责任，人在精神意义上的道德行为的主管消失，在其位置替换上的是可客观化的神经生理活动过程的运作，该运作是对大脑的经验性研究的对象。时至今日，早期的这些实验并没有对全脑的整体运作机理做出完全透彻的研究，他们仅仅是在某些局部区域和机制研究方面取得一定成果，当前的神经科学研究成果对人类意志自由的否定还欠缺充分的论证，但是这终究在伦理层面提出了新的问题，如果未来能够证明这种结论是合理或正确的话，那么必然影响到调整人类行为的各项规则的支撑原理，甚至影响到和谐稳定的社会秩序的维持或发展。

第二，隐私问题。在认知科学研究中，脑成像技术与人的隐私问题紧密相关。脑成像研究包括个人心理、情感特征、个人性格、种族偏见、爱恋和暴力等诸多方面。随着脑成像对个体个性特征方面研究的逐渐深入，以及个体主观心理特征与大脑神经机制之间概率性连接范式的搭建，人的隐私保护就会面临前所未有的挑战。其实，如果没有脑成像技术，个体的主观态度、思想甚至是信念，即使在主体没有给予授权的情况下也是可能获取到的，因为我们判断一个人的偏见、恋爱和暴力倾向等无意识的心理特征完全可以通过个体的外在行为或大脑活动来进行判断，但是随着大数据的应用，当脑成像数据库逐渐建立后，在信息高度共享的情况下，这种对个体隐私的挑战被进一步加剧。

从脑成像资料所涉及的内容来看，既包括大脑神经活动地图集，如包括老年痴呆症、亨廷顿舞蹈症在亚临床水平的潜在性生物标记以及一些疾病的易感性评估等，还包括与种族偏见、移情、决策、消费选择和道德推理等相关的大脑神经活动成像资料。但是从目前的伦理规则来看，显然缺乏相关的审查标准和监管措施。如果个人思想隐私被轻易暴露甚至泄露的话，那么我们不得不担忧的是我们最基本的和最底线的思想隐私何在？尤为严重的是，在健康保险、教育、就业甚至金融贷款领域，这些隐私如果遭到泄露，那么就会对个体的生理和心理造成难以估量的伤害，这些伦理问题在认知科学研究中是不容忽视的。

第三，公正问题。在认知科学的发展中，人们越来越感知到科学技术对人类认知能力的提升，人们通过非自然的方式对健康人的身体和心理功能进行干预改善，使作为个体的人获得超乎正常功能的智力或行为能力，这种非治疗目的的认知科学技术，起到的效果可以称作

"认知增强"。那么认知增强会引发哪些伦理问题呢？部分科学家坚决反对任何形式的增强，他们的理由是个体的现实表现在现代社会的竞争中是至关重要的，这是一种自然态势，但是如果通过科技手段增强认知，那么个体所取得的成绩不是自然状态下的正常结果，而是一种欺骗，这会贬损努力的价值，并侵蚀良好的品质。更为严重的是如果将认知增强技术自由市场化，必然会导致分配不公，因为允许认知增强技术的随意购买使用，必然会造成有钱人享有认知增强技术，而穷人无法购买认知增强技术。

另一部分科学家持赞成态度，他们的理由是，如果全面放开使用认知增强技术，欺骗问题是可以解决的，例如可以在考试时允许所有的同学都使用增强技术或药物，反推之，即便是不使用认知增强同样也难以保障公平。因为有很多同学家境富裕，参与了大量的课外辅导班，所以学生之间并不是在公平起点上竞争。而且考试时禁止使用认知增强药物，有些同学可能会在考试中偷偷服用药物，这也不能保证竞争的公平。

三、信息技术伦理问题分析

信息技术的飞速发展已经与人们的生产、生活、学习和工作实现了高度的融合，信息时代的到来意味着人们的生活和交往方式发生了根本的变化，特别是在计算机与信息相对接后，以互联网、云计算、大数据为代表的信息技术载体或形式，给人们带来了快速、便捷的直观体验。人们如果没有跟上信息技术的步伐的话，那么就会有种落伍的感觉，再加之，信息技术在研究和应用过程中蕴含着复杂的伦理问题，例如监听与隐私的问题。这就需要辩证地审视信息技术的现状和未来。

（一）信息技术的含义

1. 信息技术的概念

信息技术（information technology，缩写IT），是主要用于管理和处理信息所采用的各种技术的总称。它主要是应用计算机科学和通信技术来设计、开发、安装和实施信息系统及应用软件。它也常被称为信息和通信技术（information and communications technology，ICT）。主要包括传感技术、计算机与智能技术、通信技术和控制技术。

> **资料链接**
> 2017年7月10日下午16时许，上海警方在昆明市公安局的配合下，在昆明将吴某、周某抓获，告破了16年前上海长宁区发生一起命案：金某在家中遇害。警方发现，与金某有感情纠葛的周某以及周某的丈夫吴某有重大作案嫌疑。案发后，两人潜逃。从2016开始，公安部和某家科技公司合作，尝试利用公安部数据库里收集的15.6亿张人像照片，运用人像比对系统抓捕在逃通缉犯。这个系统用的是云计算技术，通过人脸上200多个数据点的比对，找出相似度极高的照片。

2. 信息技术的特征

信息技术具有技术的一般特征，即技术性，具体表现为：方法的科学性，工具设备的先进性，技能的熟练性，经验的丰富性，作用过程的快捷性，功能的高效性等。

信息技术具有区别于其他技术的特征，即信息性，具体表现为：信息技术的服务主体是信息，核心功能是提高信息处理与利用的效率、效益。由信息的秉性决定信息技术还具有普遍性、客观性、相对性、动态性、共享性、可变换性等特性。

3. 信息技术的应用范围

信息技术的研究包括科学、技术、工程以及管理等学科。这些学科在信息的管理，传递和处理中的应用，相关的软件和设备及其相互作用。

信息技术的应用包括计算机硬件和软件、网络和通讯技术、应用软件开发工具等。计算机和互联网普及以来，人们日益普遍的使用计算机来生产、处理、交换和传播各种形式的信息（如书籍、商业文件、报刊、唱片、电影、电视节目、语音、图形、图像等）。

4. 信息技术的分类

（1）硬技术（物化技术）与软技术（非物化技术）。这是按照信息技术的表现形态不同所做的分类。前者指各种信息设备及其功能，如显微镜、电话机、通信卫星、多媒体电脑。后者指有关信息获取与处理的各种知识、方法与技能，如语言文字技术、数据统计分析技术、规划决策技术、计算机软件技术等。

（2）信息获取技术、信息传递技术、信息存储技术、信息加工技术及信息标准化技术。这是以工作流程中基本环节的不同所做的分类。信息获取技术包括信息的搜索、感知、接收、过滤等。如显微镜、望远镜、气象卫星、温度计、钟表、Internet 搜索器中的技术等。信息传递技术指跨越空间共享信息的技术，又可分为不同类型。如单向传递与双向传递技术，单通道传递、多通道传递与广播传递技术。信息存储技术指跨越时间保存信息的技术，如印刷术、照相术、录音术、录像术、缩微术、磁盘术、光盘术等。信息加工技术是对信息进行描述、分类、排序、转换、浓缩、扩充、创新等的技术。信息加工技术的发展已有两次突破：从人脑信息加工到使用机械设备（如算盘，标尺等）进行信息加工，再发展为使用电子计算机与网络进行信息加工。信息标准化技术是指使信息的获取、传递、存储，加工各环节有机衔接，与提高信息交换共享能力的技术。如信息管理标准、字符编码标准、语言文字的规范化等。

（3）基础层次、支撑层次、主体层次、应用层次四个层级的信息技术。这是按照信息技术的功能层次不同所做的分类。基础层次的信息技术，如新材料技术、新能源技术，支撑层次的信息技术，如机械技术、电子技术、激光技术、生物技术、空间技术等，主体层次的信息技术，如感测技术、通信技术、计算机技术、控制技术，应用层次的信息技术，如文化教育、商业贸易、工农业生产、社会管理中用以提高效率和效益的各种自动化、智能化、信息化应用软件与设备。

（二）信息技术的未来发展

信息技术以其巨大的应用价值促使人们去探索信息化的路径和措施，信息化的巨大需求又激发信息技术的高速发展。但是信息技术并非已经达到了顶端，随着人们科研能力的提升和社会需求的增强，可以预测到信息技术的未来发展会以互联网技术的发展和应用为中心，并从典型的技术驱动发展模式向技术驱动与应用驱动相结合的模式转变。

1. 微电子技术和软件技术是信息技术的核心

一方面，集成电路的集成度和运算能力、性能价格比继续按每 18 个月翻一番的速度呈几何级数增长，支持信息技术达到前所未有的水平。每个芯片上包含上亿个元件，构成了"单片上的系统"（SOC），模糊了整机与元器件的界限，极大地提高了信息设备的功能，并促使整机向轻、小、薄和低功耗方向发展。另一方面，软件技术已经从以计算机为中心向以网络为中心转变。软件与集成电路设计的相互渗透使得芯片变成"固化的软件"，进一步巩固了软件的核心地位。软件技术的快速发展使得越来越多的功能通过软件来实现，"硬件软化"成为趋势，出现了"软件无线电""软交换"等技术领域。嵌入式软件的发展使软件走出了传统的计算机领域，促使多种工业产品和民用产品的智能化。软件技术已成为推进信息化的核心技术。

2. 三网融合和宽带化是网络技术发展的大方向

所谓的"三网"是指电话网、有线电视网和计算机网，这三网在网络技术的发展潮流中将实现融合，也就是指三网以数字化为基础，在网络技术上走向一致，在业务内容上相互覆盖。实际上，按照互联网的发展趋势，电话网和电视网会在在技术上向互联网技术看齐，也就是采用 IP 协议和分组交换技术；在业务上将以话音为主或单向传输发展为交互式的多媒体数据业务为主。当然，三网融合并非是三网合一，而着眼于打破原有的行业接线，实现产业的重组与政策的调整。

3. 互联网的应用开发将是持续性热点

一方面，电视机、手机、个人数字助理（PDA）等家用电器和个人信息设备都向网络终端设备的方向发展，形成了网络终端设备的多样性和个性化，打破了计算机上网一统天下的局面；另一方面，电子商务、电子政务、远程教育、电子媒体、网上娱乐技术日趋成熟，不断降低对使用者的专业知识要求和经济投入要求；互联网数据中心（IDC）、网门服务等技术的提出和服务体系的形成，构成了对使用互联网日益完善的社会化服务体系，使信息技术日益广泛地进入社会生产、生活各个领域，从而促进了网络经济的形成。

（三）信息技术引发的伦理问题

1. 隐私问题

信息技术自然是以信息为实体，人类个体乃至群体包含着大量的信息，有的信息是公开的，有的信息是不公开的，不公开的信息就属于隐私，而信息技术的发展往往使隐私面临着威胁。目前，信息技术在各行业中广泛应用。其中，涉及采集公民个人信息的环节，有的被存储到某种数据库中，出售给供应商供其宣传，有的则被非法出售。公民个人信息的泄露在侵犯隐私的同时对公民的精神方面也会造成较大的伤害。例如我们常常收到的垃圾短信、推销电话，甚至遭到诈骗、威胁等，往往是个人信息泄露的结果。

信息技术发展使我们的安全防控体系更为严密，体现在电子监控的广泛使用，例如在工厂中，电子监控虽然可以记录工人的生产率和工作习惯，但是也反映出对工人的不尊重并可能造成他们某些隐私被监视和泄露。尤其是这些监控信息被用心不良者获取、传播，那么对个体的伤害是难以估量的。

资料链接

2016 年 8 月 21 日，徐玉玉因被诈骗电话骗走上大学的费用 9900 元，伤心欲绝，郁结于心，最终导致心脏骤停，虽经医院全力抢救，但仍不幸离世。2017 年 7 月 19 日，徐玉玉被电信诈骗案在临沂中院一审宣判，主犯陈文辉一审因诈骗罪、非法获取公民个人信息罪被判无期徒刑，没收个人全部财产。其他六名被告人被判 15 年到 3 年不等的有期徒刑并处罚金。

---

2. 安全问题

信息时代意味着科学技术改变了我们的生活，但是技术又不是万能的，由于其自身的不完善，导致了许多信息安全问题。其中，最典型的是黑客的非法入侵和病毒的存在，严重威胁着信息网络系统和个人计算机系统的正常运行，即便是政府部门的计算机网络也常常被攻击。目前一些黑客已经形成了一套完整的产业链，集团化、专业化、分工化作案趋势越来越明显。

目前，网络安全问题已经成为全球性问题，网络安全包括信息安全和控制安全，国际标准化组织将信息安全定义为信息的完整性、可用性、保密性和可靠性；控制安全是指身份认证、不可否认性、授权和访问控制。美国前总统克林顿在签发《保护信息系统国家计划》的总统咨文中陈述道："在不到一代人的时间里，信息革命以及电脑进入了社会的每个领域，这一现象改变国家的经济运行和安全运作乃至人们的日常生活方式，然而，这种美好的新时代也带有它自身的风险。所有电脑驱动的系统都很容易受到侵犯和破坏。对重要的经济部门或政府机构的计算机进行任何有计划的攻击都可能产生灾难性的后果，这种危险是客观存在的。过去敌对力量和恐怖分子使用炸弹和子弹，现在他们可以把手提电脑变成有效武器，造成非常巨大的危害，如果人们想要继续享受信息时代的种种好处，继续使国家安全和经济繁荣得到保障，就必须保护计算机控制系统，使它们免受攻击。"

我国重视网络的正反两方面作用，实施网络强国战略，习近平总书记强调，"网络安全和信息化是相辅相成的。安全是发展的前提，发展是安全的保障，安全和发展要同步推进。我们一定要认识到，古往今来，很多技术都是'双刃剑'，一方面可以造福社会、造福人民，另一方面也可以被一些人用来损害社会公共利益和民众利益。从世界范围看，网络安全威胁和风险日益突出，并日益向政治、经济、文化、社会、生态、国防等领域传导渗透。特别是国家关键信息基础设施面临较大风险隐患，网络安全防控能力薄弱，难以有效应对国家级、有组织的高强度网络攻击。这对世界各国都是一个难题，我们当然也不例外。"

资料链接

WannaCry（又叫 Wanna Decryptor），一种"蠕虫式"的勒索病毒软件，大小 3.3MB，由不法分子利用 NSA（National Security Agency，美国国家安全局）泄露的危险漏洞"EternalBlue"（永恒之蓝）进行传播。勒索病毒肆虐，俨然是一场全球性互联网灾难，给广大电脑用户造成了巨大损失。最新统计数据显示，100 多个国家和地区超过 10 万台电脑遭到了勒索病毒攻击、感染。勒索病毒是自熊猫烧香以来影响力最大的病毒之一。WannaCry 勒索病毒全球大爆发，至少 150 个国家、30 万名用户中招，造成的损失达 80 亿美元，已经影响到金融、能源、医疗等众多行业，造成严重的危机管理问题。

---

3. 不健康信息的传播问题

网络上强大的存储空间和快捷的传输速度为不健康信息的存在与传播提供了载体，其中宣传暴力、色情等不健康甚至有害信息最为常见。再加之，网络的无国界性，在这里自由似乎达到了最大化的程度，这显然违背了现实社会中的伦理乃至法律常规。以网络上的色情淫秽信息为例，它如同烧不尽的"野草"，这对青少年的毒害是最大的。目前最为流行的微信软件，腾讯通过敏感词过滤等技术审核手段，能有效阻止公众账号传播色情低俗信息，但是对微信群的管控就困难许多，一是腾讯不能干涉用户所发的内容，二是针对存在风险的链接腾讯只能做到提醒，再进一步则会侵犯用户隐私。中国互联网违法和不良信息举报中心曾在2016年1月份一个月的时间内直接受理、处置网民有效举报38949件，通知腾讯依法处置传播色情低俗信息等违法活动的即时通信账号"玫瑰与爱"等972个，通知百度、腾讯、好搜网、360云盘等网站、搜索引擎服务商、在线存储工具服务商删除色情低俗有害信息9203条。

> **名言链接**
>
> 人这一生总要解决三大关系，而且顺序是不能错的。先要解决人与物之间的关系；然后要解决人与人之间的关系；最后一定要解决人与内心之间的关系。
>
> ——梁漱溟

4. 竞争秩序问题

在市场经济条件下，需要"有形的手"来调控，来避免竞争失序问题的产生，但是市场又是灵活多变的，实践中出现两种典型的现象，一是，信息科研成果在尚未成熟的情况下，供应商可能就开始产品的促销，力图提前占领市场，但是这些产品并未经过充分的测试和准备，这些产品或者出现质量打折扣问题，或者出现售后制度不健全现象。二是，网络上的诚信问题。信息技术为我们的现代生活提供了一种新的交往方式，在相当大的范围内改变了传统的面对面的交流方式。其实，传统的交流方式已经暴露出严重的诚信问题，更妄论网络诚信问题了。具体表现在存在于虚拟空间的任何人的交往联系缺乏基本的相互信任，各种虚假信息泛滥，各种不负责任的言论充斥在网络环境之中，网络诈骗就是网络诚信问题的极端表现。这些现象损害了网民的利益，而且导致市场秩序的混乱。

5. 知识产权的保护问题

信息产品作为研究人员的科研成果，保护知识产权既是维护所有权人的正当利益，也是促进信息技术发展的必备手段。但是信息技术发展非常迅速，新的现象和问题不断涌现，例如将他人作品随意传上网，谋取利益；再如对网络上的数据随意下载解密和印刷发行；另外，盗版软件也是侵犯知识产权的典型例证。这些现象暴露了信息技术在知识产权保护的措施、力度乃至界线上存在滞后性和模糊性。

四、生态伦理问题分析

科研活动包含着主体、客体和中介。主体是人，客体是包括人在内的所有的客观存在，中介是科学技术。就客体而言，自然界既是人类的研究对象，更应该是关怀对象，因为无视甚至破坏自然界，自然界必然会"报复"人类，土地沙漠化、沙尘暴、雾霾就是典型的例证。其实，早在第一次科技革命之前，自然界还保持着有序的状态，自从科学技术作为人与自然界的中介后，自然界发生了翻天覆地的变化，人们从自然界获得大量资源或收益的同时，自然界早已经改变了原有的样态，以致于影响到了我们乃至后代的生存问题。正是因为生态环境与人类的生存密切相关，所以相关的问题应当用伦理来进行分析。那么到底是不是科研活动导致了生态环境问题呢？显然，从表层意义上看，答案是肯定的。但是科研活动是人类活动的一种，科研活动的好坏实际上是人的问题，也就是说，在科研活动与生态环境问题之间，关键是人如何来开展科研活动，以及如何来运用科学技术的问题。

（一）生态伦理的含义

1. 生态伦理的概念

生态伦理是指人类处理自身及其周围的动物、环境和大自然等生态环境的关系的一系列伦理规范，它是人类在进行与自然界有关的活动中所形成的伦理关系及其调节原则。"最大限度的（长远的、普遍的）自我实现"是生态智慧的终极性规范，即"普遍的共生"或"（大）自我实现"，人类应该"让共生现象最大化"。

在人与自然的关系中，蕴含着特定的伦理价值理念与价值关系，因为人类是自然界系统中的子系统，它与自然生态系统保持着物质、能量和信息交换，自然生态已经成为人类自身存在的客观条件。人类对自然界给予伦理关怀，实际上就是对人类自身的关怀。

生态伦理的现实内容是人类在与自然界相关的活动中的伦理要素，包括合理指导自然生态活动、保护生态平衡与生物多样性、保护与合理使用自然资源、对影响自然生态与生态平衡的重大活动进行科学决策以及人们保护自然生态与物种多样性的道德品质与道德责任等。

2. 生态伦理的特征

（1）调整范围的广泛性。生态伦理超越了人与人的关系，扩展到人与自然的关系。在生态环境中，如果单靠自生自发的规则来调整难以实现人与自然的和谐，甚至整个人类社会的发展都会处于不确定之中。通过自下而上和自上而下相结合的路径，将生态伦理上升至国家政策和法律的范畴内，实现生态伦理调整范围的明确和具体。当然，生态伦理在调整范围上不能脱离人们的伦理观念，只有来自人们内在的认可和拥护，从生态价值、人类利益、国家利益层面确定调整范围的最佳化。

（2）目标定位是人与自然的和谐发展。生态伦理存在的重要原因是生态危机的日益严重。生态危机是由于在生态系统中的生物链遭到破坏，进而给生物的生存发展带来威胁，以致于出现人与自然的冲突现象。人与自然的关系必须重建。现今人类已经采取的措施包括控制人口数量，使人口增长与自然界的人口容量相适应；将人类的行为限制在生态规律之内，实现人类活动与自然规律的协调；把排污量控制在自然界自净能力之内；促进自然资源开发利用与自然再生产能力相协调。人类只有明确与自然的关系，才能友善地对待自然界，实现人类与自然的和谐发展，这是生态伦理的目标定位。

（3）价值准则是社会价值优先于个人价值。为了使生态得到真正可靠的保护，应制定出具有强制性的生态政策。在制定生态政策的过程中，必须处理好个人偏好价值、市场价格价值、个人善价值、社会偏好价值、社会善价值、有机体价值、生态系统价值等价值关系。在个人与整体的关系上，应把整体利益看得更为重要。所谓社会善价值，就是有助于社会正常运行的价值；而个人善价值代表的则是个人的利益。可见，生态保护政策不仅触及个人利益与社会利益的关系问题，而且主张社会价值优先于个人价值。

（4）伦理责任具有强制性。生态伦理不是一种宣言，是人类主动调整自己行为的必要规则。传统意义上的伦理通常是自然形成的，而在生态伦理上，如果没有国家权力的介入，伦理是软弱无力的。传统的伦理主要调整人际关系，不涉及自然界，现在已经将生态伦理与人际伦理相并列。传统的伦理虽然主张他律，但核心是自觉和自省，不是强制性的。由于生态保护问题的复杂性和紧迫性，生态伦理不仅要得到鼓励，而且要得到强制执行。

（二）生态伦理的发展背景

1. 国际组织的做法

国际组织成立了专门的机构保护环境，1973 年 1 月成立的联合国环境规划署是领导世界环境保护运动的专门机构；联合国于 1973 年 1 月建立国际环境情报网，主要包括全球环境监测系统（1979 年我国正式参加）和国际环境资料来源查询系统；1970 年由各国政府、非政府机构、科学工作者及自然保护专家联合组成的国际公益环保组织，即国际自然和自然资源保护协会。

从 20 世纪 70 年代开始，联合国环境会议相继通过了一系列关于环境保护的纲领性文件：1972 年 6 月 5 日至 16 日在斯德哥尔摩举行的联合国人类环境会议通过《人类环境宣言》，郑重宣布保护和改善人类环境是关系到全世界各国人民的幸福和经济发展的重要问题；1982 年 5 月 10 日至 18 日，国际社会各成员国聚会于内罗毕，大会通过了《内罗毕宣言》，郑重要求各国政府与人民巩固与发展环境保护所取得的进展，对全世界环境的现状表示严重关注，并认识到迫切需要在全球一级、区域一级与国家一级为保护和改善环境而加紧努力；1982 年 6 月 3 日至 14 日在里约热内卢举行的联合国环境与发展会议通过了《里约环境与发展宣言》和《21 世纪议程》两个纲领性文件，提出建立"新的、公平的全球伙伴关系"和"可持续发展战略"；1992 年 6 月 5 日里约热内卢联合国环境与发展大会签署《生物多样性公约》，是一项世界各国共同来保护和利用生物多样性并公平地分享生物资源所创造效益的承诺，第一次综合地提出了生物多样性的保护和资源的持续利用问题，确认了生物多样性的保护是全人类共同关切的事业；2015 年 12 月 12 日，里程碑式的《巴黎协定》在经过艰难博弈后诞生。

2. 我国的生态文明建设

在我国，党的十八大首次将生态文明建设与经济建设、政治建设、文化建设和社会建设一起，纳入到中国特色社会主义"五位一体"总体布局，2013 年 11 月 12 日，党的十八届三中全会通过《中共中央关于全面深化改革若干重大问题的决定》，全面、清晰地阐述了生态文明制度体系的构成及其改革方向、重点任务。

2014 年初，中央全面深化改革领导小组，下设的六个专项小组就迅速组建完成，经济体制改革和生态文明体制改革被放到了一个小组。2015 年 1 月，由中央编办、发改委、财政部等 12 个部门酝酿制定《生态文明体制改革总体方案》。2015 年 9 月 22 日，我国生态文明领域改革的顶层设计——《生态文明体制改革总体方案》。生态文明体制改革的目标，被锁定在这八项制度上，即自然资源资产产权制度、国土空间开发保护制度、空间规划体系、资源总量管理和全面节约制度、资源有偿使用和生态补偿制度、环境治理体系、环境治理和生态保护市场体系、生态文明绩效评价考核和责任追究制度。

2015 年 7 月 1 日，中央深改领导小组第十四次会议审议通过了《关于开展领导干部自然资源资产离任审计的试点方案》、《党政领导干部生态环境损害责任追究办法（试行）》两份改革文件，领导离任审计、责任追究，第一次进入到了生态领域。2016 年 12 月 22 日，《生态文明建设目标评价考核办法》正式公布，生态责任成为政绩考核的必考题。发改委、统计局、环保部、中组部等部门又相继制定了《绿色发展指标体系》和《生态文明建设考核目标体系》。

（三）科研活动引发的生态伦理问题

近现代以来，生态环境遭到了严重的破坏，国际社会和各国已经普遍认识到这一问题，并且开始采取各种措施来保护和改善生态环境，但是在这个过程中，各国之间存在一定的认识差异，而且现实中保护、改善和无视、破坏并存，无论如何，在生态危机日趋严重的当下，如果不能有效地处理当代与未来的关系、不能合理处理发达国家与发展中国家在保护自然环境上的责任义务，那么即使人类在科研活动取得了丰硕的成果，仍会受到自然界的惩罚，正如美国学者西奥科尔伯恩所指出的："人类出现在地球上几百万年的绝大部分时间，我们只是局部性地给环境带来了破坏性的影响。人类那时的这些活动对地球环境的影响，和形成这个星球的自然力量相比是微不足道的。可是现在的情况变了。在 20 世纪，人类和地球的关系进入了史无前例的新阶段。空前巨大的科学技术力量，迅速增长的人口已经把我们对环境的影响从局部和区域扩展到整个星球。在这个变化过程中，人类从根本上改变了整个地球的生命系统。"[①]

> **资料链接**
>
> 和人口增长一样，科技革命也是在 18 世纪开始渐渐加速的，而且它也是以指数方式加速。在很多科学领域中，最后 10 年里的重大发现比此前全部时间里的重大发现更多。虽说没有哪一项单个的新发现像原子弹改变了人与战争关系那样强烈地改变了人与地球的关系，但是这些新发现合在一起却无疑彻底改变了我们开发地球的能力。
>
> ——【美】戈尔

1. 自然资源日益减少

自然资源（natural resources）是指凡是自然物质经过人类的发现，被输入生产过程，或直接进入消耗过程，变成有用途的，或能给人以舒适感，从而产生经济价值以提高人类当前和未来福利的物质与能量的总称。自然资源可分为有形自然资源（如土地、水体、动植物、

---

① [美]西奥科尔伯恩等，2001. 我们被偷走的未来[M]. 唐艳泽，译. 长沙：湖南科学技术出版社：142.

矿产等）和无形的自然资源（如光资源、热资源等）。自然资源具有可用性、整体性、变化性、空间分布不均匀性和区域性等特点，是人类生存和发展的物质基础和社会物质财富的源泉，是可持续发展的重要依据之一。对自然资源，可分类如下：生物资源、农业资源、森林资源、国土资源、矿产资源、海洋资源、气候气象、水资源等。

自然资源在近现代之前是一种自生自发的状态，但是随着人们改造自然能力的增强，人类对自然资源的开发和利用的欲望不断扩张，导致了森林面积缩小、水土流失严重、动植物物种灭绝等严重后果，这也导致了可利用的自然资源的数量和质量急剧下降。特别是科学技术作为第一生产力已经得到了各国的普遍认可和追求，在自然资源的开发和利用中，科学技术是生态危机的关键因素。"自第二次世界大战以来，之所以在美国和所有工业国家中出现了资源短缺、环境恶化。其根本原因在于农业和工业运输上的技术发生了巨大的变革。现在我们洗衣服使用洗涤剂，而不是用肥皂；我们使用人造肥料种植粮食，而不是使用农业肥料或作物轮种；我们穿着合成纤维制作的衣服，而不是棉毛织品；我们旅行是乘飞机和私人汽车，运送货物是靠卡车，而不是靠铁路。然而，每种新的、有着更多污染的技术，在能源消耗上也要比他们所取代的那些技术多。"[①]

除此之外，人类毁林开荒、围湖造田、滥捕野生动物、过度放牧等不当生活生产活动，以及现代农业技术和克隆、转基因等生物技术的应用，生物多样性正在面临着巨大压力和威胁。可见，自然资源的日益减少，必然影响到人们的正常生产生活，当今肿瘤的发病率如此之高，不能不说是生态环境恶化的原因，人们已经开始认识到这一点，这就要求科研中在涉及到自然资源的时候，就必须尊重相关的伦理规范，既要避免自然资源的过度损耗，也要实现自然资源的增量。

2. 环境污染越发严重

由于人们对工业高度发达的负面影响预料不够，预防不利，导致了全球性的三大危机：资源短缺、环境污染、生态破坏。环境污染指自然的或人为的破坏，向环境中添加某种物质而超过环境的自净能力而产生危害的行为。而且人为的因素，环境受到有害物质的污染，使生物的生长繁殖和人类的正常生活受到有害影响。也就是说，人为因素使环境的构成或状态发生变化，环境素质下降，从而扰乱和破坏了生态系统和人类的正常生产和生活条件的现象。

根据人类的不同活动方式，可以将环境污染分为工业环境污染、城市环境污染、农业环境污染三种。这三种污染的产生机理在于污染物质的浓度和毒性会自然降低，这种现象叫做环境自净。如果排放物导致的土壤污染超过了环境的自净能力，环境质量就会发生不良变化，危害人类健康和生存，这就发生了环境污染。环境污染会降低生物生产量，加剧环境破坏。

科学技术是环境污染的最积极、最活跃的影响因素，它不但可以在污染防治上实现创新，而且可以导致污染，甚至加剧污染。有些新的科技产业在形式上看似乎是避免传统产业的污染，但常常又带来新形势的污染。

当下，合成化学物质的污染日益明显，例如塑料、合成橡胶、合成纤维等新型合成材料，是我们现在常见的生产和消费资料，但是他们是人工合成的化学物质，一般不具备环境兼容性，不能在环境中自行降解。高科技废弃物污染不可忽略，可以分为无形和有形两类。无形

---

① ［美］康芒纳, 1997. 封闭的循环——自然、人和技术[M]. 侯文惠, 译. 吉林: 吉林人民出版社: 1.

污染指信息、电磁波、声 光等非实体对人的正常工作和生活的干扰；有形污染指高科技工业产生的新的垃圾（包括固、液、气三种形态）造成的污染，可以称为"高科技垃圾"，从太空到海底，凡是人的高科技能影响到的领域，都存在高科技垃圾。

3. 自然生态明显失衡

在自然生态现状中，常见的是乱砍滥伐或毁林开荒，采伐速度大大超过其再生能力，造成资源衰竭，从而导致气候变劣，水土流失，引起生态系统的报复，这就是典型的生态失衡（ecological unbalance），是指由于人类不合理地开发和利用自然资源，当干预程度超过生态系统的阈值范围，就会破坏原有的生态平衡状态，而对生态环境带来不良影响的一种生态现象。生态平衡与生态失衡相对应（ecological balance）是指在一定时间内生态系统中的生物和环境之间、生物各个种群之间，通过能量流动、物质循环和信息传递，使它们相互之间达到高度适应、协调和统一的状态。也就是说当生态系统处于平衡状态时，系统内各组成成分之间保持一定的比例关系，能量、物质的输入与输出在较长时间内趋于相等，结构和功能处于相对稳定状态，在受到外来干扰时，能通过自我调节恢复到初始的稳定状态。在生态系统内部，生产者、消费者、分解者和非生物环境之间，在一定时间内保持能量与物质输入、输出动态的相对稳定状态。近现代以来，随着科学技术的迅速发展和广泛应用，人类不合理地开发和利用自然资源，其程度超过了自然生态系统承受的阈值范围，原有的生态平衡遭到了破坏。

自然生态失衡的典型例证是臭氧层损耗和温室效应的加剧。臭氧层损耗（depletion of ozone layer），即大气中的化学物质（如含氯氟烃）在平流层破坏臭氧，使臭氧层变薄，甚至出现臭氧层空洞的现象。温室效应，又称"花房效应"，是大气保温效应的俗称。大气能使太阳短波辐射到达地面，但地表受热后向外放出的大量长波热辐射线却被大气吸收，这样就使地表与低层大气作用类似于栽培农作物的温室，故名温室效应。自工业革命以来，人类向大气中排入的二氧化碳等吸热性强的温室气体逐年增加，大气的温室效应也随之增强，其引发的一系列问题已引起了世界各国的关注。

值得关注的是，环境科学作为20世纪的重大科学发现之一，在发展中形成了一个非常重要的分支科学——环境生物学。环境生物学阐述的最主要内容就是生态平衡。要维持人类社会可持续发展必须保持和维护生态平衡，一旦生态失衡，人类将面临许多问题。

案例与思考

英国人兽嵌合体研究中的科学咨询和伦理审查

嵌合体（chimeras）是指由两个或两个以上不同物种的遗传物质组成的有机体，它包括动物与植物、人与植物、动物与动物等。2006年11月，英国纽卡斯特大学和伦敦国王学院的科研人员向人工授精与胚胎管理局（HFEA）提出申请，希望开展一项创新性研究，即将人体细胞植入到去细胞核的牛的卵细胞，用于创造含99.9%的人类遗传物质的胚胎；研究人员还承诺一旦干细胞培育成功，在14天内将胚胎销毁。HFEA为此召开了一系列科学政策咨询会，广泛征求了科学家、社会团体、伦理学家和公众的意见。人工授精与胚胎管理局最后原则上通过了"人兽胚胎"干细胞研究，但每一个申请方案均必须接受严格的科学和伦理审查。这是人类历史上首次经官方认可的人兽嵌合体研究。2008 年，英国纽卡斯尔大学成功培育出英国首例兽混合胚胎。培育这种胚胎有望解决治疗性克隆研究中人类卵细胞缺乏问题，为寻找治疗早老性痴呆症、帕金森病等多种疑难疾病的方法创造条件。此后，英国下议院以 336 票对 176 票否决了禁止培育人兽混合胚胎的提案。

为何以保守著称的英国人，在胚胎干细胞研究方面却敢于如此冒险？英国用严格法律程序和审查制度来保证科研人员遵循伦理规范。世界上只有英国有 HFEA 那样的专门管理机构和专门的监管法律。另外，英国形成了一套公众参与人兽嵌合体研究的方式和机制。HFEA 历时 3 个月、耗资 15 万英镑在英国公众中进行了一项调查结果显示：61%的受调查者表示赞成这类研究，但前提是得到密切监管并有益于科学进步。公众的积极态度，促使 HFEA 对"人兽胚胎"干细胞研究做出了原则同意的决议。

英国的"人兽胚胎"干细胞研究之所以得以开展、实现合法化、得到民众认可，关键点在于这项研究接受了严格的伦理审查，并且研究者能够严格按照伦理要求予以开展，这是科研伦理得到有效适用的成功典范，但是这并不意味着世界各国都可以开展"人兽胚胎"干细胞研究，因为各国人民具有不同的价值评判，即便有严格的伦理审查，但是如果不符合民众的价值定位，同样不能取得合法化地位。不过，我们重点关注的应该是英国在该项研究时所坚守的严格的伦理审查原则，这对各领域的科研活动来说是最大的启示。

本章复习题

1. 科研伦理与科研道德的关系？
2. 科研伦理的基本原则？
3. 基因科研伦理引发哪些伦理问题？
4. 认知科学研究中存在哪些伦理问题？
5. 信息技术研究中存在哪些伦理问题？
6. 科研在生态伦理方面存在什么样的问题？

第七章　科学道德建设

通过本章学习，掌握学风的含义、构成要素和作用；理解科学道德建设的三种路径，即法制建设、科研相关机构自身建设和教育宣传；了解科学道德失范的经济、政治、文化和科学共同体自身原因，各国科学道德建设经验。

　　自 20 世纪中期以来，随着科学技术的快速发展，社会对科学知识生产的投入规模与方式也发生了根本性的变化。科学研究逐渐与名望和利益交织在一起，人们的研究旨趣不再仅仅是从学术活动中获得精神的满足，而更多的是追求良好的职业前景，丰厚的经济回报，以及社会地位和声誉等。科研设备的专门化、复杂化以及知识的保密制度等因素使得重复试验和同行评议这些传统的纠错机制越来越难以有效地发挥作用，科研不端行为也逐渐超越了学术界内部的关切而演变成为广受关注的社会问题。

第一节　科学道德失范的原因

　　目前，世界各国对科学技术的重视程度与日俱增，科学研究逐渐成为人类社会中最重要的职业之一，科学家成为对社会生活影响最大和最受人尊敬的社会工作者之一。一方面，研究机构越来越呈现专业化、科技化的特点，科学研究具有了职业性质。科学的功利观是科学研究的重要动力和强力催化剂，它能促使新的科学研究成果迅速运用到实际生活当中去，促使社会生产力和社会经济的发展，改变人类的工作和生活条件。另一方面，巨额的科研经费、学术地位的诱惑，科技制度的不完善，也为科学道德失范提供了温床。

一、科学道德失范的经济因素

　　在计划经济时代，集体利益重于个人利益。被禁锢起来的个人利益，在一定程度上打击了人们进行科研的热情。而市场经济的伦理逻辑倾向功利主义，强调个人自由、个人利益。一方面以利益为驱动的经济体制，促进了经济的飞速发展，与之相应的科学道德领域的变革成为现代化过程中的历史必然。从另一方面看来，市场经济的消极影响也逐渐显现出来。

（一）利益驱动

　　在利益最大化原则的诱惑下，金钱标准取代道德准则，个人经济利益凌驾于社会公共利益之上，个人自由越界而侵犯到他人自由等各式各样的不仁不义的事件都可能发生。价值观念的多元化容易给人们造成这样一种误会：似乎个人做出任何价值选择均具"合理性"，可以找到事例与理论辩护。利益的诱惑与欲望的满足和人类本身所具有的功利性、竞争性和盲目性，把失去理智的人们引进冷峭无情的金钱战场，开始不择手段地生死搏斗，而把应有的人间温情、阳光、正义，一律抛入冰冷的利害关系之中。如果没有任何束缚和限制，人们经济理性行为甚至可能践踏人间一切法律，没有硬性约束的道德更是如此。

以上种种体现使得科学道德应有的界限变得越发模棱两可、含糊不清。一方面科学研究强调无功利性，另一方面市场法则又是利益优先。由于科学道德评价的不确定性和标准的不统一，人们思想上出现了某种程度的"矫枉过正"，不受社会主义道德约束的行为也就随之大量地冒出来。

科研人员既是社会中的人，又是一定组织中的人。通常，他们认为自己从事科学研究不仅要以获得社会的认可为目标，更要得到组织的认可和嘉奖。这些嘉奖不单单是指物质奖励，还包括精神荣誉以及对某些权利的享受等。当一个科学工作者还没有真正将科学道德准则铭记于心，同时又强烈渴望得到社会的承认和组织的功利性回报时，科研不端行为就会出现。

科学竞争能给科研人员造成压力、催其上进，推动科学持续发展，竞争不足往往会打击科研人员的积极性与创造性，但过于激烈的竞争也会引发内部的相互攻击、诋毁等。另外，在一定时期占主导地位的价值观、社会文化总是影响着科学的发展。随着科学事业的进步，科研队伍越来越庞大，竞争也越来越激烈。有限的资源不可能完全满足庞大的科研队伍需求，资源的稀缺性决定了竞争的激烈性，科研经费等成为一种稀缺资源配置，为了维持生计或为了评上职称，一些科研水平低的人员只得走捷径。受社会上浮躁之风的影响、急功近利价值观念的熏陶，部分学者不再满足于"十年磨一剑"，而是秉着低投入高产出的心态"一年磨十剑"，大量粗制滥造、质量低劣的学术论文应运而生，科学道德问题越发严重。

（二）社会转型引起的社会规范的不确定性

目前我国处于社会转型时期，市场机制和规则还不健全，计划经济下的社会规范尚有影响，在这种新旧交替不确定的环境下，人们在意识上容易产生道德扭曲，给某些科研人员进行学术造假提供可能性空间，引起社会道德行为的扭曲。有人认为经济转轨中出现的经济行为准则的过度推行，极易使人们处于一个无人格魅力影响的市场经济的"物化环境"之中，使道德失序。此外还有一个使少数人道德失范的原因，就是计划经济体制留给人们的旧道德观念的惰性还没有完全消失。市场经济体制环境下需要诚信，诚信在制度不健全的市场经济条件下又是最可能缺失的品行。有人说诚信是道德之本，缺乏诚信是市场经济中的逐利行为可能导致的道德失范行为的主要表现。这里的"可能"表示市场经济的逐利动机只是造成诚信缺失或诚信危机的条件之一，在市场经济体制的相关制度和监管不规范、落实不到位时，市场经济才必然产生道德风险——诚信危机。

转型社会滋生腐败。改革以前，维持我国社会秩序、控制人们社会行为的权威力量是感召权威、传统权威和法理权威的混合体。而伴随社会经济发展的进程，适合于新的经济基础的权威体系建设尚不完善，社会主义民主制度的建立还远远没有完成。社会结构发生了变迁，但建立在原有权威体系基础上的社会分配制度并没有随之完善起来。由此导致的后果就是那些既得利益阶层肆无忌惮地掠夺和浪费社会资源，而那些"利益相对受损集团"和"社会底层群体"则不仅难以获取社会资源，更是日益边缘化。尤其是领导干部的腐败现象，不仅为整个社会的"道德失范"起到了消极的示范效应，助长了整个社会的"道德失范"，而且减弱了政治制度的权威性，将原本具有补救"道德失范"作用的政治资源消耗殆尽，无疑更加重了社会的"道德失范"。

管理上存在漏洞。市场经济是一种任何国家发展到一定程度都不能超越的经济形式。但是，它和自然经济、产品经济一样，都可以说是一把"双刃剑"。在道德和生活方面，市场经济关系着善与恶、美与丑的两极。即使是在社会主义条件下，商品经济中核心的等价交换原则对爱情、友情等感情以及权力部门等社会组织的渗透，也孕育着极大的风险，这会产生一系列我们不希望看到的后果。在现有规章制度的基础上，社会调控机制仍有些许滞后，社会道德管理上的漏洞短期内还很难填补上。例如，在市场经济环境里，特别是在社会主义条件下，不只是原则上，从具体情况来看，什么样的行为是被允许的、被法律承认的、被道德肯定的，什么样的行为是与市场要求相违背的，人们目前还没有完全认识到。由此引起的管理上的漏洞是在所难免的，商品经济的自发性与盲目性则有了可以任意发挥的空间。

二、科学道德失范的政治因素

科学不端行为中的抄袭剽窃、学术造假等是对他人的精神财富的非法无偿占有，严重者还是一种主观故意的违法甚至犯罪行为。政治因素是这种个人不能自律、单位和行业又管不了或不愿管的违法行为产生的重要原因，政治领域的权力道德失范现象已经成为我国社会转型时期道德失范问题的重要组成部分。

（一）科技立法、司法不健全

科学道德的实现有赖于加强科技立法和执法。自改革开放以来，我国进行了大量的立法工作，不断完善社会法制建设，但是由于我国的改革是一个在实践中逐步摸索前进的过程，从建立有计划的商品经济到确立社会主义市场经济，这样的一个过程是循序渐进的，从而使得立法决策对法制发展目标缺乏整体构想。对于科研来说，我国科技法制建设时间短，而且严重滞后于改革实践，各种法律法规之间有时还存在着摩擦与冲突，所以未能形成系统的完整的科学道德方面的法律体系。目前的科技相关法律彼此之间缺乏有机联系，法律设施不配套，各种法律法规之间有时还存在着摩擦与冲突。有些法律制度对违反该原则的行为缺乏明确的处罚规定，没有对要达到的社会效果进行科学的预测；有些法律虽然规定了明确的处罚措施，但其惩罚力度也还没有大到足以使失信者的法律成本高于其违法收益。

执法不严，司法不公。新中国成立以来，在我国建设社会主义市场经济体制的进程中，我国的司法机关基本上能够秉公执法，维护社会的公平公正、和谐有序，但不容忽视的是，我国仍存在着司法不公、司法腐败现象，这些现象对社会风气产生了极其消极的影响。执法不严、司法不公使法律及规章制度的规范效果在实际生活中无法充分实现，达不到应有的震慑效果。在这种情况下，人们往往在利益的诱惑下，枉顾法律与道德的要求，引发道德失范行为。学术不端行为的屡禁不止就是一个典型。学术论文不端行为是一种违反道德和法律规范的行为，一经揭露、核实就必须立即采取制相应措施进行制裁，以儆效尤。

（二）学术腐败增加

我国科研管理体制是以政府管理为主导，以市场调节为辅助的一种体制。政府部门进行科研管理可以引导科技发展方向，保证其方向与国家经济社会发展方向一致，但不能忽视的问题是，一方面科学发展有其自身规律，有时科技管理者未必充分了解科学的发展规律，而盲目行政干预，只会适得其反；另一方面，更重要的是，权力集中的同时也容易产生"寻租"现象，导致学术腐败。

中国古代主流伦理传统是基于"人性善"的假设，在计划经济下道德建设也是突出共产主义、集体主义的道德理想，而不考虑主体现有的利益诉求和道德素质。这就导致在某些方面科技制度设计的不完善，不能有效适应经济社会结构的急剧变化，进而为不道德的行为预留了空间，导致了行政道德失范与行政腐败。

改革开放以后，尤其是市场经济转型之后，由于历史和现实的诸多原因，我国包括行政体制在内的政治体制改革却相对滞后。改革不配套，就间接造成了利用职权营私舞弊、贪赃枉法、索贿受贿等一系列犯罪行为的发生。行政腐败与行政道德失范对社会的稳定性具有极大的破坏力。它破坏了公共权力运行的公正原则和政府的管理秩序，导致人民群众对党和政府的不信任，严重者甚至酿成社会动荡。作为社会管理阶层，其失范行为对整个社会的道德造成了恶劣的影响，容易使人民群众对法治社会产生怀疑和不信任，玷污了社会道德风尚。官员自身的不道德甚至违法行为是整个社会不良道德行为的重要组成部分，政治人物的不道德以及违法行为甚至会对社会公众的道德心理及行为产生消极影响。有研究表明：经常接触"腐败、走后门"等社会不公现象的个体可能会对社会或政府的信任感下降，有可能长期处于抑郁绝望等消极心理状态，也有可能产生愤世嫉俗等极端心理，引发攻击他人、抨击国家政府甚至仇恨社会等反社会行为。政治领域权力道德失范最终必然导致社会整体道德水平的下降，这已经成为了我国社会转型期道德失范问题产生的重要原因。

道德失范表现在科技领域就是钱学交易、权学交易现象。社会上假冒伪劣、钱权交易、拉关系等腐败之风也腐蚀着学术界，诱发了"钱学交易"、"权学交易"等现象。在知识不断升值、推崇知识付费的今天，当一些行政官员想增加自己升迁的机会时，知识就成了他们最好的筹码，他们凭借手中的权力、金钱，通过权学交易、钱学交易等不正当手段获取学历、学位，其论文多是一些为了赚取些许生活补贴或其他好处而甘愿当"枪手"的在读研究生代笔。有些资深导师或科研机构负责人，同时是五六个甚至更多课题的负责人，由于工作量太大，他们无暇从事具体的课题研究和论文撰写工作，往往让自己的研究生或研究人员从事调研、做实验、处理数据及撰写论文等具体工作，并付给学生或工作人员一定的报酬，有学者形象地称此为"科技界的包工头现象"。此外，现代科学已成为一种高度社会化的活动，政治对科学的渗透使科学建制官僚科层化，破坏了科学体系原本特有的运行机制，使科研人员成为权力的附属品。由于受社会官本位思想的影响，我国许多高校、科研机构行政味十足，潜心于学术研究的越来越少，"学而优则仕"成为众多学者的奋斗目标。上述社会因素的不良影响无疑构成了滋生学术论文不端行为的温床。

三、科学道德失范的文化因素

文化，包括一定的社会规范、制度、法律、观念、价值体系等等，是社会运行的精神条件，对社会良性运行与协调发展具有极其重要的作用。由于人类社会生活的其他方面在一定程度上都可溯源到文化方面，因此文化因素对于社会生活中各种"道德失范"现象具有不可推卸的责任。

"科学道德失范"作为一种反文化现象，其出现与我国社会的文化发展状况关系密切。科学道德是一般社会道德在科学研究工作中的特殊表现。

（一）科学道德约束力的弱化

科学道德的实现有赖于他律与自律的统一。目前科学道德的外在约束力和内外的道德自觉约束力普遍减弱。

约束标准执行不严。现在有些国家在科学界内制定了一些较为严厉但大家都自发遵守的行规，谁违反了就将失去诸如申请课题、加入团体协会、参与评奖、在专业杂志上发表论文等机会，严重者还会被开除，以此来减少越轨行为的发生。虽然最近几年来媒体揭露了大量科学不端行为，但大多时候这些报道是遮遮掩掩、语言不详的，连违规者的名字都不敢提。更为严重的是，在许多情况下，科学不端行为暴露或被披露后，某些权威学者或行为人所在的单位本着家丑不可外扬和事属小节的心态，对这种恶劣行为非但熟视无睹，不予处理，反而极力袒护，更有甚者反过来对被侵权者予以"制裁"。这些情况又给其他作弊者以心理上的侥幸，致使剽窃、伪造者越发猖狂起来，肆无忌惮地继续不端行为，形成恶性循环。由此可见，以舆论制裁和经济制裁为主的外在道德约束并没有达到其应有的约束效果。

部分科技工作和管理者缺乏道德信念和道德情感的支持。道德信念是一种较为稳定的心理状态，具体就是道德主体对自身认可的道德理想、道德原则和道德规范发自内心的真诚的信服，并将其内化为主体的道德观念、思维方式。道德情感是一种依附于一定道德准则的情感，是人们对道德的认同感、信任感和崇敬感。道德情感的产生与道德主体对道德标准的认识和评价息息相关。道德信念为主体提供其认可的道德标准，为主体的道德行为提供精神依据，在社会道德生活中发挥着重要作用。然而，在我国社会转型的过程中，道德标准逐渐模糊，很多时候人们对于各种道德失范现象采取一种事不关己、漠然相待的态度，导致了道德主体逐渐将自己视为道德的局外人、看客，在道德情感上往往表现得非常麻木和冷漠，这种现象势必导致道德失范现象的大量产生。现在有许多科技工作者在研究中对实验数据进行筛选，只挑选或发表那些对自己的研究有利的"最佳"结果，有时甚至篡改、编造实验数据，还有的抄袭剽窃他人的成果，而列出援引过的著作、论文、技术资料或注明出处，缺失了对前人劳动成果的最起码的尊重。

（二）西方现代思潮对科学道德价值观的负面影响

我国当前道德失范重要的外部原因之一，就是西方现代思潮对我国当代社会新价值观影响。当然，我国实行全方位改革开放的过程中，西方的自由、民主、平等、积极进取等道德观念为我国市场经济条件下道德观念的调整和重构提供了参考，起到了不可磨灭的积极作用。但是不可否认，一定范围内资本主义的腐朽思想对我们的道德状况也产生了严重的负面影响，主要表现为随着西方个人主义价值观的引入，人们在思想上产生了极大的混乱，极端个人主义、金钱本位等思想和行为在一些人身上表现得较为突出。对个人利益的过度追求、对功利的过分迷恋，导致了一部分人无视道德底线与良知，对于科学研究，不再是以发现知识造福人类为目的，而是成为个人谋求名利的工具。

（三）多种价值观碰撞冲击，道德评价缺乏统一的标准

在西方一些腐朽生活方式与道德规范的侵入的同时，传统文化中的所谓糟粕也在一定范围内沉渣泛起。在鱼龙混杂的西方文化被奉为至宝、传统文化糟粕又"悄然兴起"的情况下，一种观点要"全盘西化"，另一种观点坚持"弘扬国粹"，"文化论战"又一次重新开始了。而潜藏在"文化论战"背后的则是社会的价值体系的崩塌，人们行为的无所适从，对行为的评价标准"无可无不可"，促使某些意志薄弱者堕落到道德败坏，成了资产阶级腐朽生活的俘虏和牺牲品，加速了人们冲破原有道德规范的步伐，导致道德失范成为一种较为普遍的社会现象。文化冲击所引发的失序和混乱，对构建当今和谐稳定社会也产生了较为深远的影响。

（四）科学道德教育滞后

科学道德教育的一个重要群体是青年学生，青年人肩上担负着国家的未来，青年学生所接受的科学教育对于未来的科学工作者和管理者的科学道德素养有着深远意义。

社会道德教育的滞后。后工业社会中文化产业的发展，一方面满足了大学生对文化生活的需求，大学生能够充分享受文化消费所带来的乐趣，重要的是通过文化消费，增加了大学生的阅历，开阔了大学生的眼界，提高了大学生的审美情趣；另一方面社会上也充斥着各种各样的不良信息，在大学生对信息的分析与辨别能力较弱的情况下，这些信息很容易对大学生产生极大的负面影响。江泽民同志指出："如果现在再不引起大家的高度重视，坚决加以惩治，后果不堪设想。""课堂教育花了一年功，抵不住社会一阵风。"在信息文化多元化的今天，各种不良信息的传播途径也变得多种多样，互联网、图书、影像等都成了帮凶，这些传递给大学生的不良信息，最终对大学生的科学道德发展造成了阻碍。

学校科学道德教育改革亟待深化。在校学生（从小学到大学）的人数在我国人口中的比重很突出，特别是大学生，他们的大部分时间是在校园里度过的，学生所接受的学校教育教学以及生活环境的熏陶远远超过接受的家庭氛围的熏染，很明显，科研人员科学道德问题与学校教育休戚相关，我国当前道德失范现象普遍存在的重要原因之一就是学校道德教育的实效性不高。我国学校道德教育普遍存在教育方法不恰当的问题，总体表现在一味重视灌输道德规范和道德理论，忽视了道德情感和道德行为的培育。如邓小平同志曾经指出：十年来最大的失误是教育，主要是讲忽视了思想政治教育。就科学道德教育方面，学校教育也不足，目前多数高校没有对本科生、研究生开设过科学道德教育的课程，主要是通过导师的带教来实现。

少数教师本身的道德水平不高，也是影响科学道德水平的因素。教师如果能够意识到这一事实并且尊重和保护每个学生的独特性，那么不论什么样的学生都可以从老师的对待中感受到被尊重的态度，建立起牢固的自信心，获得勇往直前的勇气和毅力，感受到更多人生的乐趣，对他们的道德成长具有决定性的作用。

家庭教育的缺失影响。家庭教育与学校教育相脱节也是导致"问题大学生"产生的另一个重要因素之一。家庭是个体成长的重要环境，人们的一生在家庭环境中的时间最长，所以家庭对一个人道德发展影响深远。"问题大学生"的产生在很大程度上与家庭经济情况、家庭氛围、家庭教育教养方式等因素息息相关。

从家庭教育教养方式来看，家庭是个体道德成长的最初发生地，家长是孩子道德发展的

启蒙老师，大学生世界观、人生观、价值观的形成无时无刻不受到家长的一言一行的影响。有资料统计显示，家庭教育方式较专断的家庭环境中的大学生，一般比较缺乏耐心、缺乏自信、不容易相信他人，处理问题时容易冲动。在溺爱环境中长大的大学生，易养成以自我为中心、比较任性以及"三天打渔两天晒网"的缺乏坚持力等的性格。

四、科学道德失范的科学共同体层面因素

科学共同体是科学建制的核心，是由科学家组成的专业团体，具有共同的追求目标，为加强交流、促进科学进步而结合在一起。科学共同体作为科研工作必不可少的单位主体，其道德失范问题也是影响科学道德失范的一个重要因素。

（一）科学共同体缺乏科学诚信管理体系和惩戒机制

我国社会转型时期，科学共同体还没有建立起完善的科学诚信管理体制，没有完整、科学的信用调查、评价以及公开发布的体系，这就使科学失范行为付出的成本较低。目前我国对科研人员科学道德进行监督的相关学术监督制度建设相当不完善，且对已发现的科学道德失范行为缺乏应有的惩处措施或没有达到应有的惩处力度。高校内若发生科学道德失范行为，出于维护学校声誉考虑，大多数也只是内部解决，虽然有些严重的科学道德失范行为经过媒体曝光后受到了有关监督部门的惩处，但受到严惩的几率十分低，在这种现状下，科学道德失范行为虽然逐渐被人们意识到，却仍未引起科研人员的警醒。惩处制度不严，使得高收益低风险的科学道德失范行为仍在学术界不断发生，且愈演愈烈。如果科研管理人员都能"公平、公正、公开"地对待和处理科技研究人员的项目申报、成果选拔、推荐评奖等事宜，不徇私舞弊，严肃处理学术造假、剽窃，那么就能在学术界营造"鼓励先进、激励创新、警示落后"的积极学术氛围。反之，则会营造不公平的科研、学术环境，会打击科技研究人员的团结和开展科学研究的热情。

（二）科学奖励制度的缺陷

荣誉奖励含金量不高。科学奖励制度是科学运行的动力机制，科学奖励应该根据科学家科研产出的数量和质量来进行分配，体现出科学家扮演其科学角色的好坏与相应报酬间的关系，其他先赋变量不得参与承认分配。而科学奖励的权威性与公正性往往受到多种因素影响而出现偏差，如马太效应、评审专家个人偏见、奖励名额等，造成了科学奖励含金量低的现象。我国以物质利益为导向的荣誉奖励形式决定了职称和科研经费、工资提升、住房分配、医疗保险等，与科研人员的切身利益直接挂钩，量化评估办法决定了所发论文的数量是评定职称的依据，因此，发表论文的多少在一定程度上就决定了该教师和科研人员衣食住行的水平。一些高校教师和科研机构的研究人员抵挡不住巨大的物质利益诱惑，想要得到种种优厚待遇，又因自身的科研能力有限，不致力于自身科研水平提高，只想走捷径。即便教师本人不在乎职称，但看到身边有些科研能力明显不如自己的人一个个评上教授，加之周围众人的议论不绝于耳，又怎能无动于衷？原本应该让教师的科研水平得到合理承认的职称却成为众多教师的心病。

（三）科学评估体系不完善

科学成果评估，一般是由同行专家进行评审，评审人应本着公正、实事求是的态度对成果的学术价值和学术水平做出客观评价。但现实中，个人偏爱、审查结果因人而异的随机性都影响到成果审查的公正性。

学术评价形式太过单一。目前高校对研究生和教师的学术评价缺乏合理的科学评价体系和落实方法，形式太过单一，常以发表论文甚至仅以发表论文的数量作为衡量研究生科研成果验收的方式，在实际运行中缺乏学术民主和学术争鸣的氛围，缺乏良好的监督和制约机制。无视科研质量和时间成本，一味要求数量，这无疑将导致研究生、教师和广大科研工作者为了增加论文数量采取一些不道德的方式，如抄袭他人成果、肆意篡改实验数据或找枪手代写论文，以此来提高自身在现有评价体制下的学术能力。有关部门为适应这一庞大群体的要求，纷纷编辑、发行各式各样的内部刊物，这些刊物对稿件的审查往往也不严格，编辑对每篇论文也不是一清二楚，有的甚至交费就可以发表论文，这就为一稿多发、抄袭剽窃等不端行为提供了可乘之机。

没有完善的编辑责任制。论文审查者和责任编辑一般不承担因发表抄袭剽窃之作的事后追究责任，致使论文审查制的把关功能失灵，大量粗制滥造的学术成果得以发表。论文审查制、奖励机制的漏洞致使论文不端行为的成本变得很低，同时这种行为被抓获的可能性非常小，使得某些杂志或其他机构在利益或其他因素的驱使下，简化对论文的评审环节，使得很多存在剽窃或作假行为的论文得以顺利发表。

评价人滥用职权。学术期刊都有严格的各种审稿、编辑、发表制度，论文从收稿到发表一般采用三审制，即编辑初审、专家复审和主编终审，但现在这些制度流于形式，实施起来难度较大，使评价人有了不公正评审的机会。评价人滥用职权，利用工作之便拒绝接受同行竞争者的论文，或推迟竞争者的论文发表时间，甚至将他人的论文或研究计划的信息占为己用，或传递给他人。评价中存在着"马太效应"，有的评价人对著名的专家、学者过分迷信，认为他们的科研成果都是高水平的，对他们所提交的成果审查只是走过场，并不进行仔细审查，而轻视未成名的科技工作者的成果，给予他们不高的评价，缩小其影响。这些不良的科研评价误导了科研实践，助长了科技界的越轨行为，也助长了科学道德失范行为的嚣张气焰。

此外，随着现代科学的飞速发展，又出现了许多新兴交叉学科，每个学科新生长点上不可能都有一个权威。由于缺少同行专家的指导、认定，评定一项新型的研究成果非常困难，评价标准本身很难客观化，评审结果也具有很大的随机性，这就决定了同行评审不可能绝对客观，无法保证科学成果评估的公正。

案例与思考

韩国生物学家黄禹锡造假事件

黄禹锡（황우석），韩国著名生物科学家，曾任首尔大学兽医学院首席教授从事克隆技术研究，成绩辉煌，一度令他成为韩国民族英雄。

1987 年，黄禹锡正式开始其克隆方面的研究。1999 年黄禹锡带领的科研小组在世界上首次培育成体细胞克隆牛；2002 年克隆出了猪；2003 年又首次在世界上培育出"抗疯牛病牛"；2005 年他的科研小组成功培育出世界首条克隆狗"斯纳皮"。这些成果，令他成为国际生命科学领域的权威人物。

从 2001 年起，黄禹锡的研究重点从动物转向了人类胚胎干细胞方面的研究。2004 年 2 月，他在美国《科学》杂志上发表论文，宣布在世界上率先用卵子成功培育出人类胚胎干细胞。2005 年 5 月，他又在《科学》杂志上发表论文，宣布攻克了利用患者体细胞克隆胚胎干细胞的科学难题，为全世界癌症患者带来了希望，其研究成果轰动了世界。

然而好景不长。韩国文化广播公司新闻节目《PD 手册》报道黄禹锡在研究过程中"取用研究员的卵子"的丑闻。之后，他的研究小组成员指出 2005 年论文中有造假成分。首尔大学随后的调查证实，黄禹锡发表在《科学》杂志上的干细胞研究成果均属子虚乌有。

黄禹锡"学术造假"丑闻令科学界震惊，他本人也名誉扫地。首尔大学解除了他的教授职务，韩国政府也取消了授予他的"最高科学家"称号。2009 年 10 月 26 日，韩国法院裁定，黄禹锡侵吞政府研究经费、非法买卖卵子罪成立，被判 2 年徒刑，缓刑 3 年。

第二节　各国科学道德建设的经验

纵观世界各国科研道德组织建设方面的情况，可以发现，各国政府和社会对科研道德组织建设的重视程度与科研不端行为的发生频率呈负相关。一个国家社会整体的道德观念、管理水平和法制化程度往往决定了这个国家对科研道德建设的重视程度。总体来看，丹麦、芬兰等北欧国家都设立了由政府为主导的科研诚信监管的组织外机构，负责查处所有领域的科研不端案件。美国、加拿大和西欧国家主要依靠研究机构和大学自身来进行科学道德监管，国家级的科学道德委员会的主要功能是制定监管规则与查处程序，提供各领域的智力支持和政策咨询，向各级学术组织提出指导性意见，而不负责对投诉进行具体处理。

一、科学道德制度建设

现代科学研究模式的变化，使得科学活动对政府部门和社会的依赖性逐渐增强。科研道德的制度建设最理想、最权威的途径就是建立规范制度，尤其是科技立法。随着政府部门对于科研不端行为监管机制进行介入，制定国家层面的法律规范以及对政府部门和科研机构的职责义务进行明确的界定就成了题中应有之义。自律和监督相结合的弹性模式是许多国家在科研道德制度体系建设中普遍采用的。由于科研行为不端问题是最近 20 年出现的新情况，而且这个问题专业性强，实际处理情况复杂，稳定性差，比较难处理，各国一般采用政策规约等"准法律"的形式引导科研人员道德自律。

除国家层面外，科学研究相关的社会组织，如科研机构、学校、学术团体、基金会、出版社等，也应发挥民间积极力量，推动科学道德建设。

（一）美国科学道德建设制度

为加强科研不端行为调查和处理的规范性，20 世纪 60 年代起，美国联邦政府开始探索科研不端调查和处理政策规范化的理想方法。1981 年，负责处理生物医学领域学术不端的"科学操守办公室"在美国国立卫生研究院（NIH）设立。"学术操守办公室"是当时美国政府处理学术不端行为的主要机构之一，为扩大其管理范围并提高其权威性，"科学操守办公室"于 1992 年更名为"学术操守办公室"，并直接设立在美国卫生与人类服务部。1985 年美国国会通过了《健康研究附加法案》，在实施该法案的过程中，美国卫生部于 1989 年增设了"科学道德建设办公室"（OSI）和"科学道德建设审查办公室"（OSIR）。这两个机构于 1992 年合并后改称"科研道德建设办公室"（ORI）。

　　1989 年，美国卫生与人类服务部的"公共卫生署"颁布了一个针对学术不端行为的管理条例。美国科学基金会作为另一个资助科学研究的政府机构，也于 1987 年颁布了关于科学与工程领域不端行为的条例，并于 1991 年作了修订。

　　但上述两份条例中涉及学术不端定义的内容一直存在争议。为此，美国科学院、工程院和医学研究院成立了一个"科学责任和研究行为"小组专门进行调研，该小组由 22 名科学家组成，于 1992 年发布了调研报告。1993 年，美国国会通过了《美国健康研究院复兴法案》，正式批准科研道德建设办公室（ORI）的权限，并创立了一个由教学医院医生、生物医学科研人员、律师和伦理学家共 12 人组成的"学术操守委员会"，向卫生与人类服务部部长和国会提出了一套具有普适性、法律严密性和可操作性的处理学术不端行为的政策和程序，其中包括对线索提供者的保护机制等。在接下来的两年时间里，该委员会举行了 15 次听证会，并于 1995 年向卫生与人类服务部和参众两院提供了一份详尽的调查报告。科研道德建设委员会在经过反复研究后，于 1995 年给出了下述定义："科研不端行为是盗取他人的知识产权或成果、故意阻碍科研进展或者不顾有损科研记录或危及科研诚信的风险等严重的不轨行为。这种行为在计划、完成或报告科研项目，或评审他人的科研计划和报告时，是不道德的和不能容忍的。"

　　1996 年，由美国总统任主任的"美国国家科学与技术委员会"通过设立在白宫的"科技政策办公室"专门成立了一个"学术操守小组"。美国国家航空航天局的首席科学家担任该小组的组长，小组成员大多是来自美国农业部、能源部、国防部、国立卫生研究院和国家科学基金会的科学项目资深主管人员。该小组很快在上述调研报告基础上完成了《关于学术不端行为的联邦政府政策》的草案，并向社会各界广泛征求意见并反复修改。该草案于 1999 年 10 月公布，2000 年经进一步修改后由总统办公室正式颁布生效。《关于科研不端行为的联邦政策》对科研不端行为的定义，科研不端行为的处理方法、评判依据，政府部门和科研机构各自的职责等方面做出了具体而明确的规定。联邦政策的正式生效，标志着美国科研不端行为治理的规范化和统一化，而该政策也成为美国主要科研机构和学术团体制定自身政策和指南的基础，各主要研究机构均以政策为范本，制定或修订了自身的相关规范。至此，美国历经 20 年，最终形成了一套被广泛认可的、全国统一的监控政策和处理措施。

　　除了制定相应的政策规范之外，美国还构建了较为完善的层级监管机构。白宫科技政策办公室主要负责领导跨部门的力量，发展和执行完备的科学技术政策和预算，为总统及其他内阁成员提供关于国内国际事务中科学技术影响的咨询建议等。美国科学基金会和公共卫生署要求所有接受公共基金的研究单位有处理科研不端行为的措施。另外，许多大学和科研机构设立了投诉专员、道德官员或其他可以讨论科学道德问题的官员，以便及时对道德问题进行处理。科研机构依照联邦法律形成本单位的处理政策和程序，或者参照上级机构的处理政策来监管本单位。美国公共卫生署在 2005 年 6 月发表的《处理举报科研不端行为的政策程序样本》，为下属和其他科研机构提供了参考性的处理政策和程序。该文件明确了科学道德官员、检举人、被检举人以及决策官员的责任和义务，提出了通用的方针政策，包括对发现科研不端行为的检举责任、在调查过程中的合作、保密性、对检举人证人和调查组成员的保护等。

一些社会组织制定了相应规范。如，美国国家科学基金会于 2002 年公布了《不正当研究行为的管理规定》；美国卫生与人类服务部于 2004 年公布了《卫生与人类服务部关于不正当研究行为的政策》；美国微生物学会（ASM）早在 1988 年就制定了《道德规范》，并于 2005年采用了新的道德规范；美国物理学会（APS）关于科研道德的文件有《平等职业机会政策声明》、《关于什么是科学的声明》、《职业行为指南》、《关于处理研究不端行为政策的声明》、《促进职业道德、标准和行为教育的声明》；美国化学学会（ACS）在 1965 年通过了《化学家信条》，1994 年通过并采用《化学家行为规范》等。

（二）英国科学道德建设制度

英国、德国等一些国家主要是由社会组织规范了科学道德建设。1997 年 12 月，英国研究理事会（RCUK）发表了一个名为《捍卫正确科研行为》的联合声明，强调了科研不端行为，并对正确行为做出规定，并重点讨论了正确科研的原则、内容，包括原始数据收集、项目书提出、基金使用以及同行评价等，此外还提出了对年轻科学家的科研教育与培养问题。1999 年，英国生物技术与生物科学研究理事会（BBSRC），发表《关于捍卫科学行为规范的声明》，文中强调，科研诚信包括避免任何科研不端行为的义务。

2004 年，英国科技办公室公布了《科学家通用伦理准则》。在震惊世界的赫尔曼布拉赫事件发生之后，英国成立了包括国外知名学者参加的职业自律国家委员会，从科研体制出发，研究产生不端行为的原因，调查科学界自律的作用，从而为解决科研不端问题提供建议。委员会秉着吸取他国经验的良好态度，对德国情况进行了详尽的考察，于年底提交了《关于保障良好科学行为的建议》，提出了涵盖良好科学实践的主要原则以及科研不端行为的指控调查程序的建议，要求各大学和科研机构确立良好科学实践的规则，制定处理科研不端行为指控的程序，建立相应组织架构，同时还就科研人员培养、数据保存、作者资格的确定、基金使用等具体问题做出规定。虽然该建议并不是一个强制性的规范措施，但其发布后很快就被德国主要科研团体和科研机构所接受，成为德国科研不端治理体系的核心组成部分。

英国经济与社会研究理事会（ESRC）也在其《研究资助条例》中明确提出了对正确科研的要求，它是面向全国资助科学研究的机构。资助条例要求调查员和科研单位都承担到科研道德的责任，而科研单位需要提出具备以下内容的程序规定：在项目书中必须包括科研诚信的说明；对项目书进行关于科研道德的评估；制度监测中要有程序规定；避免重复的科研诚信调查；数据保护规定与法律一致。

英国工程和物质科学研究理事会（EPSRC）提出了关于科研道德的规定——《科学与工程研究的行为规范》，要求其所资助的所有科研机构具备有关正确科研的规定。正确科研规定的主要内容包括科学工作的基本原则、科研小组的领导、对新手的培训、对原始数据的保护和保存（在研究机构的控制下以耐久的方式保存足够长的时间）。正确科研另外也包括申请基金时所提供材料的准确性、基金的合理使用以及仲裁人和陪审团成员的职责。

（三）德国科学道德建设制度

德意志研究联合会（Deutsche Forschungsgemeinschaft，DFG）前身是 1920 年成立的德意志科学救援联合会。第二次世界大战结束后于 1949 年重建，1951 年改称现名。联合会是德国主要的科研资助组织，其主要任务就是为大学和公共研究机构的科学研究提供资助，为政府制定科学发展政策提供咨询服务。德意志研究联合会（DFG）成立了一个独立的委员会处理有关科学道德和科研不端的问题。1997 年，德国主要研究资助机构的德意志研究联合会（DFG）的科学职业自律国际委员会，提交了《关于捍卫正确科学实践的建议》的报告。1998 年 1 月，DFG 国际委员会发表了《捍卫正确科学行为的建议》（共 16 份建议）。其中一个建议针对研究协会、学术团体、科学出版社以及相关科研支持机构，要求机构建立科学道德的规定，具体的处理机制，以约束机构成员，在机构内引导良好的研究风气。因此，在德国几乎所有的大学和研究机构都有自己关于科研行为的规范与规定。2000 年，马普学会在总结以往惯例的基础上，形成了《涉嫌科研不端行为的处理程序规则》。该规则明确指出：科研不端事件发生时，由相关机构主管和相关学科委员会副主管联合开展初步调查，在听取被检举人陈述的基础上做出决定，停止调查或展开正式调查。

（四）北欧国家科学道德建设制度

1992 年，丹麦在其医学研究理事会下建立了科研不端委员会，该机构是丹麦调查和处理科研不端行为的最高国家机构。2003 年 5 月丹麦颁布了《研究咨询系统法案》，这是丹麦关于科研的最高法案。该法案明确了丹麦学术不端委员会处理科学失范行为的职责，包括对涉及科研不端的申诉展开调查、对涉及欺骗的科研项目提出终止建议、对涉及犯罪的行为向警察局提供报告、根据有关机构的特殊要求对科学道德问题提供评估报告。

丹麦科学技术和创新部成立的丹麦学术不端委员会〔DCSD〕负责处理可能会对丹麦的科研造成潜在影响的科研不端案例。丹麦学术不端委员会可接收科研不端行为的举报与被怀疑案例的澄清要求。如果认为该案件对于社会利益或对人类或动物的健康具有重要意义，则有权开展主动调查。

芬兰制定并修订了《良好科研规范及科研不端和欺诈行为的处理程序》，同时成立了科研道德国家顾问委员会以推进本国科研道德建设，规定了违规行为的处理程序，界定了科研欺诈和科研不端行为。1994 年由芬兰研究道德国家顾问委员会出台《正确科研规范和处理学术不端及欺骗的程序准则》，该文件对科研不端行为与处罚程序和正确科研规范的问题进行了阐述。芬兰由教育部所属的研究道德国家顾问委员会负责科研不端行为案件的调查处理。高等教育协会和其他科研支持机构被邀请成立适当的机构，对内部关于科研不端行为的事务进行处理：先由机构的最高负责人开展最初调查，并给出书面意见，如果怀疑属实则由最高负责人指定的专家小组展开调查，并告知国家顾问委员会。根据调查结果，最高负责人给出制裁意见。

1994 年，波兰科学伦理指导委员会颁布了《良好科学行为准则》。该准则针对波兰所有的研究人员做出规定，科研人员不但自身要严格遵循准则，而且不能要求同事或下属违背，存在利益冲突时要对得起自己的良知。准则规定了科研人员作为创造者要遵守的标准，包括对人类和自然的尊重和共享、合适的自我评价、纯粹的科研动机、避免多次发表等。

瑞士科学院在其文件《科研诚信——准则与程序》中阐述了关于科研活动的行为规范。文件提出：科学研究基于对知识的推敲和交流，诚实、自律、自我批判是科学领域诚信行为的最基本要素。研究机构与支助机构的决策者应致力于科学诚信，积极在推动建立科学诚信的工作环境方面做出贡献，应意识到自身对他人的榜样作用，并把科学诚信引入本科生和研究生的培养内容。

挪威颁布了"研究中的伦理与诚信"法案，该法案的目的是"确保挪威公共和私人研究机构所从事的研究活动符合既有的伦理标准"，法案界定了科研不端行为，同时授权成立科研不端行为国家调查委员会，享有对研究活动进行调查和报告的最高权力。

（五）我国科学道德建设制度

在 20 世纪 80 年代初，我国科学界开始呼吁重视科研道德的研究教育工作。1981 年，邹承鲁等 4 位中国科学院的学部委员在《中国科学报》发表文章，倡议开展"科研工作中的精神文明"讨论。由于国外较我国更早地进行了科学道德相关理论探索和实践，我国开始大量翻译国外相关书籍文章，如科学出版社翻译出版了美国科学三院的《怎样当一名科学家》，北京大学出版社出版了《科研道德：倡导负责行为》等。

2001 年 1 月，中国科学院率先通过了《中国科学院院士科学道德自律准则》，要求中国科学院院士实事求是，反对弄虚作假、文过饰非；坚持严肃、严格、严密的科学态度；反对学术上的浮躁浮夸作风；坚决抵制科技界的腐败和违规行为；尊重合作者和他人的劳动权益，并正确引用他人的研究成果；反对不属实的署名和侵占他人成果；反对参与谋取不正当利益的行为；抵制和反对科研成果的新闻炒作等。后在 2007 年制定了《中国科学院关于加强科研行为规范建设的意见》。

2002 年教育部出台了《关于加强学术道德建设的若干意见》，要求端正学术风气，营造良好的学术氛围和制度环境，建设一支学术作风严谨、理论功底扎实、富有创新精神的高素质学术队伍。2006 年教育部成立了学风建设委员会，负责全国高校哲学社会科学学术规范、学术道德、学术风气建设的指导和咨询工作。同年，2006 年教育部又发布了《教育部关于树立社会主义荣辱观进一步加强学术道德建设的意见》，再次强调加强学术道德建设的现实意义。

国家自然科学基金委员会于 1998 年成立了监督委员会。2005 年，国家自然科学基金委员会监督委员会通过了《对科学基金资助工作中不端行为的处理办法》（试行），适用于在科学基金申请、受理、评议、评审、实施、结题及其他管理活动中发生的不端行为。处理不端行为必须坚持的原则是人人平等、实事求是、民主集中制、惩前毖后、治病救人。对个人不端行为的处理方式包括书面警告、中止项目、撤销项目、取消项目申请或评议评审资格、内部通报批评、通报批评等。对项目依托单位不端行为的处理方式包括书面警告、内部通报批评、通报批评等。

2006 年科技部颁布了《国家科技计划实施中科研不端行为处理办法》（试行）。该办法是目前为止我国具有最高法律效力的专门防治学术不端行为的政策。该办法对科研不端行为做出宽泛的定义：提供虚假信息、抄袭、剽窃、涉及人体的研究中违反知情权以及违反实验动物保护规定的行为等都属于科研不端行为。办法规定，成立科研诚信建设办公室，负责日常工作。2008 年新修订的《科技进步法》增加了涉及加强科研人员的职业道德、科研诚信和惩处学术不端行为的相关条文，这将为我国防治学术不端行为提供重要的法律依据。从目前情况看，我国科学道德建设相关法律体系还不完备。

2007 年中国科学技术协会通过了《科技工作者科学道德规范》（试行）。该文件适用于中国科学技术协会所属全国学会、协会、研究会会员及其他科技工作者。该文件将科研不端行为定义为"在科学研究和学术活动中的各种造假，抄袭、剽窃和其他违背科学共同体惯例的行为"，并为应对学术不端行为制定了相应的监督程序。中国科学技术协会科技工作者道德与权益专门委员会收到对学术不端行为的投诉后委托相关学会、组织或部门进行事实调查，提出处理意见。委员会还负责科学道德与学风建设的宣传教育，并监督所属全国学会及其会员、相关科技工作者科学道德规范的执行情况，建立会员学术诚信档案，对涉及学术不端行为的个人进行记录，并向中国科学技术协会通报。

二、科学道德组织建设

科研道德问题是国际性问题，包括联合国在内的一些国际和地区性组织十分关注科研不端行为等科学道德问题，并设立专门机构研究这些问题。世界许多国家政府和科研管理机构都非常重视科研诚信和科研道德建设，特别是那些科技发达、社会现代化和法制化程度高的国家。自 20 世纪 80 年代起，就有国家开始成立科研道德建设的组织机构。这些组织机构有的属于政府的官方管理单位，有的是大学和科研单位的分支机构，有的是学术组织、专业协会和基金会设立的相应分支机构。

（一）国际机构

1.联合国教科文组织

联合国教科文组织（UNESCO）成立于 1946 年 11 月，主要负责各国政府间教育、科学和文化问题。在联合国教科文组织的活动中，科研道德是一个重要议题。1998 年，联合国教科文组织创立世界科学知识和技术伦理委员会（COMEST），其宗旨是为在敏感的科技领域工作的决策者制定伦理原则，为其提供并非完全以经济学为基准的尺度，并建立和推行科技研究及应用领域的道德标准和行为准则，为推动世界科研道德水平的提高产生了积极的影响。

2.经济合作与发展组织

经济合作与发展组织（OECD）是促进成员国经济、社会发展，推动世界经济增长的一个政府间国际合作组织，成员国包括美国、日本和欧元区国家。经合组织有 200 多个专业委员会和工作小组，主要关注经济问题。这些机构经常举行会议，讨论研究该组织中各成员国的经济发展现状及其前景，并就国际经济、金融及贸易等方面的问题提出相应的对策和建议。由于科技对经济的影响力日益增大，经合组织开设了"全球科学论坛"，并在该论坛的框架上设立"预防科研不端行为专家组"，目的是防止在双边或多边的科技合作中发生科研不端行为，计划由美国和加拿大牵头，针对国际科研合作中可能出现的科研诚信问题积极采取应对措施。

3.欧洲科学基金会

欧洲科学基金会（ESF）成立于 1974 年，由欧洲 29 个国家所属的 76 个科研资助单位组成，负责协调欧洲各国科学研究、计划与部署等工作。2000 年 1 月，欧洲科学基金会就科研道德问题发表声明，要想维护科研领域的纯洁性，就必须在研究和学术方面建立严格的行为规范。基金会将全力促进在研究和学术领域制定严格的科研行为规范，并将一个研究所是否制定了科研行为规范和调查不正当行为的程序，作为研究资助的重要条件之一。

4.欧洲委员会和欧洲科学院

欧洲委员会（COE）于 1949 年在伦敦成立，原为西欧 10 个国家组成的政治性组织，现已扩大到整个欧洲范围：该组织经常对重大国际问题发表看法，但组织的性质不仅仅局限于政治，除了政治领域，还谋求在经济、社会、人权、科技和文化等领域都采取统一行动。欧洲委员会的宗旨包括在欧洲范围内协调各国社会和法律行为，促进实现欧洲文化的统一性。在防止科研行为不端、惩治学术腐败方面，欧洲委员会积极行动，协调欧洲各国和相关组织举办学术会议，制定科研诚信方面的政策法规。

欧洲科学院（ALLEA）是英国皇家学会等多个欧洲国家的科学院共同发起成立的一个包括东、西欧国家的区域性科学组织，其学科领域涵盖人文科学、社会科学、自然科学和科学技术等众多学科，在欧洲享有非常高的声誉。欧洲科学院具有非基金组织性质，不研究具体科学，不设置培训项目、基金和学术课题。欧洲科学院的一个重要职能就是科研诚信和学术道德建设，各个成员科学院为欧洲科学界和科研团体提供建议，促进成员科学院之间的信息和经验交流，促进科学繁荣，提高民族素质。

（二）国外政府科学道德机构

各国政府和科研机构组建的科研道德组织，根据各自具体的情况，有针对性地制定道德规约和法律规章。一方面，通过正面宣传，营造积极的氛围，引导考研人员开展负责任的科研；另一方面，对于科研不端行为可以切实有效地采取处罚措施，让相关责任人承担劳动法方面、学术职衔方面、民法甚至刑法方面的后果。目前，世界上大多数国家都成立有各级各类的科研道德组织，它们的职能特征、运作方式、作用和影响差别很大。一般来说，科技发达、科研水平高、社会法制化程度强、社会整体道德水平高的国家和地区的科研道德组织对我们更具学习借鉴的价值。

1.美国科研诚信办公室和监察长办公室

美国是世界科技最发达的国家，也是最早提出科研道德问题建设并积极开展相关问题研究的国家。美国联邦政府早在 80 年代就在廉洁与效益总统委员会之下设立了"科研不端行为工作组"。为了促进各个政府机构贯彻落实这一"联邦政策"，白宫科技政策委员会成立了部门间协调小组以贯彻落实"联邦政策"的措施。美国国家科学基金会下设的监察长办公室以及卫生和公共服务部下设的科研诚信办公室（ORI）是最著名的科研诚信监管机构，负责本部门的财务审计，执行对科研不端行为指控的调查，防止欺诈、滥用和浪费，同时也负责本机构诚信标准的实施，为申请或接受国家科学基金会和国立卫生研究所资助的大学和研究机构提供政策指导和技术协助，并行使科研行为评价和监管的职能，在国际范围的科研管理和科研道德建设方面具有很大的影响力。

2. 德国、英国和法国科学道德机构

德国最早尝试进行科研不端治理体系建设的组织，是最先对科研不端行为的处理机制进行探索的执行委员会。当出现对科研不端问题的指控时，首先由中心办公室负责相关问题的理事对指控进行审查，同时告知涉案有关各方并进行协调处理，如果审查表明不端行为有可能发生或各方经协商未达成共识，案例将被提交至资助委员会的下属委员会进行审查，在为涉案各方提供举证的机会之后，该委员会将对案例进行裁定同时向资助委员会提出处罚建议，并由资助委员会进行相应的制裁。

英国虽然与德国一样都是由资助机构和学术团体在科研不端行为治理中发挥重要作用，但其并没有一个权威的资助机构自上而下的推动科研诚信体系建设。从历史性的发展过程来看，英国的科研诚信体系建设主要经历了各研究团体分散探索时期和协作整合时期两个阶段。英国研究理事会在良好科学行为管理指南中提出明确要求，研究机构要建立良好的管理体系以促进科学研究道德水平的保持。良好研究行为规范重点强调了科学研究中的不端行为的界定，科研不端行为报告和调查指南则对整个不端行为的调查处理程序做出了明确的规定。近两年来英国科研诚信办公室，还努力加强与英国研究理事会及其他学术团体的共同合作，试图对英国各学术机构的科研诚信和科研不端的政策、规范和指南进行整合，目前该工作还在进行中。

法国政府非常重视科研道德建设，总统亲自任命40位道德委员组成"国家伦理咨询委员会"，对全国的科研行为进行专业对口的监督和制约，每年向总统汇报一次工作。在法国较早开始倡导科研诚信、反对学术腐败的科研道德监管组织是国家科学研究中心（CNRS）所属的科研道德委员会（COMETS）。该组织创立于1994年，不负责对具体的科研不端行为个案进行处理，主要承担相关的法规和条文的制定、政策咨询以及调解科研道德难题等职能。委员会对科研舞弊、科研成果的非法侵占等概念做出定义和解释，规定科研人员的科研行为，规定科研人员面对科研机构和社会，尤其是在科研评估、专家鉴定以及科研发展等方面所应该承担的责任和义务。

3. 其他国家政府科学道德机构

丹麦学术不端委员会成立于1992年，是丹麦调查处理科研不端行为的最高国家机构，主要处理那些对丹麦科学研究来说非常重要的学术不端案件。只要委员会认为该案件对于社会利益或人类健康具有重要意义，无论是否有控方，委员会都会展开调查，委员会每年还出版一份年度报告，通报当年处理的案例情况和丹麦国内科研诚信的现状以及发展趋势。

为了处理科研中的道德问题，推动国家科研道德的进步，芬兰于1911年成立国家研究道德委员会，作为一个致力于解决那些涉及研究道德问题的专业团体，委员会的职责是针对研究道德的立法等事宜发表声明，向政府和有关部门提出建议，开展相关的宣传活动，让公众了解研究道德。

波兰科学伦理指导委员会成立于1994年，委员会的主要职能是评判科研中涉及的伦理问题以及相关的科研实践问题，发布科研行为准则，对科研人员的科学行为进行规范指导，管理和指导地方和部门伦理委员会。

（三）科研机构、专业协会和基金会的内部组织

1. 美国的临时专门委员会

欧美的大学和学术机构基本上都有应对科研不端行为的组织机构和相关措施，但具体形式和运作方式不同。在美国，大学和科研机构对科研不端行为负首要责任。一些大学为此设立了专门的组织，例如，杜克大学设立了学术诚信中心，加利福尼亚大学圣迭戈分校设立了负责任研究行为研究所。多数美国大学没有常设的科研道德委员会机构，只有发现了相关案件，才成立临时专门委员会，按规定程序调查取证。而科研诚信办公室和国家科学基金会总监察长办公室（则作为政府部门的监管机构）发挥审查和监督的职能。其中科学诚信办公室和科学诚信审查办公室目前已经发展成为国际著名的科研不端行为的防治机构，在科研不端行为的举报、调查、监督，科研道德方针政策和具体措施的制定，科研诚信和科研伦理教育等方面发挥了重大的作用。

2. 德国马普学会和科学道德监督委员会

马克斯·普朗克科学促进学会是德国最负盛名的、全国性的、政府资助的、非盈利的独立研究机构，学会的主要任务是支持自然科学、生命科学、人文和社会科学等领域的基础研究，就良好科学实践的原则、科研不端行为的处理程序、不端行为的认定、可能的制裁措施等方面做了详细的规定，支持开辟新的研究领域。马普学会所属的科学道德监督委员会在科学道德的建设和科研行为的监管方面成果卓著。1997 年，马普学会以列举的方式，把科研不端行为概括为 3 个方面：其一，在学术活动中故意或严重失职的虚假陈述；其二，侵犯他人的知识产权；其三，蓄意地妨碍他人的研究工作。随后，和各相关学术机构开始建立协调员制度，同时根据各自领域的不同特点制定处理科研不端行为的政策和指南，对监管机构的设立、调查程序、制裁措施等做出明确的规定。目前，德国所有的大学和科研机构均制定和实施了相应的监管政策。

3. 英国医学研究理事会

英国与德国相比并没有一个权威的资助机构自上而下的推动科研诚信体系建设。英国政府通过英国皇家学会和研究道德委员会总部，协助政府对各级科研组织进行科研道德方面的监督和管理。从历史发展过程来看，英国的科研诚信体系建设经历了各研究团体分散探索时期和协作整合时期两个主要的阶段。皮尔斯事件发生后，理事会正式发布了《关于科研不端行为指控调查的政策和程序》，该规范将科研不端行为的调查程序分为质询，证据评估，调查和处理四个阶段，同时给出了具体的做法，为研究人员和研究机构提供了良好的指导。

4. 法国科研诚信委员会

在法国影响比较大的科研道德组织是法国健康和医学研究院（INSERM）所属的科研诚信委员会（DIS）。科研诚信委员会由一名主席、一名项目主管和 9 名大区调解员组成。主席由科研诚信代表担任，负责委员会的全面工作，项目主管负责日常事务的处理，调解员负责地区性的科研诚信监管工作，DIS 的职能主要包括收集、处理有关科研道德问题的申诉和进

一步完善科研道德方面的规章制度两个方面。

5. 其他国家科学道德科研机构

波兰科学院科学伦理委员会于 1992 年建立，主要职能是认定和判断在科学发展过程中，新的科学领域和科学方法的产生而带来的新的伦理问题，发布科研道德管理方面的方针原则和规章制度。该组织 1994 年颁布的《良好科学行为系列原则和方针》对各个研究领域科研人员的行为规范都做出了详细规定。

日本科研不端行为屡屡发生，引起政府的重视和社会的关注。日本学术会议在 2005 年 7 月发布《科研不端行为的现状与对策报告》。2006 年 2 月文部省设立"科研不端行为特别委员会"。日本的学术团体、研究机构和大学在科研道德的监管方面与过去相比有所加强，少数大学还成立了专门的组织，如东京大学设立的"东京大学科学研究行为规范委员会"，负责科研不端行为投诉的受调查和裁定工作。

加拿大科研机构和大学的科研道德建设工作较为积极主动。1994 年 1 月，加拿大三大科研理事会医学研究理事会、科学工程研究理事会和社科人文研究理事会联合发布《关于研究与学术诚信的政策》，对三大理事会的资助对象提出了科研道德的具体要求。加拿大的大学和研究机构都依据这个政策，制定了各自的防止学术不端、维护科研诚信的具体措施。

三、科学道德的理论建设和教育培训

科研道德的理论建设和教育培训是紧随着组织建设和制度建设而展开的。当今世界，国外科研水平比较高的国家都非常重视科研道德的理论建设和教育培训工作。自 20 世纪 80 年代开始，美国、欧洲等科技发达的国家和地区对科研不端行为的问题越来越关注，科研道德的理论建设和教育培训的组织架构和社会机制已经初步形成，并且产生了一批科研道德方面的理论成果。同时，欧美科技界也非常重视针对科研人员、科研机构和大学有关科研道德的教育培训，这种培训逐渐走向正规化和常态化。

（一）国外科学道德理论研究

1. 美国

在严格意义上，科学道德制度和制度的文本化过程就是关于科研道德理论研究的开始。20 世纪 80 年代初，由于"巴尔的摩案件"等几起科研不端行为的案例相继被曝光，美国科学界和政府有关部门对科学道德问题逐渐开始重视。1982 年，美国《科学、技术与人类价值》季刊首次发表了一组文章，探索了科学知识的质量问题，提出了对科学活动进行监控的观点。同年，美国出版的《背叛真理的人们—科学殿堂中的弄虚作假》一书披露并研究了大量的科研不端行为案例，指出了科研活动自我管理机制的缺陷。1989 年，美国国家科学院行为规范委员会对科学活动中的不端行为做了充分研究，并在此基础上撰写了确定科学家行为规范、监控科研不端行为的报告，公开发表在《美国国家科学院院报》上。美国总统行政办公室所属的科技政策办公室发布《关于科研不端行为的联邦政策》，对"科研不端行为"做出了明确的定义，对发现科研不端行为的要求、联邦机构和研究机构各自的责任、联邦机构行政措施、其他组织的作用等方面做了具体的规定。

《怎样当一名科学家科学研究中的负责行为？》是具有代表性的科学道德方面著作，其目的是给刚入学的大学生、研究生进行必要的科研指导和规范。该书出自美国科学三院（美国科学院、美国工程院和美国医学科学院）的科学、工程与公共政策委员会（COSEPUP），具有很强的权威性。自1989年出版以来，多次印刷，同时美国科学院（NAS）网站上还有供免费阅读的全文。该书吸收了美国科学界关于科研道德方面的新政策和新资料，涵盖了经常遇到的若干敏感问题。内容涉及科学的社会基础、实验技术与数据处理、科学中的价值因素、科研中的利益冲突、科研成果的发表与公开、荣誉分配、署名惯例、科研不端行为与疏漏、对科研道德失范的回应等。

2. 英国和德国

1997年12月，英国研究理事会（RCUK）在发表的 《捍卫正确科研行为》联合声明中，强调了对科研不当行为的定义和说明，并对正确科研行为给出了明确的准则。该声明区别了两类科研不当：伪造数据、剽窃、误引、侵占他人成果。声明讨论了正确科学研究的原则和执行，包括原始数据的收集、项目书的提出、基金的使用以及同行的评价等方面，并且特别提到了对年轻科学家的教育问题。1999年，BBSRC发表《关于捍卫科学行为规范的声明》，阐述了必须遵循的一般条款，包括职业标准（诚信和开放）、专业行为规范、研究小组的领导和合作、对研究成果的评价过程、结果存档以及原始数据的保存、发表成果、对合作者或参与者的致谢、对新成员的培训等，明确规定现有成员有责任确保新人对正确科研行为的认识。

德国主要科研资助机构德意志研究联合会（DFG）于1998年发表《关于捍卫正确科学实践的建议》，具体表述了正确的科研行为原始数据保存10年以上，署名作者对发表内容承担连带责任等建议。德国马普学会2000年发表报告《正确科研实践规范》，详细列出了有关科研道德的普遍原则：对获得和选择数据的学科规定的严格遵守，对自己结果可能产生的任何误解的提高警惕；诚实竞争（如不能有意耽误审稿），公正、诚实地评价他人或前人的贡献。该文件还强调了研究机构负责人的责任，要为广大科研工作者，特别是年轻的科研工作者营造良好的研究氛围，并在训练中加入科研道德教育，原始数据需要保存10年以上，管理机构要给出明确的执行条例，署名作者要承担责任。

英国科学家南希·罗斯韦尔（Nancy Rothwell）以其经历撰写了《谁想成为科学家：选择科学作为职业》，对于青年科学工作者具有启发性。全书包括14个方面的内容，细致描述了做实验、发表文章、申请科研经费、担任职务、会议交流、传播科学等所有与科研有关的规则和事项，甚至是实验中数据的记录。

（二）国外科学道德的教育和宣传

在早期，人们科研活动模式的转变和科研不端行为发生的原因并没有全面深入的了解。近代以来面对科学界越来越严重的科研道德失范问题，世界各国，特别是发达国家纷纷行动起来，制定策略，积极应对，采取了一系列的监管措施。他们普遍认为，通过教育培训和宣传引导来提高科研人员的道德意识和遵守科研规范的自觉性，是解决科研不端行为问题最根本的方法。通过教育培训和宣传引导，提高科研人员的道德意识和遵守科研规范的自觉性，特别强调对那些刚刚进入科研行业的年轻从业者的科研道德教育和培训。一些发达国家的政府、科技界和教育界正在通力合作，营造良好的科研道德环境，构建完善的科研诚信教育体系，把科研道德教育看成国家教育事业和科研事业的重要组成部分。

1. 美国

美国的教育部门是科研道德教育的主要力量。美国的科学界和教育界认为，青年学生是科学研究的希望和未来，青年学生的诚信品质和科研道德对国家未来的科学事业意义重大。美国学生从小学和中学阶段就开始接受诚信教育，大学生从入学报到的那一天就接受严肃认真的科研道德教育。许多大学的新生手册中包含诚信条例，强化学生的科研诚信知识和道德意识，有的大学每年都开展"诚信周"等活动，集中时间进行专门的教育，诚信教育是新生入学教育的重要内容。学校还会通过网站、宣传短片和定期出版科研诚信刊物等灵活多样的形式开展宣传教育。杜克大学和加利福尼亚大学圣迭戈分校都设立了专门负责科研道德教育和研究的机构。

美国在科研诚信的教育和宣传引导方面，强调以事前教育为主，以事后处罚为辅，教育和惩处相结合。美国政府积极促成科学界和教育界的互相配合，积极营造有利于养成良好科研道德的社会环境和文化氛围，保证了美国科研诚信建设的良性发展。美国科研诚信办公室的下属机构中有诚信教育部，该部专门针对学术机构和大学的研究生院开展负责任研究行为（responsible conduct，RCR）的教育计划，通过 RCR 资源开发计划、研讨会、展览、网站以及出版物等丰富多样的形式，帮助有关机构和社会团体对其成员进行科研道德教育。研究诚信办公室十分重视鼓励研究机构和大学开展科研诚信研究和普及推广活动，教育青年科研人员遵守科研道德促进 RCR 转化为一种文化习惯和社会体制。

当前美国多数理工科大学采用"跨课程伦理（ethics across curriculum. 简称 EAC）教育"的科学道德教育模式。美国工程伦理学家迈克尔·戴维斯（Michael Davis）将 EAC 实践模式归纳为五种：①跨课程的道德；②跨课程的道德理论；③跨课程的社会伦理学；④跨课程教育的伦理学；⑤跨课程的职业伦理学。

"人道主义工程（humanitarian engineering，简称 HE）是近年来在美国理工科大学兴起的科学与工程教育新模式，它将正式的教学方法与社区服务结合在一起。学生可以利用课余时间将其所学到的科学与工程知识服务于社区，从而使科学与工程知识更好地给社区公众带来福利，也使得学生深刻地理解了科学与工程实践的道德影响。

2. 欧洲国家

德国的科学道德教育，主要受到康德义务论道德哲学的影响。康德道德哲学是强调从行为者的动机出发去判断行为的善恶，而不是行为的结果。由此德国科学道德教育特别注重对科技工作者的动机教育，要求科学工作者将社会责任放到首位。而对于工程师则要求勇于承担后果，对由工程师的失误所引起的技术灾难必须承担起相应的责任，对受害人群进行必要的道歉与赔偿，避免灾难的再次发生。

德国大学没有专门的道德教育机构，也不单独开设道德教育课程，而是将科学道德教育渗透到各个专业领域，通过对具体问题的分析提出解决方案，并且最终形成道德判断。理工科的专业训练包含相应的科学道德教育环节，比如：医学专业开设生命伦理课程，讨论人工流产、克隆等技术所带来的伦理问题；工程学专业讨论工程师的社会责任、工程活动的社会影响等问题。

德国于1856年成立德国工程师协会（Verein Deutscher Ingnieur，VDI），该协会主要工作是帮助提高工程师的伦理意识、提供咨询和解决涉及工程责任问题。1950年拟定了一份关于工程师责任的文件，经过不断修订，于2002年正式颁布了《工程基本原则》纲领性文件。《工程基本原则》分责任、定位和履行三部分，对工程师具体行为的约束与建议，强化了工程师的责任意识。

英国对于良好科研行为的教育也十分重视，一般而言，英国良好科研行为教育主要由各科研机构在科研资助机构政策框架内自行实施。英国主要科研资助组织均在各自的政策规范中对机构科研道德行为的教育和培训做出了明确的规定，如英国研究理事会在其政策中要求所有科研机构必须拥有培训和发展模块，以使所有人员了解良好科研行为的要求，同时需要对机构的新雇员，包括以前未接受正规培训和来自海外的科研人员的培训需求进行分析总结，以使良好科研行为的教育更具有针对性。英国科研诚信办公室则与大学和科研机构合作开展良好科研行为和出版标准的课程培训。研究人员可以依据自己的需要参加全部的课程或与科研诚信相关的不同主题的课程，课程包括多种案例分析、参与者维护科研诚信的经验和思考的分享等。

案例与思考

"黄金大米"事件始末

2012年8月1日，一篇发表在美国著名学术期刊《临床营养学》上的题为《"黄金大米"中的β-胡萝卜素与油胶囊中β-胡萝卜素对儿童补充维生素A同样有效》的论文里写到，2008年5~6月，美国塔夫茨大学曾对中国某市25名6~8岁的小学生进行过转基因大米的人体试验。论文的作者中有三名中国人。此事经媒体报道后，立即在中美两国引起轩然大波。中国政府有关部门随即介入调查。

原来这是一起在受试者不知情的情况下进行的科学实验。2002年，美国塔夫茨大学类胡萝卜素和健康研究所主任汤光文申请了美国NIH资助儿童植物类胡萝卜素维生素A当量研究，这项研究的核心素材为"黄金大米"。2008年4月，唐光文在中国某市一小学进行了人体实验。当时副校长对那些学生与家长们说，这个项目是学校辛苦争取回来的，被选中的学生将在校内免费吃一段时间的营养餐，没有任何害处，还能长个子。受试学生的家长被通知在试验知情同意书上签字，然而同意书并没有对试验进行介绍，家长们并不知道在试验中将用到黄金大米。实验进行了三个星期，星期一至星期五，早、中、晚三餐，68名学生都在学校里吃"营养餐"。

目前，三名相关中方责任人已受到处罚，25名学生家庭获得当地政府8万元的赔偿，至此"转基因大米人体试验事件"似乎已到结局，但事实是，仍有许多问题需要解答。

专家认为："以隐瞒的方式把儿童作为转基因食物的试验对象，这是违背伦理的，相关责任人受到惩罚是应该的，但我们认为，更重要的不是事后惩罚，而是在事前建立对转基因食品进入的渠道监管、应对模式，以及用法律的形式来规定对于公众的知情权。"

第三节　科学道德建设路径探索

随着人类社会进入工业社会和后工业社会，科学和科学家逐渐失去其原来个体性、纯粹的哲学意味和思辨色彩，其文化属性变得越来越复杂，社会性越来越强。科学不仅是庞大而严整的知识体系，而且是当代社会令人注目的文化现象。科学家不仅是掌握科学知识，埋头于科学研究的专业人士，而且是承载着重大责任的社会角色，是当代一切社会关系的总和。我国正处于一个日益开放、竞争更加激烈的国际环境中，正面临着学术不端行为的严峻挑战，也在逐步建立和完善与我国国情和科研环境相适应的学术不端行为治理机制，同时也有了一定的成就，但是还不够成熟、不够全面，需要继续补充完善。由于科学与社会存在着密切互动关系，科学道德的重塑必须站在社会学角度对科学道德建设进行系统性设计和实施。我们不仅要建立学术诚信体系，勇敢地面对挑战，克服困难，同时建立健全学术不端行为治理机制，通过加强国际合作和交流，借鉴国外有益经验，提高科研人员的科研诚信意识和职业道德水准，以防止学术不端等违反科学道德行为的出现，进一步提升我国科研水平和国际影响力。

一、科学道德法治建设

在科学领域，对违背科学道德的行为进行伦理和法律双重约束，是国际上通行的做法。法律是对科学研究进行道德控制的最基本、最有效的保证。法律对人们养成恪守规范的性格具有很强的导向功能，具有强制力、威慑力，同时也具备一般性、连续性、稳定性和高效性的特点。通过对科学研究的过程和结果进行约束和规定，有利于维护科研行为有序、健康地发展。

自古以来，道德和法律就像一对孪生兄弟，相辅相成。从世界范围看，维护科研诚信的手段，已经从单纯依靠道德约束，向道德约束和监管惩处并重的模式转变。科学道德和法律相辅相成，道德要为法律进行辩护，法律也要为道德的推行提供支持。没有一个社会，只依靠道德的力量；也没有一个社会，只靠法律和强制力就能维持社会正常的秩序。法律法规比道德规约具有更强的威慑力和约束力，是科研道德建设过程中最权威的制度依据，因此国家应该加强针对科研不端行为的法制建设。

（一）构建科学道德立法机构

科学道德规范是由社会舆论、行为习惯等确立的，是由科学家和科技工作人员的内心信念和社会舆论来实现的，由于道德并不具有强制性，为了防范对科学成果的误用、滥用、非道德使用所造成的社会危害，必须通过立法确定科技人员应该遵守的和必须遵守的行为准则，通过构建相关的法律体系对科学不道德行为去限制和规范，营造科学道德建设所需的社会环境。科学道德立法机构负责对科学活动中有关违反科学道德的诉讼和纠纷、重要道德规范的严重的失范行为。对科技工作者在知识生产全过程中的行为、职责、权利、义务等作明确的法律规定，使科学道德建设"有法可依"。我国曾出台的《中华人民共和国科技进步法》明确了我国科技发展的战略和基本方针、政策，提出国家要制定和实施知识产权战略，把科技成果尽快转化为现实生产力，在当前经济社会发展方面发挥其重要作用。

（二）建立健全科学道德法律规范

目前我国形成正式法规的条件还不成熟，还没有形成一个专门针对科研不端行为的国家层面的法律法规。理应在整理国内各单位组织现行规范制度的基础上，建立学术不端行为的专门调查处理机构，并明确其职责和权限，吸取国际上的有关经验教训，依据我国科研现状与发展方向，进行国家层面科研道德的立法，以使我国的科研活动严格在法律的规范下开展。法律法规应着重建立规范化的学术不端行为调查处理程序和处罚措施，通过建立健全科学道德法律体系，使得学术不端行为的治理有法可依、有法必依。同时，建立对学术不端行为的举报机制，同时要切实保护举报人的利益，并加大监督力度；对学术不端行为的调查处理结果也需要及时向社会公布，保证公众的知情权。这里仅提出科学道德法律体系包含内容的初步构想。

科学道德不端行为在民事法律监管中并没有过多的条文予以规制，主要在于对著作权的侵害。我国有大量各级各类的基金课题资助项目，各级基金会对其资助的研究项目应起到严格的审查和监管作用，在国家基本政策的框架下，制定并完善组织内部学术不端行为的调查处理程序，成立专门的部门或指定专人进行学术不端行为的调查和处理，将有利于学术自治的实现和学术环境的维护。随着我国资助的科研项目增多、资助金额增大，为了保护国家财产不受损失，有必要加大科技法律、法规的执行力度，对于那些学术腐败、科学道德失范行为，一经发现，就要给予法律的制裁，决不能姑息。至于严重侵害社会及他人的科学不端行为，已经不能单纯的以行政法规或民事法律来予以规制，对于这些被揭发出来的失范行为，除了要勒令失范行为人退还资助的科研经费外，情节严重者还可根据刑法的有关条款以诈骗罪给予严厉处罚。

要健全学术评审制度，建立学术评价公示制、公开答辩制、匿名评审制、评审责任制和追究制等，建立评审专家库和随机遴选制，并接受公众举报，对学术成果进行必要的验证和鉴别，查处违反科学道德的行为，并与舆论联手，对学术腐败进行揭露和曝光，将其纳入法治轨道，克服专家评审可能产生的负面效应；建立健全学术监督机制和相关法律法规。我国有大量各级各类的基金课题资助项目，各级基金会对其资助的研究项目应起到严格的审查和监管作用，在国家基本政策的框架下，制定并完善组织内部学术不端行为的调查处理程序，成立专门的部门或指定专人进行学术不端行为的调查和处理，将有利于学术自治的实现和学术环境的维护。

法律制定要坚持公平正义原则，并与舆论联手，对学术腐败进行揭露和曝光，将其纳入法治轨道，克服专家评审可能产生的负效应。我国在科学道德建设方面取得了一定的成就，但是也存在一系列的问题，为了促进科学的进一步发展，必须进一步加强我国的科学道德建设，使公平正义成为科学道德制度建设的基本观念。实现全社会的公平正义是依法治国，建设社会主义法治国家的重要内容。科研单位之间和科研单位内部在资源供给、工资报酬分配等方面真正实现公平正义，对优化科研道德的内外部环境、加快形成有利于自主创新的科研制度和人才环境、建设创新型国家都具有重大意义。因此公平正义应该成为科研道德制度建设的基本观念，只有这样，才能真正保障科学的健康发展，使它更好地为我国的社会主义现代化建设服务。

（三）加强科学道德司法执行力度

科学不端行为因其隐蔽性及专业性，一般司法人员往往做不到全面了解科学不端行为的具体情况，无法对行为进行明确的定性。进行当代司法体制改革，首先要考虑的问题就在于怎么让司法体制快速适应当前社会的现代化需求。针对这一情况，设立专门的科学不端行为的司法、执法机构成为一种必然选择。在集中具有科学背景的专门司法、执法人才的基础上，在各领域互相协调、通力合作的基础上，将行政审批、行政处罚和司法、执法相结合，建立结构科学、配置合理、能够有效制约的科技应对机构。从国家层面到地方层面全面深入的推进司法、执法体制的改革，形成从上到下的系统性应对体系，只有这样，才能对科学不端行为形成有效遏制。

（四）建立科学道德立法司法监督机制

针对科学不端行为，运用行政法律规章进行处理的过程中，不管是处理的前期还是后期阶段，都应该做到信息公开。因行政领域更多的与科技活动产生交集，从世界范围内来说，针对科学不端行为的行政法律规章制度以及机构建设、行政程序建设、行政具体措施相对其他部门法都要完善。但是，我们也应该看到实际的实践情况表明，世界范围内行政法律规章在面对科学不端行为时缺乏必要的效率和威慑能力。这一点根源在于行政机关本身将科学不端行为放在了一个谨慎对待的角色位置上。

科技立法活动具有其他立法活动没有的特殊性。当前我国虽然拥有较为庞大的司法队伍，专门性科技法人才极为匮乏，最终往往造成判决结果出现偏颇。要充分发挥科技人才监督作用，健全科技立法监督机制，科技立法活动要求立法参与者不仅仅具备法律知识，还应该具备科学技术知识。重视并充分发挥各个科技领域中的专家学者的作用，充分开发并加以利用这部分资源，开展科技法实施的监督活动，在客观上为科技法实施提供理论支撑。在现今科技法人才极度匮乏的状态下，国家需要立刻加大培养力度，将具备法律与科技专业背景知识的人才引进司法、执法等机关，解决当前燃眉之急。

二、科研相关机构自身科学道德建设

除法制建设外，各科研相关机构还要加强自身科学道德建设。科研机构在科学道德发挥着越来越重要的作用。在我国，由于科研机构数量众多，层次差距较大，难以有覆盖较为全面的资助机构或学术团体。随着现代科学技术的发展，科研活动的变化日新月异，不同学科研究领域的复杂性和特异性也逐渐显现，身为国家行政管理者的政府部门，有时很难从外界获得学术不端行为产生和发展的所有信息，行政力量介入过多会破坏学术自治和政府管制之间的平衡，抑制科学活动的创新能力。

因此，应加强科研诚信教育，以正面积极的引导为主，建立良好的学术氛围，坚持道德自律。各基层科研机构在国家统一的政策规范框架下，应建立本机构内部的促进科研诚信和学术不端行为处理制度，落实国家统一的政策规范。各研究资助机构和学术团体也应在现有法律基础上建立相应的制度，用于监管其资助或奖励项目的资金使用情况，通过科研经费和学术荣誉等途径,如发送谴责信、撤回资金或奖励、取消申请资格等,对学术不端行为进行相应的处罚。

(一)建立科学道德监督机构

为保证健康的科研秩序,要建立层次清晰、分工明确的学术不端行为监管体系。首先,各基层科研机构要按照国家学术不端处理专门机构制定的程序,对本机构内部发生的学术不端行为进行调查和处理,并将处理结果上报国家学术不端处理专门机构;同时负责积极推动科研诚信教育。其次,建立独立专门的政府部门,负责制定有关科研诚信和学术不端行为的政策和处理程序,同时对基层科研机构调查处理学术不端案件的结果进行监督,必要时启动独立的调查程序;通过宣传和出版活动促进良好的科学实践。再次,各研究资助机构和学术团体也应充分发挥积极性,在职责范围内,列举学术不端行为的具体表现,明确研究理事会和基层研究机构分别的职责,以及坚持学术道德的最高要求。

目前,我国的科研机构数量众多,科研活动活跃,科研人员的数量十分庞大。我国的大学、科研机构等主要科研单位都是独立运作,在科研道德组织建设方面差异很大,目前全国各级各类的科研道德组织都没有统一的名称,它们工作的侧重点和所履行的职能也各不相同。科研机构的管理条块分割,隶属关系复杂,各个单位之间很难协调统一。另外,由于科学研究的高度专门化,局外人很难发现一项研究是否存在作弊等不良行为。因此,国家应当建立协调统一的行动机制,成立强有力的全国性科研道德监管机构。如美国、丹麦等国家较早的建立了全国性机构去处理科学研究中的不道德行为并对涉及学术失范行为的指控进行调查。

科技部可以牵头承担这一工作,充分利用其政治资源和信息资源,担当促成各单位合作的桥梁,协调国家相关部门和社会力量,建立监督委员会,制定有关科学道德规范,以提升科学道德的水平。同时,我国坚持党的领导,在思想道德教育和行为监督方面具有丰富的政治资源,科研道德组织的建设可以充分利用这些资源。全国科研道德委员会可以争取检察、公安等国家职能部门的支持,从而对科学不道德行为产生震慑力。

科学道德监督委员会的工作,既要有原则性,又要人性化,尽可能地理解和帮助科研人员,不应该一味地进行人格指责和道德批判。国家级的顶层科研道德组织,除了要查处那些特别重大的科研不端案件以外,也要为地方和部门的科研道德组织提供智力支持和政策咨询,应积极进行科研道德方面的教育和知识拓展,让广大的科研人员认识到科研道德的重要性和具体要求,监督和批评科学家们科学道德失范问题,便于自觉地遵守科研道德规范,推进公众对科学道德的认识,促进科学道德体系的不断发展。

(二)加强科学道德的他律和自律

1. 完善科学道德规范,加强自我修养

科学道德的原则与规范是科学家和科技工作者的最基本的道德要求。加强科学道德建设的首要问题是建立适应时代发展要求、符合科技发展需求的科学道德规范。我们应该积极吸收和借鉴国外相关先进经验,结合本国的实践,完善科学道德规范体系。

各级各类科研单位在制定、完善内部科学道德制度的基础上,应该增强贯彻和落实的力

度，使得科学道德制度不仅写在纸上，而且印在科学工作者的心上，加强科研诚信，既要靠自觉，又要有监督和处罚，在大力弘扬科学精神的同时，还要积极倡导科学道德，用科学道德来规范广大科技工作者的行为。科研单位和科研人员均有责任强化对科研道德意义的认识，努力增进对科学道德制度的理解，积极营造良好的社会风气和科研氛围。增强科研人员自身的科研道德意识是解决科学不端行为问题的根本。因此，所有相关人员都应从自身做起，严格自律，主动提高在科研道德方面的认识和觉悟。除科技立法等外在的约束外，道德的实现最终要依靠自律。自律是一种内在的力量，是对自己、对他人、对社会负责的内在的自觉意识，是人们在长期的社会实践中受到教育、熏陶、感染所形成的一种良心、正义感、责任心和集体荣誉感，这种意识对人的价值取向和行为规范有着决定性的作用。因此，我们在加强科学道德建设时，要注意培养科研人员的自律意识，把科学道德的基本要求变为自己的内在需要，形成自己正确的价值观念和高尚的道德品质，并以此来规范自己的行为。对科研工作者的自律要求主要有以下几点：首先，每一个科研工作者要有自尊感，尊重他人的劳动成果，通过刻苦努力、认真履行责任和为人师表来赢得社会对自己的尊重，认清自己的学术使命，自爱自重，保持科研工作者应有的高尚情操。其次，每一个科研工作者都要自律，通过道德的内在法则使学术规范成为高校教师和科研工作者共同遵守的信条，遵守学术规范，遵循科研创新的内在规律。最后，每个科研工作者都要有强烈的学术责任感，要从个人做起，树立起诚实、守信的科研道德，运用学术道德的自我约束机制，实现对科研工作者的自我约束。

2. 加强社会舆论和媒体机构的监督

互联网的出现，舆论借助大众传媒手段对科技工作者科学道德的评价与监督的功能日益显现。科学道德建设必须充分发挥社会舆论时效性强的特点，充分发挥社会舆论对科技工作者科学道德状况的评价与监督作用，在更大范围内确保科学道德的良性发展，健全对科技工作者的舆论督导机制。全国的科研机构、大学和相应的行政主管单位都应该建立与学术委员会、学位委员会并列的科研道德委员会，并对那些较为恶劣的学术腐败行为，如公然造假，窃取他人劳动成果等应及时在媒体上进行曝光，及时纠正、匡正学术腐败行为，纯洁学术氛围。道德规范是否具有约束力、能被内化，很大程度上在于社会舆论的强大力量。充分利用舆论的宣传效力，让全社会都来监督科技工作者的科学道德行为，促进科技工作者良好科研风气的形成。

（三）改革我国现行的学术体制

1. 行政与学术脱离

我国现行的学术体制基本上是以官本位为特征的体制。这种官本位或官场化了的学术体制，遵循的是官场中的权力游戏规则。谁掌握着某种权力资源，谁就可以为个人的晋升和发展或为小集团的利益创造实现其某种现实利益的机会，也就可以无视甚至剥夺他人的利益和机会。要改变现行学术激励机制和评价机制与利益联系过于紧密的状态，在切实保障科技工作者切身利益的前提下，不要把学术成果等同于金钱，而应致力于挖掘科技工作者的研究潜力，提供更好的研究条件和学习、交流的机会等。在科研排名、职称评审时，要尊重各学科的差异性，增加评审的公开性和透明度，实行代表作制度，废除对量的要求，改变目前在管理统计上对量的过分重视和对学术研究完成时间的强调，以学术评价替代行政评价，积极开展严肃的学术批评活动；以奖励成果替代我国目前实行的奖励立项的传统做法；加强行政监管，对学术腐败行为及时给予严厉的行政处分，禁止各级行政领导和各高校、研究所领导在行政任期内参与各种与学术有关的活动。

2. 建立学术不端案件的调查和处理程序

大学、研究所和基金会等科研组织应在国家或上级部门的法规与制度的框架之下，完善其内部的科研道德规范，积极防范科研不端行为的发生。各科研单位和组织应积极学习国内外的先进经验，结合本单位实际情况，建立健全自身的科研道德规范与相关制度。同时，各相应组织应积极承担责任，根据研究领域及单位不同特点，形成本行业、本机构的内部规范制度，承担起对所辖的科研活动进行积极引导与主动监督并对不端行为进行严格处理的责任。学术机构要杜绝为谋经济利益而出卖学术尊严的不良行为，健全招生与毕业审查制度，要开展广泛而公开的学术批评，建立学术监督机制，学者们在恪守职业道德、加强自律的同时，也要积极同各种学术造假作斗争，全社会更要对"学术造假"形成"人人喊打"的局面，如此才能使"不学而有术"者无处藏身。

恰当处理调查科学不端行为的投诉。对于科研工作的质量和道德建设来说，科研机构和科研人员能领会到可能存在的科研不端行为是很重要的。要采取措施保护那些出于诚意检举可能存在的科研不端行为的人员。在执行这些职责的过程中，科研机构必须确保教职员和学生对自己的权利和责任的充分知情。可能受理投诉的人员（如行政管理人员、系主任或室主任及课题组长）必须充分了解科研机构的规定条款，并且在处理有关科研行为或不端行为方面训练有素。有关机制必须到位，切实保护研究对象的健康和科研机构的经济利益，并确保能向有关管理部门及时报告。对机构回应的管理必须有明确的权限规定，对查实的投诉对象，必须给予适当的惩戒，对无辜人员也要努力予以保护或恢复其名誉。

3. 倡导良好的科研氛围

科研机构的最终目标应该是营造一种科研氛围，良好科研氛围的作用十分显著，尤其当科研工作中涉及到个人和机构间的利益冲突时。在参加科研工作的全体成员中培育称职胜任和诚实交往的环境，有利于科研工作中的道德建设。科研机构有许多促进相互尊重和信任的法定政策。对科研机构各项政策的公平实施，是其致力于科研道德建设的关键因素。在科研机构的各个层面，包括学院院长、系主任、课题组长以及每个课题组成员，经常巩固对这些条例所基于的指导原则的认识对营造良好的科研风气具有重要作用，任何在言行上有违这些指导原则的人，迅即意识到这是违规的行为，而且一经查实，即予以适当的惩戒。

（四）院士等著名科学家应该做遵守科研道德的表率

院士是国家设立的科学技术方面的最高学术称号，应是科研道德方面的榜样，要增强道德自律，率先垂范，发挥科学道德表率作用。反之，如果院士或著名科学家发生科研不端行为，必将对年轻科研工作者以及整个科技界产生极其不良的影响。时任中国科学院院长路甬祥说："在新的历史时期，院士制度也需要不断地完善。中国科学院学部将继续强调爱国奉献、科学民主的优良传统，倡导严肃、严格、严密、严谨的科学态度，营造诚实守信、科学严谨、协力创新的良好学术氛围，坚决反对一切违背科学诚信的行为；号召广大院士正确认识院士群体和院士个体的关系，正确对待院士荣誉，在弘扬科学精神，推动和促进我国科技界道德与学风建设中发挥示范和带动作用。"

科学家作为科学共同体的主体，在科学道德建设中处于主导地位。因此，科学道德建设必须首先明确科学家的道德责任。科学家从事科学活动的目的应该是使科学造福于人类，这是科学家最基本的道德要求。《中国科学院院士科学道德自律准则》也详细规定了院士应该遵守的科学道德准则和学术行为规范。同时，特别注意关心爱护青年一代，应把道德责任的概念从社会扩大到青年学生，要加强科学道德教育直至开设专门课程，注重言传身教。通过基础研究，使青年科技工作者真正成为科学事业合格的接班人，通过接受严格、严密、严肃的思维方式和工作方式的训练。培养选拔德才兼备、尊重事实、排除武断的年轻科技人员"为真理的纯洁性而坚持严肃"的态度；拥护学术自由，尊重创新精神，促进科学技术有益的应用，反对职权滥用，谋求科学的健康发展，为人类的福利和世界和平做出贡献，注重科学道德修养。

科学精神产生于科技工作者的科学活动之中，科技工作者理应成为先进文化的宣传者、建设者。首先，必须不断增强院士与科学家对科学事业的严肃性和责任感。院士与科学家在行为示范方面，努力发扬"严格、严肃、严密"的作风，制订良好的科研实践规范，加强正面引导，做科学道德的楷模。其次，要建立和完善内部或公开的监督机制和批评机制。科技工作者都应为制订和完善科学道德规范建言献策，带头实践科学道德准则，建立科学伦理道德审查机制和伦理对话机制，科学研究成果公示制度，逐步完善学术评价制度和科研成果奖励制度，开展健康的学术批评。如果广大院士与科学家认识到了自己的社会责任，用自己的实际行动去实践科学精神，就一定能够极大地遏制科学道德失范现象的发生和蔓延。中国科研工作者如果真正做到了热爱科学、实事求是，就不可能有假冒伪劣，就不可能发生学术腐败、窃用论文成果等种种丑闻。他们会自觉纠正科研工作中的不正之风和不良行为，严守职业道德，坚持严谨、严肃、严格的科学作风和实事求是的科学态度。

三、科学道德教育建设

科研道德是科学共同体的职业道德，解决科研道德问题最根本的办法是教育。科研道德教育应该从早抓起，从学生阶段就应该养成诚信的良好品德。正如鲁思·菲施巴赫所说："促进诚信的研究环境之要素是教育、教育、教育——道德行为钟情于有准备的头脑。"美国科学院强调"提高师生关心与科研过程中的诚信有关的意识"的教育项目之重要性。深化教育制度改革，提高科研后备军的科学道德水平。

（一）学校科学道德教育建设

青年学生、科技工作者是科学研究的重要力量，他们关系到国家创新体系的建设和科学研究事业的生命力。因此，高等教育阶段是提高科学道德修养的关键。

目前，我国大部分高校尚未开设科研诚信、科研行为规范课程，同时缺乏适合国情的科学道德教材和读本，对不同专业的大学生群体，缺乏分专业、分层次的教育手段，学生从进入大学开始就缺乏对科学道德的认识,不懂得学术的基本规范和要求,除偶尔对毕业班学生开展科学道德或学术诚信的主题教育活动外,对其他年级学生的科学道德教育基本处于空白状态。我国高校虽然普遍开设了"思想道德修养与法律基础"课程,但主要侧重于意识形态方面的教育。大多数的科研机构致力于科研成果的攻关,却忽略了针对科研诚信的培训和宣传,导致学生在开展科研活动的过程中没能充分、正确地认识到学术不端行为的恶劣,从而造成大量学术不端事件的发生。

导师在新科学家的培养中扮演着特殊的角色。导师通常是青年学生的榜样,在科学教育和训练、支持及最终的职业指导和举荐等方面,学生都得靠导师。导师是大学生日常学习中接触最多的人之一,学生往往把导师的人格状况、科技水平、道德水准作为自己学习的榜样和标准。导师的示范和导向作用对大学生的影响,这是一个潜移默化的过程。加强对导师的培训和考核,发挥优秀导师刻苦钻研科研的示范作用,展现不畏艰辛、认真负责的科研精神,弘扬积极奉献、潜心培育研究生的育人精神,发挥导师对研究生的认真遵守科研诚信的示范和导向作用。学校应建立起一套计划以促进师生间教学相长的关系,同时确保学生得到合理的工资报酬和福利待遇,使其不受剥削,以减少摩擦并发现有待改进的地方。

建设独特校园文化,重视科学道德的培养。利用独特校园文化引领和熏陶研究生自觉遵守科学道德规范。首先,在研究生的教育教学过程中为他们树立严谨求实、不怕困难、积极进取和努力创新的意识;紧紧把握研究生教育各环节,实现研究生科学道德教育无盲区,建立学校科学道德网页和专刊;通过多渠道和多种方式促使研究生将理论应用于实践,准确理解理论与实践的区别与关联,使研究生在实践中真正了解和热爱本专业,从情感上建立刻苦钻研的自觉性。

(二)科学道德的宣传工作

学术不端行为本质上是一个伦理问题,我们很难通过规范来防范所有的学术不端行为,但是我们可以通过正面引导,从一开始就建立起科研人员的诚信意识,减少学术不端发生的几率。为了科研道德建设的健康发展,我国应该加强科研道德理论研究和宣传工作,提高科研工作者的学术诚信意识和学术道德水平,加强对高校学生和科研工作者的诚信教育和良好科学实践的指导,这样对建立良好的学术氛围,防止学术不端行为的发生具有积极意义。

1. 加强法律宣传,强化科学工作者的法律意识

当前,针对科学界的法律宣传主要受众对象包括具有科技研发能力的企事业单位、高等院校的科研人员及学生、各公私科研机构、科学技术管理部门人员和其他与科学研究密切相关的人员,其中对直接参与科学研究的一线科研人员和科学技术研究的管理人员的宣传教育还未得到充分重视。科学界法律观念的淡薄要求加强科学共同体中法制宣传教育,将法制教育和组织建设、制度建设、理论建设协调同步,全面推广依法治国理念,继续深入实施科教兴国战略。必须坚持因人施教,针对不同的受众群体采取不同的宣传措施,做到分类指导的同时提高宣传效率,强化宣传的实际效果。在宣传中要突出对知识产权法律知识的培训。知识产权法律对于一线科研工作者来说至为重要,强化知识产权知识的普及,让科研工作者意识到应该保护知识产权,意识到对知识产权的践踏是违法行为。

2. 强化科研主体的责任和道德意识

组织是科研道德建设和科研管理实践的主体，制度是科研管理的依据。科研道德组织在运行过程中必然需要制定、实施相关的科学道德制度，并且不断地修改、完善这些科学道德制度并使之制度化。针对具有科研能力的企事业单位而言，知识产权的教育也不可或缺。当前企事业单位不仅仅只是生产经营的主体，同时也是开发创新的主体，创新成果理应得到知识产权保护，针对这一特殊群体，还应该增加实践运用的培训教育。作为科研单位而言，专职科研使得其成为目前科研创新的主力军。在科研道德组织建设和制度建设基础上进行的理论建设是基础性工作，做好组织建设、制度建设和理论建设，通过运用相关科研道德理论教育培训科研人员，促使他们加强自律，有意识地从事负责任的研究，这是科研道德理论对实践指导性的体现。

3. 提高科学道德科学素养

只有科学精神在心中扎根，学术腐败、科学道德失范现象才会减少，广大民众的科学素养才可以提高。从历史上看，在我国提倡科学精神的运动，即使从"五四"新文化运动算起，至今也已百年，但效果却不如想象中的好。原因之一就在于我国在科学道德精神的宣传上做得还不够，民众缺乏科学素养。民众科学素养的提高、科学精神的弘扬，很大程度上取决于科学家和广大科技工作者的工作。在这方面，欧洲国家做得比较好，在大大小小的城市里经常能看到科技工作者拿着印刷好的宣传册上街宣传科学，做科普工作。英国、德国等国家学术机构都有专门的工作人员做专门的宣传工作，他们的做法值得我们借鉴。

最后，作为一个科学工作者都应该用科学的态度、实事求是的精神积极投身到科学道德建设的阵营中来。面对现实，面对自我，从自身做起，从身边小事做起。这样才能引起全社会的关注和支持，在全社会形成尊重知识，尊重人才，追求科学，追求弘扬真善美，抨击制裁假恶丑的良好氛围。

（三）科学相关工作者的科学道德教育培养

1. 强化科学工作者的岗前培训

科学研究是一个专业性非常高的职业，需要把强调岗前培训放到重要位置。科学道德是社会道德的重要方面，对良好社会风气的形成具有示范和引导作用，要将知识产权、职业道德和学术规范等方面的法律法规及相关知识作为青年教师岗前培训的重要内容。大学和研究机构在接收新教师、新研究人员的时候，道德要求应该对他们进行岗前培训，而且应该把科研道德作为教育培训的主要内容之一。科研人员晋升职称的时候，可以进行科研道德宣誓。引导新入职者学习如何做人、做事和做学问，使其自觉维护治学尊严、恪守学术诚信和科学道德。

当前科学道德教育还很薄弱，研究机构应分层次、有针对性地进行科学道德教育，科学道德素质教育纳入培养计划，增加有关科技论文写作方法、注意事项和投稿等方面相关内容；增加有关知识产权、著作权和专利法等法律知识的内容；增加强化新入职者的科学研究责任意识的内容。

2. 科学工作者全员培训

我们应该高度重视对年轻的研究生和那些刚刚进入科研行当的年轻人的科研道德教育，同时也不能忽视资深科学家，甚至院士们的科研道德教育。著名科学家、院士往往担负国家重要的科研任务，他们在科研道德方面的出色表现对全社会的科研人员能够起到示范和表率的作用，他们的科研道德状况对于我国的科研事业具有举足轻重的意义。反之，如果院士和资深科学家在科研道德方面出了问题，其负面影响也是无法估量的。科技部原部长徐冠华说："科学技术在今天已经发展成为一种庞大的社会建制，调动了大量的社会宝贵资源；公众有权利知道这些资源的使用产生的效益如何，特别是公共科技财政为公众带来了什么切身利益。"

在科研道德建设过程中，定期、不定期地举办各种科研道德会议应该成为各级各类科研道德组织工作内容的一部分。在科研道德制度建设的过程中，我们可以通过会议交流经验、体会，进一步完善科研道德制度。科研道德会议对于理论研究和教育宣传更具有明显的积极意义。

3. 加强对专业科技法人才的培养

随着我国科教兴国战略的进一步深入开展，我国整体科技水平稳步提高，对科技法的发展提出了新的要求。科技法的研究和宣传教育是整个时代的需求，是依法治国新战略的必然选择，是实现可持续发展的重要途径，更是应对当前科学不端行为日益严重的迫切要求。在当前环境下，有计划地将科技法学列入法学学科建设的长期规划中来，完善科技法学人才的培养机制，建立科技法学人才培养渠道，在部分能够提供科技法研究和教育的高等教育学校开设科技法研究和教育的专业机构，建立专门的培养机制，优先培养一批具备科技与法律交叉学科知识背景的专业人才，为国家科技法的研究与法律制定提供人员需求。

案例与思考

王淦昌的科学精神

王淦昌（1907～1998）著名核物理学家、我国核科学的奠基人和开拓者之一、中国科学院资深院士。在其70年科研生涯中，他取得了多项令世界瞩目的科学成就。1941年，他独具卓见地提出了验证中微子存在的实验方案，并通过该方案证实了中微子的存在。1959年，首次发现反西格马负超子，把人类对物质微观世界的认识向前推进了一大步。1964年，他独立地提出了用激光打靶实现核聚变的设想，是世界激光惯性约束核聚变理论和研究的创始人之一。

20世纪50年代，我国著名科学家王淦昌先生曾在试验中捕捉到一种特殊的物理现象，有可能是重大的物理新发现，当时各方面都很兴奋并催促他尽快宣布这一"重大发现"。但毕竟由于研究尚不充分，王淦昌在发表时如实地报告观察结果并指出不同的可能性，而后期实验证明他所看到的现象确实不是重大新发现。王淦昌恪守科学精神的态度，为学术界所称道。

1961 年 4 月 3 日，王淦昌接到时任第二机械工业部（简称二机部）部长刘杰约见的通知。到了刘杰办公室，对方开门见山地向王淦昌传达了党中央关于研制核武器的决定，并请他参加领导原子弹的研制工作。王淦昌铿锵有力地回答："我愿以身许国！"第二天，他就到二机部九局去报到了。从那时起，王淦昌这个名字从科技界突然销声匿迹了，而在中国核武器研究队伍中，多了一个名叫"王京"的领导者。这意味着，王淦昌在以后若干年中，不能按照自己的兴趣进行科学探索，不能获得最前沿的科技信息，不能在世界学术领域抛头露面，不能交流学术成果，这对当时已经在科研领域取得成绩的王淦昌而言，是十分可惜的事情。但王淦昌对此毫无怨言，他和同事埋头苦干，取得了丰硕的成果。1964 年 10 月 16 日，我国第一颗原子弹爆炸成功。1967 年 6 月 17 日，我国第一颗氢弹爆炸成功。

第四节　学 风 建 设

学风是治学、读书、科研、做人的风气，是学习者科学道德观的主要体现，也是一股巨大的精神力量。学风建设的好坏直接影响科学道德能否健康发展。因为它不仅关系到学习者学习风气、习惯养成的性质，关系到科研人员对待科学的态度以及科研的道德方向，也关系到科技工作者使用科学的目的、产生的社会效用的价值。加强科学道德建设必须加强学风建设。

一、学风

（一）学风的含义

1. "学"、"风"的词源

古代汉语以字为单位，现代人想了解"学风"的含义，首先须了解单个字的词源。"学"字在古代有三种含义。第一种是教孩子算数和习字的校舍。如早期甲骨文中的"𢆶"（学），《广雅·释宫》中"学，官也。"第二种是，通过学习者的反复模仿和练习获得知识、技能和经验。如《论语》中的"学而时习之"，《广雅》中的"学，识也"，《后汉书·列女传》中的"远寻师学"等等。第三种是觉悟、感悟。如《学记》中"学然后知不足，知不足然后能自反也。"

"风"字在古代有六种含义。第一种是在空中的气流。如《诗·郑风》中的"风雨如晦，鸡鸣不已"，还有刘邦《大风歌》中的"大风起兮云飞扬"。第二种是民俗。如《荀子·乐论》中的"移风易俗"，唐·柳宗元《捕蛇者说》中的"故为之说，以俟夫观人风者得焉"。第三种是精神、气质。如《南史·宋武帝纪》中的"风骨奇伟"。第四种是自由的，不确定的，无根据的。如《汉书·南粤王赵佗传》中的"风闻老夫父母坟墓已坏削。"第六种是吹动。如风干肉。

在现代汉语中，"学"、"风"的含义更为丰富。"学"的含义有以下四种：①钻研知识，获得知识。如学生、学霸、学者、学历等等。②传授知识的地方。如小学、中学、大学等各种学校。③掌握的学问、学术。如学士、博学多才等。④分门别类的系统的知识。如美学、哲学、传媒学等。

"风"的含义则有六种：①气流动的现象。②像风那样迅速、普遍的。③社会上长期形成的礼节、习俗。④消息，传闻。⑤表现在外的景象、态度、举止。⑥指民歌、歌谣。

2. 学风的内涵

"学风"最早源于《礼记·中庸》："博学之，审问之，慎思之，明辨之，笃行之"，要求学习者要广泛地学习，详细地求教，谨慎地思考，踏实地实践。其中体现的学风，既要重视学习研究方面的风气，也要重视学习的态度和方法，要求学习与实践相结合，学习要产生实际的社会价值。

古代的学习者主要通过书院进行系统的学习，也可以通过自觉自律的方式进行自学。因此，古代的学风可以分为书院学风和自学风气。书院学风宽松浓厚，老师自由讲学与师生平等讨论相结合，这造就了百家争鸣的学习氛围，促使科学得到了持续发展和繁荣。自学则通过激发渴望获取知识的学习动机和为国为家的坚定的社会责任感，来磨炼学习者的顽强意志，提高其学习修养的能力和境界水平，实现了一种深层次的主动学习效果。

现代汉语中"学风"有广义和狭义之分。广义的"学风"是指学校、学术界或一般学习的风气。风气则是指社会上或某个集体中流行的爱好或习惯。狭义的"学风"是指学校师生员工在治学精神、治学态度和治学方法等方面的风格，也是学校全体师生知、情、意、行在学习问题上的综合表现。相比较古代的"学风"，现代汉语对"学风"的解释更为强调"学风"的外部纪律措施，轻视学习者内在自觉、主动地探究知识、觉悟和模仿。

毛泽东在《整顿党的作风》中说，"所谓学风，不但是学校的学风，而且是全党的学风。"这句话表达了"学风"存在的领域不仅仅局限于学校，但凡是有关学习知识、运用知识的科学领域都存在"学风"，都受"学风"的影响。因此，把"学风"仅仅限于学校，太过狭隘。本节论述的"学风"均为广义角度。

（二）学风的构成因素

不管哪个领域的学习者面对知识时，都存在着"为什么学"，"怎么学"，"学得怎么样"的问题。这三个问题体现了学习不是一个简单的行为，它是由众多因素构成的复杂行为。

1. 学习目标

学习首先要解决"为什么学"的问题。目标明确，学习主体可以集中各种条件，有针对性的实现目标。高效的学习事半功倍，避免了出现学习盲目，无端浪费时间、精力和金钱的情况。确立学习目标是形成学风的基础条件。

2. 学习态度

学习态度主要体现为学生对学习重要性的认同、对学习目标的追求、对学习知识的兴趣和情感的浓厚程度。学习态度的端正是建设学风的前提。

3. 学习纪律

这是促使良好学风形成的外部因素，它强调的是学习者学习行为的始终一贯性。严明的学习纪律，有利于学习者自觉维护正常的学习环境和学习秩序，对优良学风的形成起到强有力的保证作用。

4. 学习方法

科学的学习方法是形成良好学风的关键。一个人学习方法得当，会少走很多弯路，容易产生较强的成就感，并易形成对学风的趋同意识。

> **资料链接**
>
> 智慧并不产生于学历，而是来自对知识的终生不懈的追求。
>
> ——【美】阿尔伯特·爱因斯坦

5. 学习兴趣

兴趣是对事物带有积极情绪色彩的认识活动倾向。学生的学习相当程度上依赖于对知识的兴趣，只有在充满学习兴趣的气氛中，才能真正形成良好的学风，这是学习者学习的内在动力。

6. 学习效果

这是判断学风好坏的终极标准，也是学风内涵的最高层次要求，与人才的培养质量直接相连，是衡量人才质量优劣的重要标志，对学风的纠正和重塑起着反馈和调控作用。

（三）学风的特征

1. 主体性

学风是人类独有的学习活动，具有明显的主动性和交互式影响的特点。一方面，在学习的过程中，学习主体充分发挥主观能动性，发现新知识、研究新理论，探索理论和实践的完美结合，积极驾驭学风的各要素，灵活安排学习过程，控制学习效果。另一方面，学习主体在共同的学习过程中，学习和借鉴彼此的学习方式，也会受到彼此的思想品德、价值观念和情感意志的影响，共同营造出一种学习氛围和风气。学习主体既有个体也有群体，是两者的结合。在集体和个体的相互作用和影响下，学风发挥着能动作用，不但使学习个体自身素质得以提高，而且也使学习集体整体素质提高。集体和个体相互影响，通过良好的互动，形成稳定的学风。

2. 稳定性

学风既是一种学习氛围，同时又是一种群体行为，不但能使学生受到潜移默化的熏陶和感染，还能内化为一种向上的精神动力。这种精神动力，是学习主体长期主动养成的行为和思维习惯，一旦形成很难变化。它不但会影响学习主体的学习态度、学习方法、学习过程，还会长期影响其日常行为和职业规划。

3. 群体性

个体学习要孤军奋战，要想取得较好的学习效果，需要较强的自律意识、较高的学习兴趣和热情；同时，个体的学习方法单一、枯燥，所以，学习效果往往不好。相反，群体性的学习更受学习者欢迎。个体因为学习聚在一起，在方法上互通有无，在精神上互相激励，单调的学习因为群体的共同参与变得快乐起来。

> **资料链接**
>
> 　　书院讲会之风大盛，是在王阳明的倡导下形成的，实施于书院教育中，逐步成为一种相当完备的制度。
>
> 　　王阳明认为，为学不可离群索居，不可一曝十寒，不可独学无友。固守一地，专从一师难以长进，最好的方式是经常聚会讲习，师友相观而善，取长补短，从而诱掖奖劝、砥砺切磋，使道德仁义之习日亲日近，世利纷华之染日远日疏，才能充分发挥教育的社会功能。

4. 广泛性

学风的构成因素是相同的，不管是什么领域、什么内容的学习，都要围绕"为什么学"、"怎么学"、"学得怎么样"这三个问题展开。各个领域的学习都会形成学风，这些学风既有专业差异性，又有学习本身的共性。不管是哪一种学习，只要掌握了学习的规律，满足学习主体的需要，都能发挥出学风对学习的积极作用。

（四）良好学风的作用

1. 有利于树立正确的世界观、人生观和价值观

学风属于认识论范畴。唯物论认为，人们在进行认识活动时，总会受到一定的主观思想的指引，使活动表现出特定的价值倾向性。学风由一系列的学习活动构成，必然受到学习主体的价值理性的影响，反映出学习主体的世界观、人生观和价值观。

端正学风，不仅能解决学习的思想方法问题，而且能改变错误的三观，使学习主体能正确处理个人与他人、社会的利益关系，树立正确的做人、做事的态度和方法。从不同的学风表现来看，学风基本都与人的价值观密切相关。例如，有的学生平时不认真学习，考试抄袭作弊，其背后必定存在"散漫偷懒敷衍、不劳而获"的观念。当他走上工作岗位，就会呈现出"缺乏工作热情、投机取巧"，"搞假、大、空"的主观主义和形式主义作风，其实质往往是极端个人主义和享乐主义人生价值观。拥有"勤奋努力、诚实严谨、求真务实"学风的学生则不同。他们不但具备主动的学习态度，学习认真努力，成绩较好，而且也能诚实待人、踏实做事。一旦投入工作，往往具备较高的工作热情、较强的事业心、自律意识和原则性，自然而然地在实现个人价值的同时，为国家做出突出贡献。

学风不但反映了一个人对待学习的思想认识问题，而且反映了一个人待人处事的心理和方法，是一个人世界观、人生观和价值观的体现。树立良好的学风，有助于自身健康发展，也有利于端正党风政风民风，是利国利民的重要举措。

2. 有利于加强科学道德的建设

科学理论与实践密切结合，离开了实践，就不可能有科学理论，也不可能有真正的科学家。科学总是伴随着实践的发展而不断发展。实践在发展过程中遇到新的难题时，就需要我们用科学的态度研究问题，发展出正确地理论，来指导实践，处理继承和创新的关系。在科研工作者发现问题，提出理论，指导实践的过程中，良好的学风起到了重要作用。学风决定

了从实践中总结出来的科学理论是否正确，也决定了科学理论能否正确指导实践。所以，科学的学风是科学理论的生命和灵魂。学风又是科研工作者科学精神和原则的体现，是其研究问题、建构理论的立场、观点和方法。学风不是外在于理论的某种东西，而是贯穿理论中间的精髓和灵魂，它经过人们的总结和概括，又反过来作为理论学习的指南。学风问题至关重要，学风好坏直接关系到理论的命运。

3.有利于社会持续、健康的发展

市场经济体制下，人们的价值观和学风都出现了利益化倾向。个别人急切地关注个人的实际利益，甚至唯利是图、不择手段。

有的科研人员，浮躁取代了踏实、名利遮蔽了责任、投机压倒了勤奋；哲学社会科学界中学术浮夸、学术不端、学术腐败现象也不同程度地存在；政治生活领域也出现了学风利益化的倾向。极少数人为求一己之利，放弃了理论联系实际的原则和实事求是的学风，弄虚作假，在数字上做文章；其他领域也不同程度的存在不良学风。这些不良风气严重影响到各行各业正常、健康发展，增加了我国经济、社会、文化发展的阻力。

改变不良学风，端正态度，认真研究理论，发现问题，解决问题，创新思路，加强职业修养，科学工作者才能更好地理论联系实际，将科学插上伦理和法律的翅膀，使各项工作在正确的轨道上开拓前进。

二、当前学风建设存在的问题

当前，我国学风建设存在的问题，主要表现为学风浮躁、科研行为不端、学术失范三种形式。

学风浮躁是一种病态的社会心理，具有冲动性、盲目性和情绪性的特点，反映了研究氛围的急功近利。研究群体科学信仰的缺失以及学习科研行为习惯的沉沦。当前，部分科学工作者面对科技的快速发展、物质欲望的不断涌动、竞争压力的不断增加，丧失了求真务实的科研态度和诚信，不愿意沉心静意，忍住寂寞和孤独，认真做好科学的实验研究和创新性发展，而是一味追求名利，投机取巧，沽名钓誉。例如，有的人东拼西凑，研究的成果粗制滥造；有的人无视现实，闭门造车；有的人甚至剽窃他人成果、捏造数据、篡改文献。这种浮躁的学风与科学的精神相去甚远，与艰苦创业、脚踏实地、理论联系实际、公平竞争的要求完全相悖，使学习者和研究者丧失了对自我的准确定位，随波逐流、盲目求利。浮躁的学风如果得不到根本遏制，繁荣发展科学将无从谈起。

科研行为不端主要表现为，在科学研究活动中，违背诚实原则，篡改、剽窃他人的研究成果，在申请课题、实施研究、报告成果等活动过程中，编造甚至伪造相关材料，骗取经费、物质奖励、荣誉等。这类行为在科学科技界乃至社会上造成相当恶劣的影响，不但损害了人们对科技界的信任，破坏了科学工作者的良好形象，而且，也使某些科研成果质量大打折扣，造成严重的社会经济损失。

学术失范现象大量存在于科学研究和科研管理活动中，主要表现为某些学习者、科研人员工作的动机发生扭曲，不愿意沉心钻研学问，为追求名利，利用行政干预研究，滥用学术权威，行使权力垄断资源，拉关系、走后门，热衷于权学交易、学术霸道、暗箱操作。这些行为已在一定程度上破坏科研制度和监督机制，使相关制度流于形式。

三、加强学风建设的途径

学风问题，不是某个高校、某个科研机构、某个领域单独存在的问题，只要存在学习、创新和转化，不管学习的对象是知识还是技术，都存在学风问题。营造良好的学风，没有一蹴而就的解决之道，必须依靠长期细致的、制度化的学风建设来逐步达到完善。

（一）营造良好学术生态环境

加强学风建设、解决好学风问题是一项系统工程，需要加强顶层设计，发挥科研管理、评价、监督和惩戒的积极作用，以强制外力推动科研人员内在自觉主动变化，营造良好学术生态环境。这是加强学风建设、营造良好学术生态环境必须解决好的首要问题。依靠科学合理的科学评价体系形成崇尚精品、严谨治学、注重诚信、讲求责任的优良学风，是加强学风建设、营造良好学术生态需要解决的深层次问题。学术评价涉及评价的主体与客体、目的与方法、指标与制度等要素，要立足实际，合理设计。只有建立有效的学术评价体系，才能形成约束机制，使科学工作者摆脱利益驱使，成为优良学风的倡导者、践行者、引领者。此外，营造良好学术生态还要建立健全不良学风治理机制，加大对学术不端行为的惩处力度，营造风清气正、互学互鉴、积极向上的学术氛围。

（二）加强对科学道德失范行为的监管和惩罚

为减少和杜绝科研失范现象，我国需要继续加强科学道德规范制度的建设，形成有力且具体的监督机制、约束机制和惩戒机制，以便能及时有效地对科研不端行为进行处理。结合我国国情，借鉴国际经验，加强科学道德制度层面的设计和监察，使其成为约束人员的有效手段。构建针对科研不端行为的监察网络，解放思想，切实尊重科技创新的基本规律和科研活动的客观需求，匹配灵活有效的科研经费管理制度，提高经费使用和管理的公开性和透明度，同时建立配套的科研信誉机制，健全诚信体系，强化责任机制和惩戒力度。

（三）倡导优良学风，坚持理论联系实际

当前，有些学者的学习研究，只是闭门造车，坐而论道，既不深入实际，也不踏踏实实地进行实验，通过东拼西凑案例、篡改数据、捏造研究过程，来"创新"知识和理论。这种学术不端、学术腐败现象完全与理论联系实际、理论与实践相结合的要求相悖，在现实中危害较大，如果不加以怀疑直接引用甚至运用到生产过程中，必会造成严重的损失。为此，应端正学风，坚持理论联系实际，自觉破除本本主义、教条主义，用新实践推出新理论，为党和国家决策提供正确依据与参考。

（四）重视对青年学生的学风教育

学风与学术道德紧密相连，一个不讲学术道德的人不可能有好的学风。青年学生是学校科研的主力军，也是未来的科学和科技工作者，重视对其良好学风的培养，有助于培育优良学术道德，促进科学道德建设。一方面，学校对青年学生进行科学道德教育，针对不同的科

研活动开设相应的科学道德教育课程，使其掌握科学道德规范的内容，通过公开争论科研项目，讨论科研案例，训练学生的批判性思考能力，使其将科学道德规范内化为自身进行科研活动的精神追求和行为要求，深刻理解科学道德对科学乃至社会发展的重要作用，从而树立科学道德精神和信念。另一方面，严格要求青年学生进行科学实践，强化诚信的科研考核，使学生将科学道德职业精神运用到科学实践中，逐渐养成良好的科研习惯，形成良好的学风。

（五）发挥社会舆论监督的作用

近年来，学风问题成为社会各界热议的焦点话题。各种媒体都曾报道甚至披露大量科研不端行为的内幕，网络上甚至出现一些专门网站，围绕学风问题进行讨论，阐述观点，提出建议。这种公开报道向科研失范人员和单位施加了很大的压力，迫使其加强对自身的约束、管理和惩戒，在一定程度上减少了科研失范现象。因此，充分发挥媒体的社会动员功能，利用社会各界的参与权、知情权和监督权，能有效发挥科研人员个人和科研单位的自察自律作用，可以有效地推进科学研究，使其沿着规范的道路健康发展。

（六）树立并倡扬求真务实的科学信仰

信仰是一种精神现象，是人们对某种事物坚信不疑并身体力行的精神和心理状态。学风问题的实质是科学工作者科学信仰的外在表现。科研失范现象反映的是科学信仰的缺失。弘扬优良学风，必须引领科学工作者树立科学信仰，充分发挥科学信仰对科研工作者的指导、激励和提升境界的作用，主动把艰苦奋斗、实事求是、严谨立言，忠于并献身科学事业作为毕生追求。只有这样，科学工作者才能坐得住冷板凳，耐得住孤独和寂寞，理智面对各种利益的诱惑，将科学利益、社会利益放在第一位，抵制住学术腐败，坚守科学道德。

科学信仰的确立，遵循知情意信行的客观规律。树立科学信仰，必须从娃娃抓起。家庭和社会在进行学前教育和学校教育时，需要引导孩子正确认识和理解科学真理对人类的积极作用，伪科学对人类和社会发展的危害，使其明确坚持真理的重要性，喜欢科学，以追求科学为荣。在大学学习阶段，科研院所和机构进行科学研究的过程中，树立正面典型，惩戒科学研究失范行为，通过一系列的宣传教育，进一步强化，敬畏科学，追求真理，崇尚进步的科学精神。树立了科学精神，追求真理成为内在的行为动力，科研人员才能不媚俗，不唯利，有效抵制各种错误思想的影响，坚守科学道德底线。

（七）科学道德教育与传统文化相结合

道德教育和人格培养是中国传统文化的优势领域，我国传统文化具有极其丰富的道德教育资源。翻开历代典籍，道德教育和人格培养方面的资料数不胜数。科研道德教育应该充分利用祖先留下的文化资源，古为今用。在诚信方面，中国古人认为诚信的品格是道德的根本。利用我国传统文化中的道德教育资源，通过科学文化与人文文化的结合、认知理性与价值理性的结合，实现科研道德教育目的。正如时任中国科学院院长路甬祥所说："加强科学伦理和道德建设，需要把自然科学和人文社会科学紧密结合起来，超越科学的认知理性和技术的工具理性，而站在人文理性的高度关注科技的发展，以保证科技始终沿着为人类服务的正确轨道健康发展。"

案例与思考

优良学风助力集体考研成功

·••

学风从广义上讲，就是学校师生员工在治学精神、治学态度和治学方法等方面的风格。学风依不同的学习群体表现出不同的特点和内涵。长期的学习行为会使学风固化成为一种传统和风格。这些传统和风格对学习个体的成长起着重大的作用，直接影响其对待学习、研究和社会实践的态度和行为。高等学校学生是学风的主体，其个体的学习态度和行为往往受集体的学习态度和行为的影响。山东农业大学和南京邮电大学集体考研成功的同学们，用他们的实际行动很好地诠释了优良的学风对于集体成功的重要性。

山东农业大学 2013 年集体考研成功有六个宿舍的学生。四个男生宿舍，两个女生宿舍。这些学生考研成功有一个共同的特点：目标一致，行动一致。男生宿舍互相约束、互相监督。男生喜欢窝在宿舍打网游、看电影、追美剧，但玩电脑会浪费大量的学习时间，所以这些准备考研的男生开了集体会决定"封电脑"。"我们互相监督，把电脑上装的游戏都删掉了。"尚兴朴说。不过有的人忍不住，偷偷装回了游戏。被其他人发现后，又自己主动删掉。到了考研前两个月，宿舍所有人都把电脑拔线封存，干脆放了起来。"这样就不会因为自制力差，玩电脑耽误学习了。"女生宿舍团结互助，共渡难关。考入内蒙古农业大学的牛婧伟认为，考研的过程很漫长、很苦，日子过得像苦行僧，如果自己孤军奋战，很难坚持到最后。幸亏有四个目标相同的舍友，带动她学习，才使她一直坚持到考研成功。学习之外，这些考研宿舍的学生都会集体放松。"我们宿舍就经常去打篮球，平均一周要两次。特别是去年秋天的时候，打一次球出一身汗，再洗个澡，学习特别有精神。"男生宿舍的尚兴朴说。女生们的放松方式更随意：到图书馆翻翻杂志、追美剧放松一下、逛逛网店、淘点东西。"学习和放松两不误，舍友们都能结合得很好。"考研前适度放松对考研成功很重要。

同样，良好的学风、舍风使南京邮电大学竹苑 15 栋 206 室在 2014 年出名了。住在这个宿舍的 8 个女生全部考上研究生，录取的学校都很好，两人考取本校，其余录取在浙大、中科大、西安电子科技大学、北邮、南财、大连理工……"女汉子"能够全部考上研究生，这样的成绩不是天上掉下来的。在这个宿舍，早出晚归、点灯熬夜并不鲜见，尤其是考研期间，她们每天早上六点半起床，晚上十一点半回宿舍，躺在床上还互相考政治的知识点。8 个姑娘常常分享各自好的学习方法。准备考研资料时，大家集思广益，共享资源，纷纷找到自己的同学，给舍友找信息、找资料。周欣鑫最晚开始复习，但却是每天在教室里时间最长的。"我是被她们刺激了。"她清楚地记得，有次她学习了一天，吃过晚饭想回宿舍休息，进门却发现空无一人，于是果断转身，回教室自习，直到熄灯。

青年学子朝夕相处，容易受到彼此的影响。良好的舍风充满浓浓的友情、关怀，极易激发各个宿舍成员一较高下的学习热情。在和谐人际关系的基础上，各成员之间容易形成共同的奋斗目标，互帮互学、共创未来。案例中的同学们之所以能集体考研成功，就是因为具有良好的舍风、学风。他们共同努力，积极学习，彼此激励、互相帮助、互相约束，在困难面前团结一致，共同努力解决问题，让原本漫长、难熬的考研生活变得快乐、充实而有意义。

这种良好的学风对于各行各业的工作都有益处。我们建设良好的科学道德，也需要重视学风的建设和培养！

本章复习题

1. 美国政府在科学道德制度建设方面发挥什么作用？
2. 德国和英国在科研道德方面的教育培训有什么不同？
3. 建立监督委员会的必要性？
4. 培养良好学风，其作用是什么？
5. 防止违反科学道德行为的发生需要从哪几方面入手？

参 考 文 献

北京市科学道德和学风建设宣讲教育领导小组，2012. 科学道德与学风建设简明读本 [M]. 北京：中国科学技术出版社.

贝尔纳，1959. 历史上的科学 [M]. 伍况甫，彭家礼，译. 北京：科学出版社.

贝尔纳，2003. 科学的社会功能 [M]. 陈体芳，译. 南宁：广西师范大学出版社.

卞振中，等，1993. 科研人员思想品德概论 [M]. 北京：中国经济出版社.

陈海峰，1987. 医学科技管理 [M]. 武汉：湖北科学技术出版社.

陈浩元，2000. 科技书刊标准化 18 讲 [M]. 北京：北京师范大学出版社.

陈梅，2004. 科学道德故事 [M]. 北京： 北京出版社.

陈万求，2008. 中国传统科技伦理思想研究 [M]. 湖南：湖南大学出版社.

陈万求，刘志军. 2008. 以道驭术儒家技术伦理思想探悉 [J]. 中南林业科技大学学报，2（1）：11-16.

陈万求，邹志勇. 2008. 以道驭术的道家技术伦理思想述论 [J]. 江南大学学报，7（1）：16-20.

程颢，程颐，1981. 二程集 [M]. 北京：中华书局.

段伟文，2012. 学术道德与学术规范 [M]. 北京：中国广播电视出版社.

范维，王新红，2009. 科技创新理论综述 [J]. 生产力研究，9（4）：164-168.

冯坚，王英萍，韩正之，2007. 科学研究的道德与规范 [M]. 上海：上海交通大学出版社.

傅静，2002. 科技伦理学 [M]. 成都：西南财经大学出版社.

高崇明，张爱琴，2004. 生物伦理学十五讲 [M]. 北京：北京大学出版社.

顾吉环，李明，涂元季， 2015. 科学道德——钱学森的言与行 [M]. 北京：国防工业出版社.

郭玉宇，2014. 道德异乡人的"最小伦理学"——恩格尔哈特的俗世生命伦理思想研究 [M]. 北京：科学出版社.

韩长伟，2006. 论医学科研道德的基本原则 [J]. 中医药管理杂志，14（1）：22-24.

洪晓楠，等，2013. 科学伦理的理论与实践 [M]. 北京：人民出版社.

黄守红，2011. 科学发展观的道德之维 [M]. 湘潭：湘潭大学出版社.

教育部科学技术委员会学风建设委员会组，2010. 高等学校科学技术学术规范指南 [M]. 北京：中国人民大学出版社.

科学技术部科研诚信建设办公室，2009. 科研诚信知识读本 [M]. 北京：科学技术文献出版社.

科学技术部科研诚信建设办公室，2011. 科研诚信知识读本 [M]. 北京：科学技术文献出版社.

李光玉，等，1987. 科学研究与道德 [M]. 武汉：华中工学院出版社.

李真真，2004. 转型中的中国科学：科研不端行为及其诱因分析 [J]. 科研管理，3：137-144.

林德宏，1985. 科学思想史 [M]. 南京：江苏科学技术出版社.

刘海林，姚树印，1991. 医学科研管理学 [M]. 北京： 人民卫生出版社.

刘雁飞，刘晨江，王燕丽，等， 1993. 重视科研道德，严肃科学作风 [J]. 中华医学科研管理杂志，6（3）：26-28.

刘英杰，2011. 作为意识形态的科学技术［M］. 北京：商务印书馆.

卢克莱修，1981. 物性论［M］. 方书春，译. 上海：商务印书馆.

栾玉广，2002. 自然辩证法原理［M］. 合肥：中国科学技术大学出版社.

马克思，恩格斯，1956. 马克思恩格斯全集. 第 1 卷［M］. 北京：人民出版社.

迈克尔·马尔凯，2006. 科学社会理论与方法［M］. 林聚任等译. 北京：商务印书馆.

毛泽东，1991. 毛泽东选集. 第三卷［M］. 北京：人民出版社.

美国科学、工程与公共政策委员会，2014. 怎样当一名科学家——科学研究中的负责行为［M］. 曹莉，译. 北京：中国科学技术出版社.

美国医学科学院，美国科学三院国家科研委员会，2007. 科研道德倡导负责行为［M］. 苗德岁，译. 北京：北京大学出版社.

苗力田．1989. 古希腊哲学［M］. 北京：中国人民大学出版社.

秦尚海，2010. 高校科技道德教育论［M］. 青岛：中国海洋大学出版社.

全国科学道德和学风建设宣传教育领导小组，2012. 科学道德与学风建设宣讲参考大纲［M］. 北京：中国科学技术出版社.

史自强，马永祥，胡浩波等，1995. 医学管理学［M］. 上海：上海远东出版社.

孙平，2009. 简析科研人员的科研能力与科研诚信的关系［J］. 科技管理研究，29（9）：335-337.

唐五湘，等，2001. 科技查新教程［M］. 北京：机械工业出版社.

王大衍，于光远，2001. 论科学的精神［M］. 北京：中央编译出版社.

王涵，1981. 名人名言录［M］. 北京：人民出版社.

王其和，2013. 大科学时代科技主体责任伦理研究［M］. 南京：南京大学出版社.

王前，2008. 以道驭术——我国先秦时期的技术伦理及其现代意义［J］. 自然辩证法通讯，30（1）：8-14.

王前，刘则渊，洪晓楠．2006. 中国科技伦理史纲［M］. 北京：人民出版社.

王小曼，等，2007. 科研项目申请书撰写的探讨［J］. 气象教育与科技，4：30-34.

王学川， 2009. 现代科技伦理学［M］. 北京：清华大学出版社.

王学川，2016. 科技伦理价值冲突及其化解［M］. 杭州：浙江大学出版社.

徐少锦，胡东原，许广明．1995. 西方科技伦理思想史［M］. 南京：江苏教育出版社.

许良英，1979. 爱因斯坦文集［M］. 上海：商务印书馆.

许志伟，2006. 生命伦理对当代生命科技的道德评估［M］. 朱晓红，译. 北京：中国社科会科学出版社.

薛桂波，2014. 科学共同体的伦理精神［M］. 北京：社会科学出版社.

杨怀中，潘磊．2010. 儒家科技伦理思想及其当代价值［J］. 武汉科技大学学报，12（1）：23-26.

杨建华，2014. 理性的困境与理性精神的重塑［J］. 浙江社会科学，1：104-111.

叶继元，2005. 学术规范通论［M］. 上海：华东师范大学出版社.

余谋昌，王耀先，2004. 环境伦理学［M］. 北京：高等教育出版社.

张华夏，2010. 现代科学与伦理世界：道德哲学的探索与反思［M］. 2 版. 北京：中国人民大学出版社.

张树义，1994. 行政合同［M］. 北京：中国政法大学出版社.

赵海奇．1995. 亚里士多德的科技伦理思想［J］. 中州学刊，1：54-58.

赵海琦．1996. 德谟克利特的科技伦理思想［J］. 安徽大学学报，6：49-50.

郑成思，1997. 版权法［M］. 北京：中国人民大学出版社.

中国科学院，2013. 科学与诚信：发人深省的科研不端行为案例［M］. 北京：科学出版社.

中国科学院，2015. 科研活动道德规范读本［M］. 北京：科学出版社.

周辅成. 1987. 西方伦理学名著选辑［M］.上海：商务印书馆.

Chubin D E，Hackett E J. 1990. Peerless Science：Peer Review and US Science Policy［M］. New York：State University of New York Press. P1.

附　录

一、人体生物医学研究国际道德指南（2002）

第1条：人体生物医学研究的伦理合理性与科学性

人体生物医学研究的伦理合理性在于有望发现有益于人类健康的新方法。只有在研究的实施中尊重、保护和公平地对待受试者，并且符合研究实施所在社会的道德规范时，其研究才具有伦理学上的合理性。此外，将受试者暴露于风险而没有可能受益的非科学的研究是不道德的。因此研究者和申办者必须保证所提议的涉及人体受试者的研究，符合公认的科学原理，并有充分的相关科学文献作为依据。

第2条：伦理审查委员会

所有涉及人类受试者的研究计划，都必须提交给一个或一个以上的科学和伦理审查委员会，以审查其科学价值和伦理的可接受性。审查委员会必须独立于研究组，他们的审查结果不应视研究中可能得到的任何直接的财务或物质上的利益而定。研究者必须在研究开始以前获得批准或许可。伦理审查委员会应该在研究过程中，根据需要进一步进行审查，包括监察研究的进展。

第3条：国外机构发起研究的伦理审查

国外申办组织和个体的研究者，应向申办组织所在国提交研究方案进行伦理学和科学审查，伦理评价标准应和研究实施所在国同样严格。东道国的卫生管理部门，及其国家的或地方的伦理审查委员会应确认研究方案是针对东道国的健康需要和优先原则，并符合必要的伦理标准。

第4条：个体的知情同意

对于所有的人体生物医学研究，研究者必须获得受试者自愿做出的知情同意，若在个体不能给予知情同意的情况下，必须根据现行法律获得其法定代理人的许可。免除知情同意被认为是不寻常的和例外的，在任何情况下都必须经伦理审查委员会批准。

第5条：获取知情同意：前瞻性研究受试者必须知晓的信息

在要求个体同意参加研究之前，研究者必须以其能理解的语言或其他交流形式提供以下信息：

1. 个体是受邀参加研究，认为个体适合参加该项研究的理由，以及参加是自愿的；

2. 个体可自由地拒绝参加，并可在任何时候自由地退出研究而不会受到惩罚，也不会丧失其应得利益；

3. 研究的目的，研究者和受试者要进行的研究过程，以及说明该研究不同于常规医疗之处；

4. 关于对照试验，要说明研究设计的特点（例如随机化，双盲），在研究完成或破盲以前受试者不会被告知所分配的治疗方法；

5. 预期个体参加研究的持续时间（包括到研究中心随访的次数和持续时间，以及参加研究的总时间），试验提前中止或个体提前退出试验的可能性；

6. 是否有金钱或其他形式的物质作为个体参加研究的报酬，如果有，说明种类和数量；

7. 通常在研究完成后，受试者将被告知研究的发现，每位受试者将被告知与他们自身健康状态有关的任何发现；

8. 受试者有权利在提出要求时获得他们的数据，即使这些数据没有直接的临床用途（除非伦理审查委员会已经批准暂时或永久地不公开数据，在这种情况下受试者应被告知，并且给予不公开数据的理由）；

9. 与参加研究有关的、给个体（或他人）带来的任何可预见到的风险、疼痛、不适，或不便，包括给受试者的配偶或伴侣的健康或幸福带来的风险；

10. 受试者参加研究任何预期的直接受益；

11. 研究对于社区或整个社会的预期受益，或对科学知识的贡献；

12. 受试者在参加完成研究后，他们能否、何时、如何得到被研究证明是安全和有效的药品或干预方法，他们是否要为此付款；

13. 任何现有的、可替代的干预措施或治疗措施；

14. 将用于保证尊敬受试者隐私、可识别受试者身份记录的机密性的规定；

15. 研究者保守机密能力受到法律和其他规定的限制，以及泄露机密的可能后果；

16. 关于利用遗传试验结果和家族遗传信息的政策，以及在没有受试者同意的情况下，防止将受试者的遗传试验结果披露给直系亲属或其他人（如保险公司或雇主）的适当的预防措施；

17. 研究的申办者，研究者隶属的机构，研究资金的性质和来源；

18. 可能进行的研究直接或二次利用受试者的病历记录和临床诊疗过程中获取的生物标本；

19. 研究结束时是否计划将研究中收集的生物标本销毁，如果不是，关于它们贮存的细节（地点，如何存，存多久，和最后的处置）和将来可能的利用，以及受试者有权做出关于将来的使用、拒绝贮存和让其销毁的决定；

20. 是否会从生物标本中开发出商业产品，研究参加者是否会从此类产品的开发中获得钱或其他收益；

21. 研究者是仅作为研究者，还是既做研究者、又做受试者的医生；

22. 研究者为研究参加者提供医疗服务的职责范围；

23. 与研究有关的具体类型的损害、或并发症将提供的免费治疗，这种治疗的性质和持续时间，提供治疗的组织或个人名称，以及关于这种治疗的资金是否存在任何不确定因素；

24. 因此类损害引起的残疾或死亡，受试者或受试者的家属或受赡养人将以何种方式，通过什么组织得到赔偿（或者，指明没有提供此类赔偿的计划）；

25. 受邀参加研究的可能的受试对象所在国家对获赔偿的权利是否有法律上的保证；

26. 伦理审查委员会已经批准或许可了研究方案。

第 6 条：获取知情同意：申办者与研究者的职责

申办者和研究者有责任做到：

1. 避免使用不正当的欺骗手段，施加不正当影响，或恐吓；

2. 只有在确定可能的受试对象充分了解了参加研究的有关实情和后果，并有充分的机会考虑是否参加以后，才能征求同意；

3. 按一般规则，应获取每一位受试者的签名书作为知情同意的证据——对这条规则的任何例外，研究者应有正当理由并获得伦理审查委员会的批准；

4. 如果研究的条件或程序发生了显著的变化，或得到了可能影响受试者继续参加研究意愿的新信息，要重新获取每位受试者的知情同意；

5.长期研究项目，即使该研究的设计或目标没有变化，也要按事先确定的时间间隔，重新获取每位受试者的知情同意；

第7条：招募受试者

受试者在参加一项研究中发生的收入损失、路费及其他开支可得到补偿；他们还能得到免费医疗。受试者，尤其是那些不能从研究中直接受益的，也可因带来的不便和花费的时间而被付给报酬或得到其他补偿。然而，报酬不应过大，或提供的医疗服务不应过多，否则诱使受试者不是根据他们自己的更佳判断而同意参加研究（"过度劝诱"）。所有提供给受试者的报酬、补偿和医疗服务都必须得到伦理审查委员会的批准。

第8条：参加研究的受益和风险

对于所有人体生物医学研究，研究者必须保证潜在的利益和风险得到了合理地平衡，并且最小化了风险。

1.提供给受试者的具有直接诊断、治疗或预防益处的干预措施或治疗过程的合理性在于，从可预见的风险和受益的角度，与任何可得到的替代方法相比至少是同样有利的。这种"有益的"干预措施或治疗过程的风险相对于受试者预期的受益而言必须是合理的。

2.对受试者没有直接诊断、治疗、或预防益处的干预措施的风险，相对于社会的预期受益（可概括为知识）而言必须是合理的。这种干预措施的风险相对于将要获得的知识的重要性而言，必须是合理的。

第9条：研究中涉及不能给予知情同意的受试者，关于风险的特殊限定

当存在伦理和科学的合理性，对不能给予知情同意的个体实施研究时，对受试者没有直接受益前景的研究，干预措施的风险应不能比对他们常规体格检查或心理检查的风险更大。当有一个非常重要的科学或医学理论，并得到伦理审查委员会的批准，轻微或较小地超过上述风险也是允许的。

第10条：在资源有限的人群和社会中的研究

在一个资源有限的人群或社会开始研究之前，申办者和研究者必须尽一切努力保证：

1.研究是针对实施研究所在地人群或社会的健康需要和优先原则的；

2.任何干预措施或开发的产品，或获得的知识，都将被合理地用于使该人群或社会受益。

第11条：临床试验中对照的选择

一般而言，诊断、治疗或预防性干预试验中对照组的受试者，应得到公认有效的干预。有些情况下，使用一个替代的对照，如安慰剂或"不治疗"，在伦理学上是可接受的。安慰剂可用于：

1.当没有公认的有效的干预时；

2.当不采用公认有效的干预，至多使受试者感到暂时的不适、或延迟症状的缓解时；

3.当采用一个公认有效的干预作为对照，将会产生科学上不可靠的结果，而使用安慰剂不会增加受试者任何严重的、或不可逆损害的风险。

第12条：在研究中受试者人群选择时负担和利益的公平分配

应通过公平分配研究负担和利益的方式，选择受邀成为研究受试者的人群。排除可能受益于参加研究的人群必须是合理的。

第13条：涉及弱势人群的研究

邀请弱势个体作为受试者需要特殊的理由，如果选择他们，必须切实履行保护他们权利和健康的措施。

第 14 条：涉及儿童的研究

在进行涉及儿童的研究之前，研究者必须确保：

1. 以成人为受试对象，研究不能同样有效地进行；

2. 研究的目的是获得有关儿童健康需要的知识；

3. 每位儿童的父母或法定代理人给予了许可；

4. 已获得每位儿童在其能力范围内所给予的同意（赞成）；

5. 儿童拒绝参加、或拒绝继续参加研究将得到尊重。

第 15 条：由于受试者智力或行为障碍而不能给予充分知情同意的研究

由于受试者智力或行为障碍而不能给予充分知情同意的研究在开展前，研究者必须保证：

1. 在知情同意能力没有受损的人体能同样有效地进行研究，上述人群就不能成为受试者；

2. 研究的目的是为获得有关智力或行为障碍者特有的健康需要的知识；

3. 已获得与每位受试者能力程度相应的同意，可能的受试对象拒绝参加研究应始终受到尊重，除非在特殊情况下，没有合理的医疗替代方法，并且当地法律允许不考虑拒绝；

4. 如果可能的受试对象没有能力同意，应获得负责的家庭成员或符合现行法律的法定代理人的许可。

第 16 条：妇女作为受试者

研究者、申办者或伦理审查委员会不应排除育龄期妇女参加生物医学研究。研究期间有怀孕的可能，其本身不能作为排除或限制参加研究的理由。然而，详尽讨论对孕妇和胎儿的风险，是妇女做出参加临床研究理性决定的先决条件。这一讨论包括，如果怀孕，参加研究可能危害到胎儿或她本人，申办者/研究者应以妊娠试验确认可能的受试对象未受孕，并在研究开始之前采取有效的避孕方法。如果由于法律的或宗教的原因，不能这样做，研究者不应招募可能怀孕的妇女进行可能有这类风险的研究。

第 17 条：孕妇作为受试者

应假定孕妇有资格参加生物医学研究。研究者和伦理审查委员会应确保已怀孕的可能受试对象被充分告知了有关她们自己、她们的身孕、胎儿和她们的后代、以及她们的生育力的风险和受益。仅在针对孕妇或其胎儿特有的健康需要、或孕妇总体的健康需要，并且如果合适，有来自动物实验、尤其是关于致畸和致突变风险的可靠证据予以支持，才能在该人群中实施研究。

第 18 条：保守机密

研究者必须采取安全措施，保护受试者研究数据的机密。受试者应被告知研究者保守机密的能力受到法律和其他规定的限制，以及机密泄露的可能后果。

第 19 条：受损伤的受试者获得治疗和赔偿的权利

受试者因参加研究而受到伤害，研究者应保证其有权获得对这类伤害的免费医疗，以及经济或其他补偿，作为对于造成的任何损伤、残疾或障碍的公正赔偿。如果由于参加研究而死亡，他们的受赡养人有权得到赔偿。受试者决不能被要求放弃获得赔偿的权力。

第 20 条：加强伦理和科学审查能力以及生物医学研究的能力

许多国家没有能力评审或确保在其管辖范围内所提议的或进行的生物医学研究的科学性或伦理的可接受性。由国外机构发起的合作研究，申办者和研究者在伦理上有义务保证，在这些国家中由他们负责的生物医学研究项目将对该国或地方的生物医学研究的设计和实施能力起到有效的促进作用，并为这类研究提供科学和伦理审查和监查。能力培养包括，但不限于以下工作：

1. 建立和加强独立的、有能力的伦理学审查过程伦理委员会。

2. 加强研究能力。

3. 发展适用于卫生保健以及生物医学研究的技术。

4. 培训研究和卫生保健人员。

5. 对从中筛选受试者的人群进行教育。

第 21 条：国外申办者提供健康医疗服务的道德义务

国外申办者在伦理上有义务确保可获得：

1. 安全地进行研究所必须的卫生保健服务；

2. 治疗由于研究干预措施而受到损害的受试者；

3. 申办者承诺中的一个必须部分，使作为研究成果的有益干预措施或产品合理地用于有关人群或社会所作的服务。

——国际医学科学组织委员会，2002 年 8 月修订

二、赫尔辛基宣言（2013）

前　言

1. 世界医学会（WMA）制定《赫尔辛基宣言》，是作为关于涉及人类受试者的医学研究，包括对可确定的人体材料和数据的研究，有关伦理原则的一项声明。《宣言》应整体阅读，其每一段落应在顾及所有其他相关段落的情况下方可运用。

2. 与世界医学会的授权一致，《宣言》主要针对医生。但世界医学会鼓励其他参与涉及人类受试者的医学研究的人员采纳这些原则。

一　般　原　则

3. 世界医学会的《日内瓦宣言》用下列词语约束医生："我患者的健康是我最首先要考虑的。"《国际医学伦理标准》宣告："医生在提供医护时应从患者的最佳利益出发。"

4. 促进和保护患者的健康，包括那些参与医学研究的患者，是医生的责任。医生的知识和良心应奉献于实现这一责任的过程。

5. 医学的进步是以研究为基础的，这些研究必然包含了涉及人类受试者的研究。

6. 涉及人类受试者的医学研究，其基本目的是了解疾病的起因、发展和影响，并改进预防、诊断和治疗干预措施（方法、操作和治疗）。即使对当前最佳干预措施也必须通过研究，不断对其安全性、效果、效率、可及性和质量进行评估。

7. 医学研究应符合的伦理标准是，促进并确保对所有人类受试者的尊重，并保护他们的健康和权利。

8. 若医学研究的根本目的是为产生新的知识，则此目的不能凌驾于受试者个体的权利和利益之上。

9. 参与医学研究的医生有责任保护受试者的生命、健康、尊严、公正、自主决定权、隐私和个人信息。保护受试者的责任必须由医生或其他卫生保健专业人员承担，决不能由受试者本人承担，即使

他们给予同意的承诺。

10. 医生在开展涉及人类受试者的研究时，必须考虑本国伦理、法律、法规所制定的规范和标准，以及适用的国际规范和标准。本《宣言》所阐述的任何一项受试者保护条款，都不能在国内或国际伦理、法律、法规所制定的规范和标准中被削减或删除。

11. 医学研究应在尽量减少环境损害的情况下进行。

12. 涉及人类受试者的医学研究必须由受过适当伦理和科学培训，且具备资质的人员来开展。对患者或健康志愿者的研究要求由一名能胜任的并具备资质的医生或卫生保健专业人员负责监督管理。

13. 应为那些在医学研究中没有被充分代表的群体提供适当的机会，使他们能够参与到研究之中。

14. 当医生将医学研究与临床医疗相结合时，只可让其患者作为研究受试者参加那些于潜在预防、诊断或治疗价值而言是公正的，并有充分理由相信参与研究不会对患者健康带来负面影响的研究。

15. 必须确保因参与研究而受伤害的受试者得到适当的补偿和治疗。

风险、负担和获益

16. 在医学实践和医学研究中，绝大多数干预措施具有风险，并有可能造成负担。

只有在研究目的的重要性高于受试者的风险和负担的情况下，涉及人类受试者的医学研究才可以开展。

17. 所有涉及人类受试者的医学研究项目在开展前，必须认真评估该研究对个人和群体造成的可预见的风险和负担，并比较该研究为他们或其他受影响的个人或群体带来的可预见的益处。

必须考量如何将风险最小化。研究者必须对风险进行持续监控、评估和记录。

18. 只有在确认对研究相关风险已做过充分的评估并能进行令人满意的管理时，医生才可以参与到涉及人类受试者的医学研究之中。

当发现研究的风险大于潜在的获益，或已有决定性的证据证明研究已获得明确的结果时，医生必须评估是继续、修改还是立即结束研究。

弱势的群体和个人

19. 有些群体和个人特别脆弱，更容易受到胁迫或者额外的伤害。

所有弱势的群体和个人都需要得到特别的保护。

20. 仅当研究是出于弱势人群的健康需求或卫生工作需要，同时又无法在非弱势人群中开展时，涉及这些弱势人群的医学研究才是正当的。此外，应该保证这些人群从研究结果，包括知识、实践和干预中获益。

科学要求和研究方案

21. 涉及人类受试者的医学研究必须符合普遍认可的科学原则，这应基于对科学文献、其他相关信息、足够的实验和适宜的动物研究信息的充分了解。实验动物的福利应给予尊重。

22. 每个涉及人类受试者的研究项目的设计和操作都必须在研究方案中有明确的描述。

研究方案应包括与方案相关的伦理考量的表述，应表明本《宣言》中的原则是如何得到体现的。研究方案应包括有关资金来源、申办方、隶属机构、潜在利益冲突、对受试者的诱导，以及对因参与研究而造成的伤害所提供的治疗和/或补偿条款等。临床试验中，研究方案还必须描述试验后如何给予适当的安排。

研究伦理委员会

23. 研究开始前，研究方案必须提交给相关研究伦理委员会进行考量、评估、指导和批准。该委员会必须透明运作，必须独立于研究者、申办方及其他任何不当影响之外，并且必须有正式资质。该委员会必须考虑到本国或研究项目开展各国的法律、法规，以及适用的国际规范和标准，但是本《宣言》为受试者所制定的保护条款决不允许被削减或删除。

该委员会必须有权监督研究的开展，研究者必须向其提供监督的信息，特别是关于严重不良事件的信息。未经该委员会的审查和批准，不可对研究方案进行修改。研究结束后，研究者必须向委员会提交结题报告，包括对研究发现和结论的总结。

隐私和保密

24. 必须采取一切措施保护受试者的隐私并对个人信息进行保密。

知　情　同　意

25. 个人以受试者身份参与医学研究必须是自愿的。尽管与家人或社区负责人进行商议可能是恰当的，但是除非有知情同意能力的个人自由地表达同意，不然他/她不能被招募进入研究项目。

26. 涉及人类受试者的医学研究，每位潜在受试者必须得到足够的信息，包括研究目的、方法、资金来源、任何可能的利益冲突、研究者组织隶属、预期获益和潜在风险、研究可能造成的不适等任何与研究相关的信息。受试者必须被告知其拥有拒绝参加研究的权利，以及在任何时候收回同意退出研究而不被报复的权利。特别应注意为受试者个人提供他们所需要的具体信息，以及提供信息的方法。

在确保受试者理解相关信息后，医生或其他合适的、有资质的人应该设法获得受试者自由表达的知情同意，最好以书面形式。如果同意不能以书面形式表达，那么非书面的同意必须进行正式记录并有证明人在场。

必须向所有医学研究的受试者提供获得研究预计结果相关信息的选择权。

27. 如果潜在受试者与医生有依赖关系，或有被迫表示同意的可能，在设法获得其参与研究项目的知情同意时，医生必须特别谨慎。在这种情况下，知情同意必须由一位合适的、有资质的、且完全独立于这种关系之外的人来获取。

28. 如果潜在受试者不具备知情同意的能力，医生必须从其法定代理人处设法征得知情同意。这些不具备知情同意能力的受试者决不能被纳入到对他们没有获益可能的研究之中，除非研究的目的是为了促进该受试者所代表人群的健康，同时研究又不能由具备知情同意能力的人员代替参与，并且研究只可能使受试者承受最小风险和最小负担。

29. 当一个被认为不具备知情同意能力的潜在受试者能够表达是否参与研究的决定时，医生在设法征得其法定代理人的同意之外，还必须征询受试者本人的这种表达。受试者的异议应得到尊重。

30. 当研究涉及身体或精神上不具备知情同意能力的受试者时（比如无意识的患者），只有在阻碍知情同意的身体或精神状况正是研究目标人群的一个必要特点的情况下，研究方可开展。在这种情况下，医生必须设法征得法定代理人的知情同意。如果缺少此类代理人，并且研究不能被延误，那么该研究在没有获得知情同意的情况下仍可开展，前提是参与研究的受试者无法给予知情同意的具体原因已在研究方案中被描述，并且该研究已获得伦理委员会批准。即便如此，仍应尽早从受试者或其法定代理人那里获得继续参与研究的同意意见。

31. 医生必须完全地告知患者在医疗护理中与研究项目有关的部分。患者拒绝参与研究或中途退出研究的决定，绝不能妨碍患者与医生之间的关系。

32. 对于使用可辨识的人体材料或数据的医学研究，通常情况下医生必须设法征得对收集、分析、存放和/或再使用这些材料或数据的同意。有些情况下，同意可能难以或无法获得，或者为得到同意可能会对研究的有效性造成威胁。在这些情况下，研究只有在得到一个伦理委员会的审查和批准后方可进行。

安慰剂使用

33. 一种新干预措施的获益、风险、负担和有效性，必须与已被证明的最佳干预措施进行对照试验，除非在下列情况下：

在缺乏已被证明有效的干预措施的情况下，在研究中使用安慰剂或无干预处理是可以接受的；或者有强有力的、科学合理的方法论支持的理由相信，使用任何比现有最佳干预低效的干预措施、或使用安慰剂、或无干预处理对于确定一种干预措施的有效性和安全性是必要的并且接受任何比现有最佳干预低效的干预措施、或使用安慰剂、或无干预处理的患者，不会因未接受已被证明的最佳干预措施而遭受额外的、严重或不可逆伤害的风险。要特别注意，对这种选择必须极其谨慎以避免滥用。

试验后规定

34. 在临床试验开展前，申办方、研究者和主办国政府应制定试验后规定，以照顾所有参加试验，并仍需要获得在试验中确定有益的干预措施的受试者。此信息必须在知情同意过程中向受试者公开。

研究的注册、出版和结果发布

35. 每项涉及人类受试者的研究在招募第一个受试者之前，必须在可公开访问的数据库进行登记。

36. 研究者、作者、申办方、编辑和出版者对于研究成果的出版和发布都有伦理义务。研究者有责任公开他们涉及人类受试者的研究结果，并对其报告的完整性和准确性负责。他们的报告应遵守被广泛认可的伦理指南。负面的、不确定的结果必须和积极的结果一起发表，或通过其他途径使公众知晓。资金来源、机构隶属和利益冲突必须在出版物上公布。不遵守本《宣言》原则的研究报告不应被接受发表。

临床实践中未经证明的干预措施

37. 对个体的患者进行治疗时，如果被证明有效的干预措施不存在或其他已知干预措施无效，医生在征得专家意见并得到患者或其法定代理人的知情同意后，可以使用尚未被证明有效的干预措施，前提是根据医生的判断这种干预措施有希望挽救生命、重建健康或减少痛苦。随后，应将这种干预措施作为研究对象，并对评估其安全性和有效性进行设计。在任何情况下，新信息都必须被记录，并在适当的时候公之于众。

——1964 年 6 月，第 18 届世界医学会联合大会通过；2013 年 10 月，第 64 届世界医学会联合大会修订

三、人胚胎干细胞研究伦理指导原则（2003）

第一条　为了使我国生物医学领域人胚胎干细胞研究符合生命伦理规范，保证国际公认的生命伦理准则和我国的相关规定得到尊重和遵守，促进人胚胎干细胞研究的健康发展，制定本指导原则。

第二条　本指导原则所称的人胚胎干细胞包括人胚胎来源的干细胞、生殖细胞起源的干细胞和通过核移植所获得的干细胞。

第三条　凡在中华人民共和国境内从事涉及人胚胎干细胞的研究活动，必须遵守本指导原则。

第四条　禁止进行生殖性克隆人的任何研究。

第五条　用于研究的人胚胎干细胞只能通过下列方式获得：

（一）体外受精时多余的配子或囊胚；

（二）自然或自愿选择流产的胎儿细胞；

（三）体细胞核移植技术所获得的囊胚和单性分裂囊胚；

（四）自愿捐献的生殖细胞。

第六条　进行人胚胎干细胞研究，必须遵守以下行为规范：

（一）利用体外受精、体细胞核移植、单性复制技术或遗传修饰获得的囊胚，其体外培养期限自受精或核移植开始不得超过 14 天。

（二）不得将前款中获得的已用于研究的人囊胚植入人或任何其他动物的生殖系统。

（三）不得将人的生殖细胞与其他物种的生殖细胞结合。

第七条　禁止买卖人类配子、受精卵、胚胎或胎儿组织。

第八条　进行人胚胎干细胞研究，必须认真贯彻知情同意与知情选择原则，签署知情同意书，保护受试者的隐私。

前款所指的知情同意和知情选择是指研究人员应当在实验前，用准确、清晰、通俗的语言向受试者如实告知有关实验的预期目的和可能产生的后果和风险，获得他们的同意并签署知情同意书。

第九条　从事人胚胎干细胞的研究单位应成立包括生物学、医学、法律或社会学等有关方面的研究和管理人员组成的伦理委员会，其职责是对人胚胎干细胞研究的伦理学及学性进行综合审查、咨询与监督。

第十条　从事人胚胎干细胞的研究单位应根据本指导原则制定本单位相应的实施细则或管理规程。

第十一条　本指导原则由国务院科学技术行政主管部门、卫生行政主管部门负责解释。

第十二条　本指导原则自发布之日起施行。

——中华人民共和国科学技术部、卫生部，2003 年 12 月 24 日发布

四、高等学校哲学社会科学研究学术规范（试行）（2004）

一、总　　则

（一）为规范高等学校（以下简称高校）哲学社会科学研究工作，加强学风建设和职业道德修养，

保障学术自由，促进学术交流、学术积累与学术创新，进一步发展和繁荣高校哲学社会科学研究事业，特制订《高等学校哲学社会科学研究学术规范（试行）》（以下简称本规范）。

（二）本规范由广大专家学者广泛讨论、共同参与制订，是高校师生及相关人员在学术活动中自律的准则。

二、基 本 规 范

（三）高校哲学社会科学研究应以马克思列宁主义、毛泽东思想、邓小平理论和"三个代表"重要思想为指导，遵循解放思想、实事求是、与时俱进的思想路线，贯彻"百花齐放、百家争鸣"的方针，不断推动学术进步。

（四）高校哲学社会科学研究工作者应以推动社会主义物质文明、政治文明和精神文明建设为己任，具有强烈的历史使命感和社会责任感，勇于学术创新，努力创造先进文化，积极弘扬科学精神、人文精神与民族精神。

（五）高校哲学社会科学研究工作者应遵守《中华人民共和国著作权法》《中华人民共和国专利法》《中华人民共和国国家通用语言文字法》等相关法律、法规。

（六）高校哲学社会科学研究工作者应模范遵守学术道德。

三、学术引文规范

（七）引文应以原始文献和第一手资料为原则。凡引用他人观点、方案、资料、数据等，无论曾否发表，无论是纸质或电子版，均应详加注释。凡转引文献资料，应如实说明。

（八）学术论著应合理使用引文。对已有学术成果的介绍、评论、引用和注释，应力求客观、公允、准确。

伪注，伪造、篡改文献和数据等，均属学术不端行为。

四、学术成果规范

（九）不得以任何方式抄袭、剽窃或侵吞他人学术成果。

（十）应注重学术质量，反对粗制滥造和低水平重复，避免片面追求数量的倾向。

（十一）应充分尊重和借鉴已有的学术成果，注重调查研究，在全面掌握相关研究资料和学术信息的基础上，精心设计研究方案，讲求科学方法。力求论证缜密，表达准确。

（十二）学术成果文本应规范使用中国语言文字、标点符号、数字及外国语言文字。

（十三）学术成果不应重复发表。另有约定再次发表时，应注明出处。

（十四）学术成果的署名应实事求是。署名者应对该项成果承担相应的学术责任、道义责任和法律责任。

（十五）凡接受合法资助的研究项目，其最终成果应与资助申请和立项通知相一致；若需修改，应事先与资助方协商，并征得其同意。

（十六）研究成果发表时，应以适当方式向提供过指导、建议、帮助或资助的个人或机构致谢。

五、学术评价规范

（十七）学术评价应坚持客观、公正、公开的原则。

（十八）学术评价应以学术价值或社会效益为基本标准。对基础研究成果的评价，应以学术积累和学术创新为主要尺度；对应用研究成果的评价，应注重其社会效益或经济效益。

（十九）学术评价机构应坚持程序公正、标准合理，采用同行专家评审制，实行回避制度、民主表决制度，建立结果公示和意见反馈机制。

评审意见应措辞严谨、准确，慎用"原创"、"首创"、"首次"、"国内领先"、"国际领先"、"世界水平"、"填补重大空白"、"重大突破"等词语。

评价机构和评审专家应对其评价意见负责，并对评议过程保密，对不当评价、虚假评价、泄密、披露不实信息或恶意中伤等造成的后果承担相应责任。

（二十）被评价者不得干扰评价过程。否则，应对其不正当行为引发的一切后果负责。

六、学术批评规范

（二十一）应大力倡导学术批评，积极推进不同学术观点之间的自由讨论、相互交流与学术争鸣。

（二十二）学术批评应该以学术为中心，以文本为依据，以理服人。批评者应正当行使学术批评的权利，并承担相应的责任。被批评者有反批评的权利，但不得对批评者压制或报复。

七、附　　则

（二十三）本规范将根据哲学社会科学研究事业发展的需要不断修订和完善。

（二十四）各高校可根据本规范，结合具体情况，制订相应的学术规范及其实施办法，并对侵犯知识产权或违反学术道德的学术不端行为加以监督和惩处。

（二十五）本规范的解释权归教育部社会科学委员会。

——中华人民共和国教育部，2004 年 8 月 26 日发布

五、国家科技计划实施中科研不端行为处理办法（试行）（2006）

第一章　总　　则

第一条　为了加强国家科技计划实施中的科研诚信建设，根据《中华人民共和国科学技术进步法》的有关规定，制定本办法。

第二条　对科学技术部归口管理的国家科技计划项目的申请者、推荐者、承担者在科技计划项目申请、评估评审、检查、项目执行、验收等过程中发生的科研不端行为（以下称科研不端行为）的查处，适用本办法。

第三条　本办法所称的科研不端行为，是指违反科学共同体公认的科研行为准则的行为，包括：

（一）在有关人员职称、简历以及研究基础等方面提供虚假信息；

（二）抄袭、剽窃他人科研成果；

（三）捏造或篡改科研数据；

（四）在涉及人体的研究中，违反知情同意、保护隐私等规定；

（五）违反实验动物保护规范；

（六）其他科研不端行为。

第四条　科学技术部、行业科技主管部门和省级科技行政部门（以下简称项目主持机关）、国家

科技计划项目承担单位（以下称项目承担单位）是科研不端行为的调查机构，根据其职责和权限对科研不端行为进行查处。

第五条 调查和处理科研不端行为应遵循合法、客观、公正的原则。

在调查和处理科研不端行为中，要正确把握科研不端行为与正当学术争论的界限。

第二章 调查和处理机构

第六条 任何单位和个人都可以向科学技术部、项目主持机关、项目承担单位举报在国家科技计划项目实施过程中发生的科研不端行为。

鼓励举报人以实名举报。

第七条 科学技术部负责查处影响重大的科研不端行为。必要时，科学技术部会同其他部门联合进行查处。

科学技术部成立科研诚信建设办公室（以下称办公室），负责科研诚信建设的日常工作。其主要职责是：

（一）接受、转送对科研不端行为的举报；

（二）协调项目主持机关和项目承担单位的调查处理工作；

（三）向被处理人或实名举报人送达科学技术部的查处决定；

（四）推动项目主持机关、项目承担单位的科研诚信建设；

（五）研究提出加强科研诚信建设的建议；

（六）科技部交办的其他事项。

第八条 项目主持机关负责对其推荐、主持、受委托管理的科技计划项目实施中发生的科研不端行为进行调查和处理。

项目主持机关应当建立健全科研诚信建设工作体系。

第九条 项目承担单位负责对本单位承担的国家科技计划项目实施中发生的科研不端行为进行调查和处理。

承担国家科技计划项目的科研机构、高等学校应当建立科研诚信管理机构，建立健全调查处理科研不端行为的制度。科研机构、高等学校的科研诚信制度建设，作为国家科技计划项目立项的条件之一。

第十条 国家科技计划项目承担者在申请项目时应当签署科研诚信承诺书。

第三章 处 罚 措 施

第十一条 项目承担单位应当根据其权限和科研不端行为的情节轻重，对科研不端行为人做出如下处罚：

（一）警告；

（二）通报批评；

（三）责令其接受项目承担单位的定期审查；

（四）禁止其一定期限内参与项目承担单位承担或组织的科研活动；

（五）记过；

（六）降职；

（七）解职；

（八）解聘、辞退或开除等。

第十二条　项目主持机关应当根据其权限和科研不端行为的情节轻重，对科研不端行为人做出如下处罚：

（一）警告；

（二）在一定范围内通报批评；

（三）记过；

（四）禁止其在一定期限内参加项目主持机关主持的国家科技计划项目；

（五）解聘、开除等。

第十三条　科学技术部应当根据其权限和科研不端行为的情节轻重，对科研不端行为人做出如下处罚：

（一）警告；

（二）在一定范围内通报批评；

（三）中止项目，并责令限期改正；

（四）终止项目，收缴剩余项目经费，追缴已拨付项目经费；

（五）在一定期限内，不接受其国家科技计划项目的申请。

第十四条　项目主持机关对举报的科研不端行为不开展调查、无故拖延调查的，科学技术部可以停止该机关在一定期限内主持、管理相关项目的资格。

第十五条　被调查人有下列情形之一的，从轻处罚：

（一）主动承认错误并积极配合调查的；

（二）经批评教育确有悔改表现的；

（三）主动消除或者减轻科研不端行为不良影响的；

（四）其他应从轻处罚的情形。

第十六条　被调查人有下列情形之一的，从重处罚：

（一）藏匿、伪造、销毁证据的；

（二）干扰、妨碍调查工作的；

（三）打击、报复举报人的；

（四）同时涉及多种科研不端行为的。

第十七条　举报人捏造事实、故意陷害他人的，一经查实，在一定期限内，不接受其国家科技计划项目的申请。

第十八条　科研不端行为涉嫌违纪、违法，移交有关机关处理。

第四章　处　理　程　序

第十九条　调查机构接到举报后，应进行登记。

被举报的行为属于本办法规定的科研不端行为，且事实基本清楚，并属于本机构职责范围的，应予以受理；不属于本机构职责范围的，转送有关机构处理。

不符合受理条件不予受理的，应当书面通知实名举报人。

第二十条　调查机构应当成立专家组进行调查。专家组包括相关领域的技术专家、法律专家、道德伦理专家。项目承担单位为调查机构的，可由其科研诚信管理机构进行调查。

专家组成员或调查人员与举报人、被举报人有利害关系的，应当回避。

第二十一条 在有关举报未被查实前，调查机构和参与调查的人员不得公开有关情况；确需公开的，应当严格限定公开范围。

第二十二条 被调查人、有关单位及个人有义务协助提供必要证据，说明事实真相。

第二十三条 调查工作应当按照下列程序进行：

（一）核实、审阅原始记录，多方面听取有关人员的意见；

（二）要求被调查人提供有关资料，说明事实情况；

（三）形成初步调查意见，并听取被调查人的陈述和申辩；

（四）形成调查报告。

第二十四条 科研不端行为影响重大或争议较大的，可以举行听证会。需经过科学试验予以验证的，应当进行科学试验。

听证会和科学试验由调查机构组织。

第二十五条 专家组完成调查工作后，向调查机构提交调查报告。

调查报告应当包括调查对象、调查内容、调查过程、主要事实与证据、处理意见。

第二十六条 调查机构根据专家组的调查报告，做出处理决定。

第二十七条 调查机构应在做出处理决定后 10 日内将处理决定送被处理人、实名举报人。

第二十八条 项目主持机关、项目承担单位为调查机构的，应当在做出处理决定后 10 日内将处理决定送科学技术部科研诚信建设办公室备案。

科学技术部将处理决定纳入国家科技计划信用信息管理体系，作为科技计划实施和管理的参考。

第五章 申诉和复查

第二十九条 被处理人或实名举报人对调查机构的处理决定不服的，可以在收到处理决定后 30 日内向调查机构或其上级主管部门提出申诉。

科学技术部和国务院其他部门为调查机构的，申诉应向调查机构提出。

第三十条 收到申诉的机构经审查，认为原处理决定认定事实不清，或适用法律、法规和有关规定不正确的，应当进行复查。

复查机构应另行组成专家组进行调查。复查程序按照本办法规定的调查程序进行。

收到申诉的机构决定不予复查的，应书面通知申诉人。

第三十一条 申诉人对复查决定仍然不服，以同一事实和理由提出申诉的，不予受理。

第三十二条 被处理人对有关行政机关的处罚决定不服的，可以依照《中华人民共和国行政复议法》的规定，申请复议。

属于人事和劳动争议的，依照有关规定处理。

第六章 附 则

第三十三条 在国家科技奖励推荐、评审过程中发生的科研不端行为，参照本规定执行。

第三十四条 本办法自 2007 年 1 月 1 日起施行。

——中华人民共和国科学技术部，2006 年 11 月 7 日发布

六、科技工作者科学道德规范（试行）（2007）

第一章　总　　则

第一条　为弘扬科学精神，加强科学道德和学风建设，提高科技工作者创新能力，促进科学技术的繁荣发展，中国科学技术协会根据国家有关法律法规制定《科技工作者科学道德规范》。

第二条　本规范适用于中国科学技术协会所属全国学会、协会、研究会会员及其他科技工作者。

第三条　科技工作者应坚持科学真理、尊重科学规律、崇尚严谨求实的学风，勇于探索创新，恪守职业道德，维护科学诚信。

第四条　科技工作者应以发展科学技术事业，繁荣学术思想，推动经济社会进步，促进优秀科技人才成长，普及科学技术知识为使命。以国家富强，民族振兴，服务人民，构建和谐社会为己任。

第二章　学术道德规范

第五条　进行学术研究应检索相关文献或了解相关研究成果，在发表论文或以其他形式报告科研成果中引用他人论点时必须尊重知识产权，如实标出。

第六条　尊重研究对象（包括人类和非人类研究对象）。在涉及人体的研究中，必须保护受试人合法权益和个人隐私并保障知情同意权。

第七条　在课题申报、项目设计、数据资料的采集与分析、公布科研成果、确认科研工作参与人员的贡献等方面，遵守诚实客观原则。对已发表研究成果中出现的错误和失误，应以适当的方式予以公开和承认。

第八条　诚实严谨地与他人合作。耐心诚恳地对待学术批评和质疑。

第九条　公开研究成果、统计数据等，必须实事求是、完整准确。

第十条　搜集、发表数据要确保有效性和准确性，保证实验记录和数据的完整、真实和安全，以备考查。

第十一条　对研究成果做出实质性贡献的专业人员拥有著作权。仅对研究项目进行过一般性管理或辅助工作者，不享有著作权。

第十二条　合作完成成果，应按照对研究成果的贡献大小的顺序署名（有署名惯例或约定的除外）。署名人应对本人作出贡献的部分负责，发表前应由本人审阅并署名。

第十三条　科研新成果在学术期刊或学术会议上发表前（有合同限制的除外），不应先向媒体或公众发布。

第十四条　不得利用科研活动谋取不正当利益。正确对待科研活动中存在的直接、间接或潜在的利益关系。

第十五条　科技工作者有义务负责任地普及科学技术知识，传播科学思想、科学方法。反对捏造与事实不符的科技事件，及对科技事件进行新闻炒作。

第十六条　抵制一切违反科学道德的研究活动。如发现该工作存在弊端或危害，应自觉暂缓或调整、甚至终止，并向该研究的主管部门通告。

第十七条　在研究生和青年研究人员的培养中，应传授科学道德准则和行为规范。选拔学术带头人和有关科技人才，应将科学道德与学风作为重要依据之一。

第三章 学术不端行为

第十八条 学术不端行为是指，在科学研究和学术活动中的各种造假、抄袭、剽窃和其他违背科学共同体惯例的行为。

第十九条 故意做出错误的陈述，捏造数据或结果，破坏原始数据的完整性，篡改实验记录和图片，在项目申请、成果申报、求职和提职申请中做虚假的陈述，提供虚假获奖证书、论文发表证明、文献引用证明等。

第二十条 侵犯或损害他人著作权，故意省略参考他人出版物，抄袭他人作品，篡改他人作品的内容；未经授权，利用被自己审阅的手稿或资助申请中的信息，将他人未公开的作品或研究计划发表或透露给他人或为己所用；把成就归功于对研究没有贡献的人，将对研究工作做出实质性贡献的人排除在作者名单之外，僭越或无理要求著者或合著者身份。

第二十一条 成果发表时一稿多投。

第二十二条 采用不正当手段干扰和妨碍他人研究活动，包括故意毁坏或扣压他人研究活动中必需的仪器设备、文献资料，以及其他与科研有关的财物；故意拖延对他人项目或成果的审查、评价时间，或提出无法证明的论断；对竞争项目或结果的审查设置障碍。

第二十三条 参与或与他人合谋隐匿学术劣迹，包括参与他人的学术造假，与他人合谋隐藏其不端行为，监察失职，以及对投诉人打击报复。

第二十四条 参加与自己专业无关的评审及审稿工作；在各类项目评审、机构评估、出版物或研究报告审阅、奖项评定时，出于直接、间接或潜在的利益冲突而作出违背客观、准确、公正的评价；绕过评审组织机构与评议对象直接接触，收取评审对象的馈赠。

第二十五条 以学术团体、专家的名义参与商业广告宣传。

第四章 学术不端行为的监督

第二十六条 中国科学技术协会科技工作者道德与权益专门委员会负责科学道德与学风建设的宣传教育，监督所属全国学会及会员、相关科技工作者执行科学道德规范情况，建立会员学术诚信档案，对涉及学术不端行为的个人进行记录，向中国科学技术协会通报。

第二十七条 调查学术不端行为应遵循合法、客观、公正原则。应尊重和维护当事人的正当权益，对举报人提供必要的保护。在调查过程中，准确把握学术不端行为的界定。

第二十八条 中国科学技术协会科技工作者道德与权益专门委员会重视社会监督，对学术不端行为的投诉，委托相关学会、组织或部门进行事实调查，提出处理意见。

——中国科学技术协会，2007 年 3 月 23 日发布

七、关于科学理念的宣言（2007）

科学及以其为基础的技术，在不断揭示客观世界和人类自身规律的同时，极大地提高了社会生产力，改变了人类的生产和生活方式，同时也发掘了人类的理性力量，带来了认识论和方法论的变革，形成了科学世界观，创造了科学精神、科学道德与科学伦理等丰富的先进文化，不断升华人类的精神境界。

关于科学的讨论一向是科技界乃至社会各界关注的焦点，自 20 世纪以来，更在世界范围内广泛展开并持续升温。它源于对科学自身及科学与自然和社会系统相互关系的进一步思考，也是飞速发展的科学技术与人类的生存发展和多元文化相互作用的反映。科学技术在为人类创造巨大物质和精神财富的同时，也可能给社会带来负面影响，并挑战人类社会长期形成的社会伦理。人们往往从科学的物质成就上去理解科学，而忽视了科学的文化内涵及社会价值。在科技界也不同程度地存在着科学精神淡漠、行为失范和社会责任感缺失等令人遗憾的现象。

营造和谐的学术生态，需要制度规范，更需要端正科学理念。为引导广大科技人员树立正确的科学价值观，弘扬科学精神，恪守科学伦理和道德准则，履行社会责任，作为我国自然科学最高学术机构、国家科学技术方面最高咨询机构、自然科学和高技术综合研究发展中心，我院特向全社会宣示关于科学的理念。

1. 科学的价值

科学是人类的共同财富，科学服务于人类福祉。科学共同体把追求真理、造福人类作为共同的价值追求，致力于促进人的自由发展和人与自然的和谐，体现了科学的人文关怀和社会关怀。这不仅为科学赢得了社会声誉，而且也促进了科学自身的进步。在科学研究职业化、社会化的今天，更应该严格恪守与忠实奉行这种科学的价值观。

20 世纪以来，科学研究与国家目标紧密联系，已经成为保证国家根本利益，提升国际竞争力的战略要求。在经济全球化和知识经济时代，科学是一个国家发展的重要知识基础，是综合国力的重要组成部分，是引领经济社会未来发展的主导力量。从科学救国到科教兴国，依靠科学和民主实现中华民族的伟大复兴，是百余年来中国志士仁人的不懈追求。在我们这个正在和平发展中的国家，以创新为民为宗旨，以科教兴国为己任，是中国科技界共同的责任和使命，也是我院全体同仁科技价值观的重要核心与共识。

2. 科学的精神

科学是物质与精神的统一，科学因其精神而更加强大。科学精神是人类文明中最宝贵的部分之一，源于人类的求知、求真精神和理性、实证的传统，并随着科学实践不断发展，内涵也更加丰富。历史上，科学精神曾经引导人类摆脱愚昧、迷信和教条。在科学的物质成就充分彰显的今天，科学精神更具有广泛的社会文化价值，并已经成为全社会的共同精神财富，照耀着人类前行的道路，因此，倡导和弘扬科学精神更显重要。

科学精神是对真理的追求。不懈追求真理和捍卫真理是科学的本质。科学精神体现为继承与怀疑批判的态度，科学尊重已有认识，同时崇尚理性质疑，要求随时准备否定那些看似天经地义实则囿于认识局限的断言，接受那些看似离经叛道实则蕴含科学内涵的观点，不承认有任何亘古不变的教条，认为科学有永无止境的前沿。

科学精神是对创新的尊重。创新是科学的灵魂。科学尊重首创和优先权，鼓励发现和创造新的知识，鼓励知识的创造性应用。创新需要学术自由，需要宽容失败，需要坚持在真理面前人人平等，需要有创新的勇气和自信心。

科学精神体现为严谨缜密的方法。每一个论断都必须经过严密的逻辑论证和客观验证才能被科学共同体最终承认。任何人的研究工作都应无一例外地接受严密的审查，直至对它所有的异议和抗辩得以澄清，并继续经受检验。

科学精神体现为一种普遍性原则。科学作为一个知识体系具有普遍性。科学的大门应对任何人开放，而不分种族、性别、国籍和信仰。科学研究遵循普遍适用的检验标准，要求对任何人所做出的研究、陈述、见解进行实证和逻辑的衡量。

3. 科学的道德准则

科学研究是创造性的人类活动，只有建立在严格道德标准之上，在一个和谐的环境中才能健康发展。在长期的科学实践中，科学所拥有的博大精深的文化和制度传统，形成了科学的自我净化机制和道德准则。当前，通过科学不端行为获取声望、职位和资源等方面的问题日趋严重，加强科学道德规范建设，保证科学的学术信誉，维护科学的社会声誉，已成为当前我国科技界的重要任务。

科学道德准则包括：

诚实守信。诚实守信是保障知识可靠性的前提条件和基础，从事科学职业的人不能容忍任何不诚实的行为。科技工作者在项目设计、数据资料采集分析、科研成果公布以及在求职、评审等方面，必须实事求是；对研究成果中的错误和失误，应及时以适当的方式予以公开和承认；在评议评价他人贡献时，必须坚持客观标准，避免主观随意。

信任与质疑。信任与质疑源于科学的积累性和进步性。信任原则以他人用恰当手段谋求真实知识为假定，把科学研究中的错误归之于寻找真理过程的困难和曲折。质疑原则要求科学家始终保持对科研中可能出现错误的警惕，不排除科学不端行为的可能性。

相互尊重。相互尊重是科学共同体和谐发展的基础。相互尊重强调尊重他人的著作权，通过引证承认和尊重他人的研究成果和优先权；尊重他人对自己科研假说的证实和辩驳，对他人的质疑采取开诚布公和不偏不倚的态度；要求合作者之间承担彼此尊重的义务，尊重合作者的能力、贡献和价值取向。

公开性。公开性一直为科学共同体所强调与践行。传统上公开性强调只有公开了的发现在科学上才被承认和具有效力。在强调知识产权保护的今天，科学界强调维护公开性，旨在推动和促进全人类共享公共知识产品。

4. 科学的社会责任

当代科学技术渗透并影响人类社会生活的方方面面。当人们对科学寄予更大期望时，也就意味着科学家承担着更大的社会责任。

鉴于当代科学技术的试验场所和应用对象牵涉到整个自然与社会系统，新发现和新技术的社会化结果又往往存在着不确定性，而且可能正在把人类和自然带入一个不可逆的发展过程，直接影响人类自身以及社会和生态伦理，要求科学工作者必须更加自觉地遵守人类社会和生态的基本伦理，珍惜与尊重自然和生命，尊重人的价值和尊严，同时为构建和发展适应时代特征的科学伦理做出贡献。

鉴于现代科学技术存在正负两方面的影响，并且具有高度专业化和职业化的特点，要求科学工作者更加自觉地规避科学技术的负面影响，承担起对科学技术后果评估的责任，包括：对自己工作的一切可能后果进行检验和评估；一旦发现弊端或危险，应改变甚至中断自己的工作；如果不能独自做出抉择，应暂缓或中止相关研究，及时向社会报警。

鉴于现代科学的发展引领着经济社会发展的未来，要求科学工作者必须具有强烈的历史使命感和社会责任感，珍惜自己的职业荣誉，避免把科学知识凌驾其他知识之上，避免科学知识的不恰当运用，避免科技资源的浪费和滥用。要求科学工作者应当从社会、伦理和法律的层面规范科学行为，并努力为公众全面、正确地理解科学做出贡献。

在变革、创新与发展的时代，在中华民族实现伟大复兴的历史进程中，必须充分发挥科学的力量。这种力量，既来自科学和技术作为第一生产力的物质力量，也来自科学理念作为先进文化的精神力量。我院全体员工，愿意并倡议科技界广大同仁共同践行正确的科学理念，承担起科学的社会责任，为建设创新型国家、构建社会主义和谐社会做出无愧于历史的贡献。

——中国科学院，2007 年 2 月 26 日发布

八、关于加强科研行为规范建设的意见（2007）

中国科学院院属各单位、院机关各部门：

为保持我院良好的科研秩序和学风，保证科研工作的科学性和严肃性，维护我院的社会信誉，使我院科技创新工作健康持续发展，院决定进一步加强科研行为规范建设，现就有关问题提出如下意见。

一、建立和维护科研行为规范

科研行为规范是科技创新团体必须遵守的规则，主要包括科研行为的道德准则，行为人的自律责任，科学不端行为处理等。中国科学院本着"唯实求真、自觉自律、违规必究、公开公正"原则，建立和维护科研行为规范。本意见适用于在中国科学院院部机关和院属机构工作、学习的所有人员。

二、明确科研行为的基本准则

（一）遵守中华人民共和国公民道德准则，坚持以科教兴国为己任、以创新为民为宗旨的科技价值观，弘扬科学精神，恪守科技伦理，拒绝参加不道德的科研活动。

（二）遵守诚实原则。在项目设计、数据资料采集分析、公布科研成果，以及确认同事、合作者和其他人员对科研工作的直接或间接贡献等方面，必须实事求是。研究人员有责任保证所搜集和发表数据的有效性和准确性。

（三）遵守公开原则。在保守国家秘密和保护知识产权的前提下，公开科研过程和结果相关信息，追求科研活动社会效益最大化。在合作研究和讨论科研问题中要共享信息，提供相关数据与资料。在向公众介绍科研成果时，要实事求是。

（四）遵守公正原则。对竞争者和合作者做出的贡献，应给予恰当认同和评价。进行讨论和学术争论时，应坦诚直率，科学公正。对研究成果中的错误和失误，应以适当的方式予以承认。不得以各种不道德和非法手段阻碍竞争对手的科研工作，包括毁坏竞争对手的研究设备或实验结果，故意延误考察和评审时间，利用职权将未公开的科研成果和信息转告他人等。

（五）尊重知识产权。研究成果发表时，做出创造性贡献且能对有关部分负责的人员享有署名权，未经上述人员书面同意，不得将其排除在作者名单之外。对参与一般数据搜集的研究助手、对研究团组进行过支持与帮助的人员和提供设施的单位，可在出版物中表示感谢。

（六）遵守声明与回避原则。在研究、调查、出版、向媒体发布、提供材料与设施、资助申请、聘用和提职等活动中可能发生利益冲突时，所有有关人员有义务声明与其有直接、间接和潜在利益关系的组织和个人，包括在这些利益冲突中可能对其他人利益造成的影响，必要时应当回避。

三、加强学术环境建设

学术讨论坚持真理面前人人平等原则，尊重学术自由，提倡学术争鸣，提倡理性质疑，不受地位影响，不受利益干扰，不受行政干预。院属机构或部门领导有责任通过合理组织、协同力量、调节矛盾、有效推进科研工作、监督和保证高质量研究，营造合作融洽的学术环境。研究团队的负责人有责任通过整体把握各个工作环节，明确研究分工和责任，把握研究工作方向，在研究团队内营造团结合作的学术环境，有效发挥研究团队所有成员的专长和潜质，保证研究工作按科研行为规范进行，并进行有效监督。要进一步提倡提携后学。各研究单元有责任指定经验丰富的高级研究人员对新进青年研究人员进行指导。对研究生和青年研究人员的培养，不应只教授必要的专业知识，还应教授科研道德准则和行为规范。研究生导师有义务向学生提供与科研行为规范有关的各种规章制度，并向他们讲解有关规定。

四、防治科学不端行为

（一）科学不端行为的认定

科学不端行为是指研究和学术领域内的各种编造、作假、剽窃和其他违背科学共同体公认道德的行为；滥用和骗取科研资源等科研活动过程中违背社会道德的行为。其认定标准为：

1. 在研究和学术领域内有意做出虚假的陈述，包括：编造数据；篡改数据；改动原始文字记录和图片；在项目申请、成果申报，以及职位申请中做虚假的陈述。

2. 损害他人著作权，包括：侵犯他人的署名权，如将做出创造性贡献的人排除在作者名单之外，未经本人同意将其列入作者名单，将不应享有署名权的人列入作者名单，无理要求著者或合著者身份或排名，或未经原作者允许用其他手段取得他人作品的著者或合著者身份。剽窃他人的学术成果，如将他人材料上的文字或概念作为自己的发表，故意省略引用他人成果的事实，使人产生为其新发现、新发明的印象，或引用时故意篡改内容、断章取义。

3. 违反职业道德利用他人重要的学术认识、假设、学说或者研究计划，包括：未经许可利用同行评议或其他方式获得的上述信息；未经授权就将上述信息发表或者透露给第三者；窃取他人的研究计划和学术思想据为己有。

4. 研究成果发表或出版中的科学不端行为，包括：将同一研究成果提交多个出版机构出版或提交多个出版物发表；将本质上相同的研究成果改头换面发表；将基于同样的数据集或数据子集的研究成果以多篇作品出版或发表，除非各作品间有密切的承继关系。

5. 故意干扰或妨碍他人的研究活动，包括故意损坏、强占或扣压他人研究活动中必需的仪器设备、文献资料、数据、软件或其他与科研有关的物品。

6. 在科研活动过程中违背社会道德，包括骗取经费、装备和其他支持条件等科研资源；滥用科研资源，用科研资源谋取不当利益，严重浪费科研资源；在个人履历表、资助申请表、职位申请表，以及公开声明中故意包含不准确或会引起误解的信息，故意隐瞒重要信息。

7. 对于在研究计划和实施过程中非有意的错误或不足，对评价方法或结果的解释、判断错误，因研究水平和能力原因造成的错误和失误，与科研活动无关的错误等行为，不能认定为科学不端行为。

（二）科学不端行为的处理

对科学不端行为的处理，要本着实事求是、严谨慎重的态度，尊重和维护当事人的尊严和正当权，对投诉人提供必要的保护。

涉嫌科学不端行为的投诉一般由院属机构受理。对于有明确涉嫌科学不端行为的事实和理由，且有真实署名的书面投诉，应予受理。处理程序一般包括初步调查、正式调查、公布结论和处理意见等环节。

对认定为非科学不端行为的，应在所有知情人和被投诉人要求的范围内公布事实和结论，被投诉人名誉受到损害的应为其恢复名誉。对认定为有科学不端行为的人员，应由所在院属机构最高行政决策会议做出处理决定并报院备案。处理决定应包括：视情节轻重给予科学不端行为人的相应处分，对科学不端行为所造成的不良影响采取的必要补救措施。被处理人对认定结论不服，并能提供新的证据，可向所在院属机构提请复议。对于主动参与他人的科学不端行为，与他人合谋隐瞒其科学不端行为，严重疏忽监督职责，在参与处理科学不端行为过程中严重违规，对投诉人打击报复的，承担科学不端行为的共同责任。

五、加强领导健全组织

（一）设立中国科学院科研道德委员会

中国科学院科研道德委员会由院有关领导任主任，成员包括院有关部门负责人、若干权威科技专家、若干法律和政策专家等。其办事机构设在中国科学院监察审计局。

中国科学院科研道德委员会的主要职责是：

1. 指导院属机构和院部机关科研道德工作，监督院属机构和院部机关科研行为规范执行情况。

2. 制定并修订科学不端行为处理规定及实施办法。

3. 受理涉及所局级及以上领导干部和院部机关工作人员科学不端行为的投诉。

4. 受理涉及国家重大机密或院重大成果的科学不端行为的投诉。

5. 经相关院属机构共同请求，对涉及多个院属机构人员科学不端行为的投诉，且相关院属机构不能达成一致认定结论和处理意见的，进行协调或仲裁。

6. 认为院属机构对科学不端行为处理存在事实不清、程序严重违规的，可要求院属机构重新调查处理，或委托其他院属机构进行调查处理，或由委员会进行调查处理。

7. 认为院属机构认定结论错误和处理意见不当的，予以纠正或撤销。

8. 院务会议、院长办公会议决定由委员会进行的其他工作。

（二）设立院属机构科研道德组织院属机构应设立科研道德组织，负责科研道德建设和科学不端行为处理。可设立专门机构，或明确由学术委员会行使相应职责。其主要职责是：

1. 制定适用于在本单位工作和学习的所有人员的科研行为规范，开展经常性的有关科研道德和防治科学不端行为的宣传教育工作。

2. 制定并修订涉及科学不端行为的调查和处理程序。

3. 受理涉及本单位人员的科学不端行为的投诉，进行调查并做出认定结论，向本单位决策机构或法定代表人提出处理建议。

4. 承办中国科学院科研道德委员会委托的工作。

5. 承办本单位决策机构交办的其他有关工作。

各单位、各部门要高度重视科研行为规范建设，认真严格执行国家、行业和院有关规定，加强科研道德的宣传和教育，加强科研人员的行为自律，严肃处理各种科学不端行为，努力创造和维护风正气清、求真求实、严谨严肃、和谐融洽的学术环境。

——中国科学院，2007 年 2 月 26 日发布

九、致全国科技工作者倡议书（2008）

50 年前，中国科协应运而生，全国科技工作者从此有了自己的家。50 年中，路漫修远，广大科技工作者栉风沐雨，上下求索，贡献卓著。50 年后，沧海桑田，世界所发生的巨大变化，超过了人类社会以往任何时期；科学技术的地位和作用，也超过以往任何时期。展望未来，科技工作者任重道远。为此，谨提出如下倡议：

一、让科学发展引导前行

科学发展观体现了发展理念中的灿烂理性光芒。实现科学发展，需要科技支撑。科技工作者既是先进生产力的承载者，也应努力成为科学发展的开拓者、实践者和传播者，推动经济又好又快发展，让祖国大地持续拥有蓝天净土和秀美山川。

积极参与研究开发和推广有利于科学发展的关键技术和共性技术，大力推动节约发展、清洁发展和安全发展。迈开双脚，深入基层，切实了解企业和农民对科学技术的真实需求，让科学发展的根基牢牢地扎在每个车间、每块农田。

勇于承担社会责任，向社会广泛宣传科学发展理念，积极参与国家科技、经济和社会公共事务，为重大决策提供智力支持。

身体力行，从自身做起，从现在做起，从小事做起。自觉宣传科学文明健康的生活方式；工作中节约纸张，一张纸两面用；生活中使用节能、环保产品，少用一次性物品，不使用塑料袋，少开空调和暖气，出行多用公共交通工具。

二、让科学精神照亮征程

科学技术在改变生产和生活方式的同时，也改变着人类世界观、方法论和认识论，成为宝贵的精神力量。时光荏苒，滚滚红尘，遮蔽不了精神之光。在物质发达的时代，让科学精神永续，是科技工作者的天职。

大力弘扬追求真理的精神。追求真理，是科学精神的灵魂。求真求实，既是科技工作者进入科学大门的敲门砖，也是在科学道路上不断前行的通行证。让我们把百折不挠地追求真理、捍卫真理、造福人类，作为从事科技事业的首要价值标准，作为毕生追求的光荣与梦想。

坚定倡导质疑和批判精神。科学的本质是批判，科学是最高意义上的革命。要迎难而上，奋勇攀登，敢为天下先。坚持严谨缜密的研究方法，任何人的研究，任何研究结论，必须经过严密论证和客观检验。

培养更加广阔的胸怀和视野。科学面前人人平等，科学大门对任何人开放，以能力和品德作为唯一标准。以海纳百川、兼容并蓄的气度，加强合作与协同，扩大资源和信息共享。

创造宽容失败的氛围。科学事业中，最大的失败是害怕失败。科学事业是探索未知的事业，需要在证伪和试错中取得进步。

三、让科技创新充满激情

对未知领域的好奇心和探索激情，是一个真正的科技工作者投身科学事业的原始动力，也是保持创新能力的内在源泉。当前，科学技术已经进入前所未有的创新密集时代，顺应这种趋势，使我国成为创新强国，需要重新呼唤对科学的激情，迎来我国科技工作者的激情岁月。

增强创新勇气和自信。只有先挺起胸膛，才能够展翅翱翔。科技史上，伴随国家的强弱兴衰，世界科技活动中心也呈现同步转移轨迹。改革开放 30 年，我国创造了人类经济前所未有的发展奇迹，展示丰富的想象力和创造力。我们有理由相信，伴随着中华民族在世界民族之林的和平崛起，定会有越来越多的科技思想、假说、定理和公式，以中国科学家的名字命名。

鼓励自由学术探究。真正激动人心的原创性科学，只能在宽松的学术环境中产生。同无妨异，异不害同，五色交辉，相得益彰。积极参加学术争鸣，开展学术批评，营造民主学术氛围，激励原创思想。

推动创新文化建设。从长远看，文化是最强大的力量。科学择壤而栖，要积极培育创新土壤。加强学术生态建设，使共生竞争成为学术常态，在学术的原始森林中，不断培育生机勃勃、生生不息的新物种。

推动科学共同体成长。科学本质上是集体的产物。积极参与学科制度化进程，促进学科生长、分化、渗透与整合，促进学术纲领更替和变革，倡导著书立说，鼓励学派成长，形成学术建制的蔚然大观。

扩大国际科技参与。自主创新不是闭关自守，要扩大国际视野，在重要国际科技计划和科技平台上，要有越来越多中国科学家的形象和响亮声音。

四、让科学领域更加纯净

自律是维护学术道德的基础。每一位科技工作者，应努力遵守学术规范，坚守学术诚信，完善学术人格，维护学术尊严，努力成为良好学术风气的维护者，严谨治学的力行者，优良学术道德的传承者，让科技工作成为太阳下最干净、最值得尊敬的职业。

旗帜鲜明地抵制败坏学术风气的行为。摒弃心浮气躁、急功近利的学风，坚决反对投机取巧、弄虚作假和抄袭剽窃等丑恶行为。

努力恪守"严格、严肃、严密"的作风。研究成果在正式发表后，方可向媒体公布，避免新闻炒作失真。没有参加实质性研究活动，不应在成果上署名。对研究成果中的错误和失误，及时公开和承认。

正确行使学术权力。评价科技成果时，坚持科学良知，避免主观随意，杜绝人为夸大。不以学术身份参与各种商业盈利性活动。尊重同行劳动成果，引用内容必须做出标注。严格使用科研经费，花好纳税人的每一分钱，避免科研经费渗漏和浪费。

五、让科学普及成为使命

提高公众科学素质，打破科学事业与公众之间的藩篱，实现公众与科学的双向互动，使科学活动具有更加深厚的社会基础，是科技事业的永恒主题，也是科技工作者的神圣使命。

科研与科普紧密结合。每一位科技工作者，都应该把科学普及视为本职工作，努力成为科学知识的传播者，科学思想的倡导者，科学方法的实践者，科学精神的弘扬者。

根据自身优势和专长，选择多种形式参与科学普及。每位科技工作者每个季度至少参与一次科普活动。及时主动回应与科技相关的重大公共事件和突发性事件，为公众排疑解惑。

努力掌握科学普及的方法。重视与大众传媒合作，充分利用现代传播手段。深刻理解科普内涵，除了科技知识，尤其要重视科学精神、科学思想、科学方法和科学态度的传播。

躬逢盛世，科技事业迎来了扬帆启航的新起点。让我们携手并肩，凝心聚力，传承薪火，继往开来，在更高的平台上，以更加广阔的视野，创造出无愧于这个伟大时代的新的业绩。

——中国科学技术协会，2008年11月16日发布

十、学会科学道德规范（试行）（2009）

第一章　总　则

第一条　为加强科学道德建设，提升科技团体的道德水平和公信力，促进科学技术的发展和繁荣，中国科学技术协会制定《学会科学道德规范》。

第二条　本规范适用于中国科学技术协会所属全国学会、协会、研究会和各省、自治区、直辖市科协所属学会（以下简称"学会"）。

第三条　执行和宣传《学会科学道德规范（试行）》，加强学会自律，推进科学道德规范制度建设，履行对科学道德规范的管理责任。

第二章　责　任

第四条　倡导和执行科学研究造福人类和服务社会的原则，避免和防止科学技术的不当使用，抵制一切违反科学道德与伦理的科研行为，反对和避免利用科研活动及成果谋取不正当利益，营造健康科学的科研环境。

第五条　倡导开展负责任的科学研究，维护科学尊严，反对各种形式的伪造、剽窃、篡改和其他违背科学共同体惯例的行为。

第六条　促进学术交流与交往，引导不同学术观点的自由争论和相互尊重，避免受权威、权势及其他利益的影响，不得以无科学依据的质疑、人身攻击等方式干扰正常的学术争论，不得占有、窃取他人的科研数据和成果。反对学术交流中的形式主义。

第七条　在科技评价中发挥专家主导作用，不以任何方式干扰评议专家的选择和判断，保持和维护科学共同体在科技评价中的独立性。评议结果公布前不得泄露有关信息，不得提供夸大和不切实际的评估或其他任何形式的证明。

第八条　开展科技咨询应提供真实可靠的数据和信息，正确处理所存在的直接、间接或潜在的利益关系，不得利用咨询为个人或小团体谋取不正当的利益。

第九条　选拔和举荐人才应以道德品质、专业水平和发展潜力为主要标准，不应受个人好恶、利益集团等因素的影响，要保证信息公开、程序规范、评判公正，不得违规操作。

第十条　加强对学术期刊的管理，建立并完善同行评议、成果保密、信息共享和防止利益冲突的相关政策，确保编辑出版的诚信，维护学术期刊的信誉。

第十一条　从事经营活动，应抵制以学会品牌获取资源和谋取不正当利益或各种干扰学会活动的行径，避免因追逐商业利益损害学术声誉。

第十二条　强化会员的社会责任感，加强对会员的科学道德与伦理教育，督促会员遵守《科技工作者科学道德规范（试行）》，促进会员的道德自律。

第十三条　加强对会员的诚信管理，将科研诚信和职业伦理规范标准作为会员入会和保持会籍的

条件。会员有违背科学道德的行为，应视其情节严重程度进行处理，直至除名。不得以任何方式隐瞒、包庇、纵容学术不端行为。

第三章　监　　督

第十四条　学会应建立科学道德专门委员会或相关机制，制订本学会的科学道德规范及对科学不端行为的处理办法，并负有本学会科学道德规范执行情况的监督管理责任。

第十五条　建立合理有效、公正透明的查处程序及规则，受理对所属会员科学不端行为的投诉，并知会有关单位，必要时开展联合调查。对调查属实的科学不端行为，应根据相关规定进行处理，并以适当的方式公开处理结果。

第十六条　中国科学技术协会对所属学会执行《学会科学道德规范（试行）》的情况及科学道德状况进行监督与评估，发现问题将采取相应措施，并视情节严重程度实施必要的处罚。

第四章　附　　则

第十七条　本规范最终解释权归中国科学技术协会。

第十八条　本规范自 2009 年 9 月 7 日生效并实施。

——中国科学技术协会七届十一次常委会议 2009 年 9 月 7 日审议通过

十一、中国科学院院士行为规范（2014）

第一章　总　　则

第一条　中国科学院院士（以下简称院士）是国家设立的科学技术方面的最高学术称号，为终身荣誉。为维护中国科学院及院士群体声誉，根据《中国科学院院士章程》，特制订本规范。

第二条　遵守国家法律法规、《中国科学院院士章程》和学部各项规章制度，履行院士义务。

第三条　崇尚科学、坚持真理，为提高我国自主创新能力，增强我国综合国力，推动我国科技进步、经济发展、人民生活水平提高、国防建设和优化国家决策做出贡献。

第四条　肩负起举荐和培养青年科技人才的责任，甘为人梯、言传身教，为创新拔尖人才脱颖而出做出贡献。

第五条　发扬学部优良传统，以身作则、严格自律，学为人师、行为世范，自觉践行社会主义核心价值观。

第二章　科学道德行为规范

第六条　树立科学的价值理念，以探究真理、发现新知为使命，以服务社会、造福人类为目标，以科学精神、科学文化为灵魂，追求卓越科学。

第七条　坚持解放思想、实事求是，坚持严肃、严格、严密的科学态度。反对学术上的浮躁浮夸作风，反对科研不端行为。

第八条　发扬科技协作和集体主义精神，尊重合作者和他人的劳动和权益，带头严格践行学术规范。

第九条　积极倡导"百花齐放、百家争鸣"的双百方针，发扬学术民主，充分尊重学术领域中的不同意见。

第十条　积极弘扬科学精神，传播科学思想，倡导科学方法，普及科学知识，积极运用专业特长诠释社会关注的问题，遵守科技伦理。

第三章　社会活动行为规范

第十一条　自觉遵守国家和所在单位关于待遇、兼职和退休等有关规定。

第十二条　在保证本职工作时间、完成本职工作任务的前提下，按照管理权限经批准后，可从事本专业领域的兼职工作。本规范所指的兼职是在完成本职工作之外从事有酬的工作。兼职情况应向学部常委会报备。

第十三条　兼职工作不应徒挂虚名，要与自身精力和时间相适应。兼职所得要与付出的劳动相适应，并依法纳税。

第十四条　不参与有损中国科学院及院士群体声誉的活动，不以院士称号谋取不正当利益。

第十五条　在参与各种推荐、评审、鉴定、答辩和评奖等活动中，坚持保密、公平、公正的原则，实事求是、不徇私情，自觉抵制一切不正之风。

第四章　增选工作行为规范

第十六条　站在国家利益的高度，从科技事业全局出发，遵循公正、客观的原则，摈弃部门利益和小团体利益，严把增选质量关。

第十七条　推荐候选人时，坚持德才兼备，坚持院士标准，独立判断候选人的学术水平和贡献，负责任地撰写推荐意见。不接受任何个人或单位委托推荐，不做无原则推荐。

第十八条　评审过程中，认真阅读和研究候选人的材料，并通过各种方式加强对候选人的了解，全面、科学、客观地判断和评价候选人的学术水平和贡献。评审发言要实事求是，严格遵守相关回避规定。

第十九条　按规定出席评审会议，超脱部门、单位和学科的利益，郑重负责地履行选举权利。关注新兴和交叉学科的发展，注意学科平衡。

第二十条　自觉抵制社会上的不正之风以及行政干预增选工作，反对干扰增选活动的不当行为。不接受请托说情和各种名目的送礼，不参加可能影响院士增选公正性的各种会议和活动。

第二十一条　发现违反增选工作行为规范或守则的情况，应及时向学部常委会举报。收到有关候选人的投诉或说明材料应及时送交学部工作机构登记，不得在会上擅自出示或扩散。

第二十二条　增选会议期间，不接待与增选有关的候选人和相关人员。

第二十三条　严格遵守增选工作的保密规定。不得以任何方式向他人泄露评审、选举过程中对候选人的讨论、评价、投诉及调查处理意见、选举结果等。任何个人不得擅自向社会公开整个增选过程的任何信息。

第五章　附　　则

第二十四条　院士应自觉遵守本行为规范，如有违反，根据相关规定给予处分。

第二十五条　本规范经中国科学院学部主席团批准后实施。

第二十六条　本规范的解释权在中国科学院学部主席团。

——中国科学院学部主席团会议，2014 年 9 月 29 日通过

十二、追求卓越科学（2014）

科学是人类追求真理的事业。自 17 世纪的科学革命开启现代科学发展的历程以来，人类创造的科学知识体系，科学创造的巨大生产力，以及在科学实践中形成的精神、方法和规范，成为现代文明的基石之一。在知识化、信息化、全球化的当代社会，卓越的科学是推动人类思维方式和生活方式变革的思想源头，是促进社会繁荣昌盛、引领经济可持续发展的重要力量。

中国科学正处在走向卓越的新起点。经过一个多世纪的学习借鉴和艰苦探索，我国已建立了比较完备的现代科学体系。随着经济快速发展，科技投入不断增加，研究队伍不断壮大，国际科技合作不断推进，我国科学研究水平不断提高，在一些学科领域逐步进入国际前沿。抓住历史机遇，追求卓越的科学，实现跨越发展，是当代中国科学家的使命和责任。

中国科学要走向卓越，仍然面临严峻的挑战。科学文化的历史积淀不够，科学价值观存在一定偏差，科学原创自信心尚显不足，正在成为制约中国科学走向卓越的深层次因素。目前，我国科学界浮躁现象比较严重，科学精神缺失、失范甚至不端行为屡有发生，都与追求卓越科学的价值理念相对薄弱、激励卓越科学的体制机制不够完善有关。

发布此宣言的目的，就是要号召中国科学界全体同仁，牢固树立追求卓越的科学价值理念，确立追求卓越的行为规范，形成追求卓越的评价体系和文化氛围，推动中国科学实现跨越发展，为我国和全人类科学事业的发展做出贡献。

一、树立卓越科学的价值理念

树立卓越科学的价值理念，就是要牢记科学的使命，坚定不懈探究真理的信念；就是要明确科学的责任，提高造福人类、服务社会的意识；就是要弘扬科学的精神，构建科学持续健康发展的文化。

以探究真理、发现新知为使命。科学对人类文明进步的贡献，对经济社会发展广泛而深刻的影响，无不以发现新的知识为前提。科学以探究真理、发现新知为使命，通过拓展认识的新疆域，增进对外部世界及人类自身的理解，引领人类不断摆脱蒙昧和迷信，从必然王国走向自由王国。中国科学要走向卓越，就要变革科学发展的模式，摆脱跟踪模仿为主的道路，努力探索科学前沿，开辟新的领域与方向，提出新的概念、理论与方法，发现和解决新的科学问题；就要尊重和保障科学家探索真理的自由，引导科学家以探究新现象、发现新知识为天职，让科学研究不受权位、权威的影响，不受物欲、名利的诱惑。

以服务社会、造福人类为目标。科学有永无止境的前沿，更是永不枯竭的资源。科学以服务社会、造福人类为目标，丰富人类的精神世界，启迪人们的智慧，开辟发展的新道路，带来解决问题的新方法。当前，人类社会共同面对全球变化、资源短缺、环境污染、生态恶化等严峻挑战，我国正处在工业化、城镇化和现代化的关键时期，需要实现向以知识为基础、以创新为驱动的发展模式的重大转变。中国科学要走向卓越，就要面对重大的现实问题，在不断推进知识更新、文明进步的同时，让科学为提高人民生活质量提供新的可能，为中国经济社会的可持续发展注入新的活力，为政府制定政策提供前瞻思想、知识基础和科学依据，为解决全球性问题做出贡献，让科学更好地为人类服务、为社会服务、为国家服务。

以科学精神、科学文化为灵魂。科学因其理性精神而熠熠生辉，因其文化传统而历久弥新。科学精神和科学文化具有尊重真理与人才、鼓励探索与创新、坚持科学理性与方法等丰富内涵，在人类社会演进的历程中不断丰富和发展，已经成为人类文明的宝贵财富，也是现代科学价值体系的核心内容。中国科学要走向卓越，就要自觉弘扬和坚持科学的精神，倡导求真、创新的价值导向，建立遵循科研特点与规律的管理模式，反对急功近利的科研行为；就要探索适应当代科学发展特点和趋势的新制度，继承、完善与发展有利于科学发展和社会进步的文化传统。

二、确立追求卓越的行为规范

确立追求卓越的行为规范，就是要加强科学共同体的自治与自律，引导科学家遵循科学研究的规律，遵守推进科学进步的行为规范和道德准则，并在新的科学实践中努力完善这些规范和准则。

加强科学共同体的自治和自律。科学发展的历史经验表明，加强科学共同体的自治，保障科学探索的自由和独立，是使科学保持活力并不断走向卓越的重要条件。科学共同体的自治以良好的自律为前提，科学家要通过自由探索发现新知识，通过平等交流激发新思想；要坚持理性怀疑的态度，不预设不受怀疑或批判的理论或学说，不承认不受怀疑或批判的绝对权威；要遵守科学研究规范和伦理，加强自我约束、自我管理。追求卓越的科学，离不开科学家理性地挑战传统科学范式的勇气和信心，要保护科学家创新的热情，激发科学家创新的动力，宽容科学家探索过程中的挫折与失败。

坚持研究方法的可靠性和先进性。现代科学体系的建立和发展，与探索可靠而先进的研究方法密不可分。通过细致的观察、精心的实验获得可靠的经验事实，利用精确的数学、周密的逻辑构建严谨的理论体系，理性的预见和实证的研究相互促进，是现代科学知识体系迅速发展的重要方法论基础。研究方法和技术手段的变革往往是取得重大科学发现的突破口。追求卓越的科学，需要以客观求实、严谨缜密为原则，探索新的研究方法，研发新的技术手段和研究工具。

秉持真诚协作、诚实守信的道德准则。现代科学研究是一项汇聚人类集体智慧的事业。通过公开发表科研成果使新知识成为全社会共享的智力财富，通过科学家之间的理性质疑进行集体纠错，是科学在积累中不断进步的重要基础，也是科学不断走向卓越的重要保障。追求卓越的科学，科学家必须尊重他人的工作和发现的优先权，客观公正地评价他人的科研成果，同时尊重他人理性怀疑的权利。必须准确无误地记录和报告研究的过程，诚实地向科学界开放自己的科学数据和研究结果，尤其要自觉杜绝并坚决抵制学术不端行为，维护科学的声誉。

担当科学家的社会责任。科学在为人类创造巨大物质和精神财富的同时，也可能给社会带来负面影响，甚至挑战人类社会长期形成的伦理观念。特别是在当代社会，科学技术更深刻、更广泛地影响自然生态系统和经济社会体系，科学研究及其成果的合理利用和风险控制尤其具有重要意义。科学家在如何恰当地利用科学技术的成果，避免其负面效应方面承担着更大的社会责任。追求卓越的科学，科学家必须牢记科学的目标是服务社会、造福人类，遵守人类社会和生态的基本伦理准则，遵守科研过程中的科技伦理规范，珍惜与尊重自然和生命，尊重人的价值和尊严；必须避免对科学知识的不恰当运用，承担起对科学技术后果进行评估的责任，及时预测并向社会告知科学研究可能存在的风险和弊端，努力为公众全面、正确地理解科学做出贡献。

三、建立促进卓越的评价体系

建立促进卓越的评价体系，就是要完善符合科学研究规律和特点的评价制度，以激励高质量的研究为首要原则，引导并激励科学家进行卓越的研究。

坚持和完善同行评议制度。同行评议是现代科学制度的重要组成部分，是实现科学共同体自治的重要手段。同行评议通过择优遴选和集体纠错形成的质量控制机制，在科学健康发展过程中发挥着重要作用。目前，尽管我国科学评价中普遍采用了同行专家评议的机制，但评价过程仍然受到非学术因素较大的影响和限制。追求卓越的科学，必须保障和充分发挥科学家在科学评价中的主体作用，防止行政权力的不当干预，抵制社会和学术界的不正之风，避免过细、过频、过繁的评价对科研进程的干扰，防止同行评议价值取向不明、流于形式或沦为简单的管理工具。

塑造"公开、公正、规范"的评价机制。评价机制是推动科学发展的有效工具，是科学价值观的直接体现。追求卓越的科学，要把科学评价的权力赋予同行认可的、有专业能力的合格评议者；要提高评价活动的透明度，加强对评价过程的监督，有效防范和查处评议专家滥用学术权力或不负责任的行为；要形成公平的竞争环境，要求评议专家公正地进行评判，同时建立严格的回避制度，防止个人利益、单位利益的影响和干扰；要建立规范化、制度化的评议规则与程序。

坚持激励创造、推进卓越的评价标准。提高科学研究的质量，有效地激励原创性的研究，是科学评价的核心功能。追求卓越的科学，要把鼓励原创性、变革性的研究作为科学评价的首要原则，引导科学家潜心进行卓越的研究，着力探究那些具有变革性的意义但却需要长期坚持且可能有较大失败风险的重大科研问题。要针对不同的科研活动和评价对象，制定有针对性的评价标准，避免过分强调短期量化考核指标的简单做法，慎重对待非共识、有异议的评价意见，加强诊断性、引导性评价，发挥评价的建设性作用。建立合作成果的公正评价机制，促进科学家之间乃至学科之间的交流协作。防止在科研机构和人才评价过程中"拔苗助长"的政策导向，防止与评议相关的激励措施诱导科研人员和科研机构急功近利的行为。

科学追求卓越，她引领人类不断接近真理，而对真理的不懈追求，是现代社会得以存在和发展的思想源泉。科学追求卓越，她使人类不断创造新的未来，而对美好未来的憧憬，是人类社会得以永续发展的不竭动力。卓越的科学必然是开放的科学，是全球科学界的共同追求。凝聚各国科学家的集体智慧，需要国际科学界同行之间的广泛交流与密切合作。中国科学家将与世界各国科学家一起，共同追求卓越的科学，以促进人类福祉，推动文明进步，让科学的光明照亮人类前行的道路。

——中国科学院学部主席团，2014 年 5 月 26 日发布

十三、发表学术论文"五不准"（2015）

1. 不准由"第三方"代写论文。科技工作者应自己完成论文撰写，坚决抵制"第三方"提供论文代写服务。

2. 不准由"第三方"代投论文。科技工作者应学习、掌握学术期刊投稿程序，亲自完成提交论文、回应评审意见的全过程，坚决抵制"第三方"提供论文代投服务。

3. 不准由"第三方"对论文内容进行修改。论文作者委托"第三方"进行论文语言润色，应基于作者完成的论文原稿，且仅限于对语言表达方式的完善，坚决抵制以语言润色的名义修改论文的实质内容。

4. 不准提供虚假同行评审人信息。科技工作者在学术期刊发表论文如需推荐同行评审人，应确保所提供的评审人姓名、联系方式等信息真实可靠，坚决抵制同行评审环节的任何弄虚作假行为。

5. 不准违反论文署名规范。所有论文署名作者应事先审阅并同意署名发表论文，并对论文内容负有知情同意的责任；论文起草人必须事先征求署名作者对论文全文的意见并征得其署名同意。论文署名的每一位作者都必须对论文有实质性学术贡献，坚决抵制无实质性学术贡献者在论文上署名。

本"五不准"中所述"第三方"指除作者和期刊以外的任何机构和个人;"论文代写"指论文署名作者未亲自完成论文撰写而由他人代理的行为;"论文代投"指论文署名作者未亲自完成提交论文、回应评审意见等全过程而由他人代理的行为。

——中国科协、教育部、科技部、卫生计生委、中科院、工程院、
自然科学基金会,2015 年 12 月 3 日联合发布

十四、科技工作者道德行为自律规范（2017）

人是科技创新最关键的因素。科学道德和学术诚信是科技工作者必备的基本素质,砥砺高尚道德品质是科技工作者的不懈修炼。当代科技工作者要切实肩负起推动创新驱动发展、建设世界科技强国的历史重任,弘扬精忠报国、敢为人先、求真诚信、拼搏奉献的中国科学家精神,切实加强道德品质修养,努力做践行社会主义核心价值观的楷模、弘扬中华民族传统美德的典范。

自觉担当科技报国使命。坚持用习近平总书记治国理政新理念新思想新战略武装头脑、指导创新实践,积极响应向世界科技强国进军的伟大号召,以卓越的创新成就书写科技报国的辉煌篇章。紧密团结在以习近平同志为核心的党中央周围,听党话、跟党走,以祖国需要为最高需要,把爱国之情、报国之志融入国家改革发展的伟大事业之中、融入人民创造历史的伟大奋斗之中。

自觉恪尽创新争先职责。坚持面向世界科技前沿、面向国民经济主战场、面向国家重大需求,短板攻坚争先突破、前沿探索争相领跑、转化创业争当先锋、普及服务争作贡献,在人类文明进步史上写下更多属于中国科技工作者的篇章。坚持创新要实,聚焦国家发展动力转换和经济转型升级的战略任务,奋力攻关,为供给侧结构性改革提供强大科技支撑。

自觉履行造福人民义务。将人民的需要和呼唤作为科技进步与创新的时代声音,将增进人民福祉作为应尽的责任和义务,聚焦环境保护、医疗健康、食品安全、信息安全、社会治理等重大民生问题,以更多先进适用技术和解决方案保障和实现人的全面发展。广泛开展科学普及,扎根精准扶贫一线,以科技创新助力脱贫攻坚目标如期实现,把论文写在祖国的大地上。

自觉遵守科学道德规范。坚持立德为先、立学为本、知行合一、严以自律,严守学术道德和科技伦理,共同营造风清气正的科研学术环境。秉持创新、求实、协作、奉献的科学精神,潜心研究,淡泊名利,经得起挫折、耐得住寂寞,争当学术优异、学风优良、品德优秀的科技先锋。

坚持把学术自律作为道德自律的核心内容,坚守"四个反对"的学术道德底线,自觉接受社会各界特别是同行监督。

反对科研数据成果造假。恪守严格、严肃、严密的科学态度,保证科研数据的客观真实,维护学术的纯洁性。遵循良好科研实践规范,反对在科学研究中弄虚作假,编造、伪造、篡改计算、试验等数据资料、原始记录或研究成果。

反对抄袭剽窃科研成果。遵守成果署名规范,尊重合作者和他人的劳动和权益,正确、规范引用他人研究成果。强化知识产权保护,保护好自己的知识产权,尊重他人知识产权。反对以任何形式抄袭剽窃他人的科研成果,反对盗用、侵占他人成果和知识产权。

反对委托代写代发论文。遵循论文撰写和发表规范,反对以粗制滥造和低水平重复论文挤占浪费学术资源,共同抵制学术论文发表中第三方中介机构投机取巧谋取利益的不端行为,反对委托"第三方"代写代投论文、对论文内容进行实质性修改、提供虚假同行评审人信息或评审意见,维护好中国

科技工作者的社会形象和学术尊严，提升中国科学家的国际声誉。

反对庸俗化学术评价。坚持客观、公平、公正原则，在参与各种推荐、评审、鉴定、答辩和评奖等活动中，规范利益冲突管理，坚决摈弃部门和小团体利益，反对压制学术民主和学术自由，反对滥用学术权力徇私舞弊利益寻租，反对学术评价中唯论文数量、唯 SCI 等不良倾向，反对行政化官本位等非学术因素影响评价，反对拉关系送人情，暗箱操作，亵渎学术尊严。

广大科技工作者要严于自律，坚持"四个自觉"的高线，坚守"四个反对"的底线。各学术团体要加强监督，确保本自律规范落到实处，营造风清气正的创新环境和学术氛围。

——中国科学技术协会，2017 年 7 月 10 日发布